基于产业价值链的
农业新技术推广案例选编

◎ 陈兆波　主编

中国农业科学技术出版社

图书在版编目（CIP）数据

基于产业价值链的农业新技术推广案例选编 / 陈兆波主编. -- 北京：中国农业科学技术出版社，2021.8

ISBN 978-7-5116-5429-8

Ⅰ.①基… Ⅱ.①陈… Ⅲ.①农业科技推广—案例—中国 Ⅳ.① S3-33

中国版本图书馆 CIP 数据核字（2021）第 144418 号

责任编辑　白姗姗
责任校对　李向荣
责任印制　姜义伟　王思文

出 版 者　中国农业科学技术出版社
　　　　　北京市中关村南大街 12 号　　邮编：100081
电　　话　（010）82106638（编辑室）　（010）82109702（发行部）
　　　　　（010）82109709（读者服务部）
传　　真　（010）82106650
网　　址　http://www.castp.cn
经 销 者　各地新华书店
印 刷 者　北京建宏印刷有限公司
开　　本　185mm×260mm　1/16
印　　张　14
字　　数　300 千字
版　　次　2021 年 8 月第 1 版　2021 年 8 月第 1 次印刷
定　　价　98.00 元

《基于产业价值链的农业新技术推广案例选编》

编 委 会

主　编　陈兆波

副主编　殷　艳　　张胜全　　张　婵

编写人员（按姓氏笔画排序）

内容简介

推广应用农业新技术，不断改造传统农业，是提高农业现代化水平的必然要求。我国农业技术的推广从过去单纯的推广优良品种和农业先进适用技术，到现在推广全产业链集成组装的新技术，促进了三产融合发展，不断延伸农业产业链和价值链。本书筛选整理了近年来各地农业新技术推广的成功典型案例，如杂交小麦新品种及配套技术、油菜绿色高产高效 345 技术模式、仙桃鳝鱼从品种到生态养殖到市场全链条技术等，总结分析其成功经验，对我国农业新技术的推广创新具有一定的指导意义。

序　言

　　农业是国民经济的基础，也是经济发展、社会安定、国家自立的基础。农业现代化是中国现代化的关键，推广应用农业新技术不断改造传统农业，这是提高农业现代化水平的必然要求。科技强则农业强，科技兴则农业兴。习近平总书记指出，"中国现代化离不开农业现代化，农业现代化关键在科技、在人才。要把发展农业科技放在更加突出的位置，大力推进农业机械化、智能化，给农业现代化插上科技的翅膀"。

　　当今世界，农业科技发展日新月异，农业科技的每一次重大进步，都促进着农业产业变革和迭代升级。我国高度重视农业新技术在农业产业中的推广应用，坚持科教兴农战略。随着我国农业供给侧结构性改革的深入，一二三产业进一步融合发展，不断延伸了农业产业链和价值链，显著提高了农业经营者的收入和效益。我国农业技术的推广应用也从过去单纯的推广应用优良品种和农业先进适用技术，到推广应用全产业链组装集成的新技术，如杂交小麦新品种及配套技术、油菜绿色高产高效345技术模式、仙桃鳝鱼从品种到生态养殖到市场全链条技术等。农业技术的不断更新与推广应用有力地促进了我国农业产业高质量发展，大大提高了农业生产综合效益，使我国农业从"传统"走向"现代"，从"小作坊"走向"大产业"，沿着规模化、产业化经营的路子，不断向现代化农业迈进，为农民增收致富提供了强有力的科技支撑。我国农业科技进步贡献率由2012年的53.5%提高到2019年的59.2%，据科技部《创新驱动乡村振兴发展专项规划（2018—2022年）》显示，到2022年，农业科技进步贡献率达到61.5%以上。

　　本书在各地农业新技术推广经验的基础上，筛选整理了近年来农业新技术推广的成功典型案例，总结并分析其成功经验，对我国农业新技术的推广创新具有一定的指导意义。

中 国 工 程 院 院 士

中国水稻研究所所长

2021 年 6 月

前言

　　民以食为天，安民之本，必资于食。农业为人类提供食物保障，关系人类的整体发展。随着我国人民日益增长的对健康、美好生活的需求，个性化、多样化、优质化农产品和农业多种功能需求潜力巨大，同时，农村改革持续推进，新一轮科技革命和产业革命蓄势待发，新主体、新技术、新产品、新业态不断涌现，为农业转型升级注入强劲驱动力。加快农业科技落地形成生产力，必须大力开展农业技术推广工作，彻底打通农业科技进入生产的"最后一公里"，提高农业科技成果的转化率和产业价值，将农业科技成果有效地转化到实际农业生产中，不断提高农业生产力，满足更多农业生产所需，真正意义上改善农业生产的科技滞后性。

　　现代农业竞争，已由产品之间的竞争，转为产业价值链之间的竞争。加快推进农业产业价值链整合，能有效弥补中国传统农业经营方式竞争优势的不足、更好地参与全球竞争，能加快推进农业结构调整、促进农民增收。必须抓住当前需求侧消费结构升级、供给侧改革加速的有利时机，立足国情、分类施策，积极探索中国特色的农业产业链整合模式。2015年12月24日，中央召开农村工作会议提出，"要着力加强农业供给侧结构性改革，提高农业供给体系质量和效率，使农产品供给数量充足、品种和质量契合消费者需要，真正形成结构合理、保障有力的农产品有效供给"。会议着重提出"挖掘农业内部潜力，把产业链、价值链等现代产业组织方式引入农业，促进一二三产业融合互动"。为加快推进农村一二三产业融合发展，探索农业农村经济发展新模式，农业部办公厅、国家农业综合开发办公室联合印发《关于推进农业全产业链开发创新示范工作的通知》（农办计〔2017〕29号），明确提出要打造一批现代农业产业集群，激发产业链、价值链的重构和功能升级，推进一二三产业深度融合、上中下游一体，实现生产、加工、销售各个环节共享均衡利润，探索农业全产业链再造新模式，为引领全国农业现代化建设取得明显进展树范例、激活力。

哈佛商学院教授迈克尔·波特（Michael E. Porter）1985年在《竞争优势》（Competitive Advantage）一书中提出，"每一个企业都是在设计、生产、销售、发送和辅助其产品的过程中进行种种活动的集合体。所有这些活动可以用一个价值链来表明"。构成产业价值链的各个组成部分是一个有机的整体，相互联动、相互制约、相互依存，每个环节都是由大量的同类企业构成，上游产业（环节）和下游产业（环节）之间存在着大量的信息、物质、资金方面的交换关系，是一个价值递增过程。同时产业价值链之间相互交织，往往呈现出多层次的网络结构。我国农业要适应世界农业的发展，就必须探索建立以市场需求为导向的产业链新技术推广方式，集成产业链新技术应用于农业实际生产中，提高农业科技成果转化率，让农业新技术真正成为现代农业发展的科技支撑，不断提高农业综合效益和竞争力，让农业成为有奔头的产业，让农民成为有吸引力的职业，让农村成为安居乐业的美丽家园。

我国农业新技术尽管不断推陈出新，但是整体转化率低，只有30%~40%，仅为欧美发达国家的一半。同时，农业新技术的推广以推广单一成果居多，全产业链技术组成集成推广创新缺乏，产品的市场导向不足，农业提质增效不明显。今后农业科技的发展方向是大力推动粮经饲统筹、农林牧渔结合、种养加一体、一二三产业融合发展。

基于产业价值链的农业新技术的大量出现，如何因地制宜筛选、整合农业新技术，提高农民的科技素养，给各地农技推广机构开展创新提供可借鉴的思路和做法，推动农技推广工作高质量发展，我们组织编写了本书。本书遴选一批扎根基层的农业技术推广人员和相关农业院校专家，筛选整理近年来农业技术推广的成功典型案例，总结分析成功经验，集思广益编写而成。这些案例不一定是最典型的，也不一定很全面，但在一定程度上是当前我国农业新技术推广创新经验的一种探索，希望能够对各地农业新技术的推广创新有所启发和帮助。本书以农业新技术的产业价值链推广为出发点，研究农业新技术推广的应用实践，旨在提高农业效益和竞争力，可作为指导农业技术推广、农科本科生农业推广学课程辅助教材，也可供农业技术推广人员、农业农村创业者、种植大户、新型合作组织等生产主体参考。由于编者掌握的资料有限，因此本书在筛选和整理的过程中难免有遗漏和错误，敬请批评和指正。

《基于产业价值链的农业新技术推广案例选编》编委会

2021 年 4 月 22 日

目录

绿色高效杂交小麦创新与实践

一、国内外杂交小麦研发进展

自 20 世纪 30 年代以来，杂种优势利用显著提高了农作物产量，为保障世界粮食安全做出了重要贡献。在当今世界三大粮食作物中，玉米、水稻杂交种已经实现大面积应用，小麦杂种优势利用仍处于初级阶段。

小麦杂种优势利用是世界性科学难题，也被认为是大幅度提高小麦综合生产能力的首选途径。自 1919 年 Freeman 率先公开报道杂种一代株高一般都超过其双亲等杂种优势显著的现象以来，杂交小麦的研究就引起了世界农业科学家的持续关注和探索，并开发了一系列育种方案来挖掘小麦杂种优势和提升规模化种子生产水平。20 世纪 50—90 年代，国际小麦杂种优势利用研究以"三系法"（利用小麦核质互作雄性不育生产杂交种的方法）和"化杀法"（利用化学杀雄剂生产杂交种的方法）为主。但是，由于"三系法"存在不育系难以繁殖、恢复源较窄、细胞质负效应等，以及"化杀法"存在制种成本高、环境污染重、药物专一性等难以克服的问题，利用上述技术途径创制的可进行商业化开发的杂交种仍然十分有限，在欧洲、美国、阿根廷、印度等国家和地区，可供大面积产业化的品种由于相对较高的种子生产成本和有待提高的产品优势仍处于市场探索期。

1963 年，我国山东昌潍地区农科所在当地品种"平度紫秸白"中发现不育株即"潍型"不育系，叶绍文在青海高原发现小麦不育种质，开启了我国杂交小麦研究的历史。1965 年，北京农业大学蔡旭教授从匈牙利引进 T 型不育系，掀起了我国杂交小麦的研究热潮，标志着我国小麦杂种优势利用系统研究全面展开，并逐渐形成了多途径、多方法挖掘小麦杂种优势，多麦区协同攻关的局面。

历经 50 余年，我国小麦科学家也利用"三系法"和"化杀法"两种途径开展了大量研究，由于存在着一系列难以克服的科学瓶颈与环境污染等问题，至今未能实现杂交小麦的大面积推广。20 世纪 90 年代以来，中国小麦科学家依靠自主创新，在国际上首次发现了小麦光温敏雄性不育现象和种质，攻克了小麦杂种优势利用三大技术瓶颈，运用系统工程原理首创了具有完全独立自主知识产权的中国二系杂交小麦技术体系，开辟了小麦杂种优势利用新途径，使得我国成为世界上成功利用不育系实现杂交小麦大面积应用的唯一国家，实现了中国小麦杂种优势利用研究由"跟跑者"向"引领者"国际地位的跃升，特别是"十五"以来，我国杂交小麦研究发展迅速，陆续审定一批杂交小麦品种，并在生产中逐步应用，取得了显著效果。

经过多年发展，我国从事杂交小麦研究的各类机构已超过 20 家，参与杂交小麦研究的相关科研人员达 500 余人，主要优势团队包括北京市农林科学院 / 北京杂交小麦工程技术研究中心、绵阳市农业科学研究院、云南省农业科学院粮食作物研究所、西北农林科技大学等多家单位，初步形成了"产、学、研"相结合的良性发展机制和良好支撑体系，"二系法"逐渐成为我国杂交小麦研究的主流方向。

二、绿色高效杂交小麦品种创制

按照绿色高效农业发展要求，以节水、耐盐碱、广适、强优势为目标，我国在绿色高效杂交小麦品种选育方面成效显著，培育并审定了一批丰产稳产性好、抗旱节水能力突出、广适性优良的杂交小麦品种，在盐碱、旱地、限采、限灌及冬春麦区等进行了测试示范，增产潜力达到 30% 以上。

（一）节水耐盐碱型冬小麦杂交种——京麦 21

京麦 21，北京市农林科学院选育，2017 年通过山西省审定，2020 年通过山东省、河北省同一生态区引种备案，是我国第一个在黄淮麦区审定、适宜节水旱作应用的二系杂交小麦品种。

1. 节水性能突出

抗旱性强，节水指数 1.2，水分利用效率 1.66 kg/m³，全生育期耗水总量控制在 3 500 m³/hm² 以内，同等条件下可较常规小麦减少灌水 750 m³/hm² 以上，水分利用效率同步提高 22%。

2. 耐盐碱能力强

芽期相对盐害率 56.29%，达中耐级别；苗期盐害指数 46.04%，达中耐级别；全生育期耐盐力 1.02，达高耐级别。

3. 氮肥利用效率高

氮素利用效率 27.9 kg/kg N，氮肥偏生产力 44.4 kg/kg N，减施 50% 氮肥条件下，较常规小麦分别提高 11.6% 和 11.3%。

4. 产量稳定性好

库容量高，在北部冬麦区、黄淮冬麦区等多生态区节水、旱作、盐碱等条件下，库容量均达到 22.0×10⁷/hm²，平均产量水平可达到 6 500 kg/hm² 以上。

5. 丰产性突出

2020 年 6 月 5 日，山东省德州市宁津县农业农村局组织专家组对贮墒旱作示范田实收测产，京麦 21 号实收接近 7 350 kg/hm²，比对照增产 17.5%。2020 年 6 月 10 日，山东省滨州市阳信县劳店镇前周村京麦 21 号百亩*耐盐碱旱作示范田，实打实收产量达 5 568 kg/hm²，较对照增产 47.1%。

2014 年以来，北京市农林科学院在山东滨州、东营、潍坊，河北沧州等环渤海滨海盐碱地进行了杂交小麦节水旱作与耐盐碱测试示范，组织建设了环渤海杂交小麦联合测试示范网络，测试网点达到 20 个 / 年，建立示范网点超过 30 个 / 年。通过测试比较，杂交小麦耐盐碱、节水抗旱优势明显，与常规小麦相比，部分杂交小麦品种实现了多年多点大面积产量突破 7 500 kg/hm² 的目标。

2020 年 6 月，山东新闻联播、滨州新闻分别以"'贮墒旱作'新技术让一块试验田算出两本经济账"和"杂交小麦成中低产田增产'助推器'"为题报道了杂交小麦在山东旱作盐碱条件下的产量表现；《农民日报》《科技日报》等也对杂交小麦中低产田综合表现进行了跟踪报道。

（二）抗旱节水型冬小麦杂交种——衡杂 102

衡杂 102，河北省农林科学院采用化学杀雄方法选育的冬小麦杂交种，2015 年通过河北省审定，是河北省首个杂交小麦品种。

1. 杂种优势突出

水处理单位面积穗数、穗粒数超标优势分别为 5.77% 和 3.97%，达 0.05 显著水平；千粒重、产量超标优势分别为 9.36% 和 12.21%，达 0.01 极显著水平。

2. 节水丰产性较好

经专家田间检测，在春季未浇水条件下，产量达 8 942.9 kg/hm²；在春季浇 1 次水条件下，产量达 9 902.1 kg/hm²。

3. 抗旱性突出

两年人工模拟干旱棚抗旱指数为 1.281，田间自然环境抗旱指数 1.206，平均抗旱指数平均 1.243，达抗旱性强（2 级）的标准。

（三）高产广适型小麦杂交种——绵杂麦 168

绵杂麦 168，绵阳市农业科学研究院采用光温敏二系法选育的春性小麦杂交种，是我国第二个通过国家审定的杂交小麦品种。

1. 丰产性突出，增产潜力大

国家区域试验两年平均增产 12.7%，生产试验平均增产 15.1%，是长江上游冬麦组区试和生产试验中，第一个两年单产均超过 6 000 kg/hm² 的品种。

---

* 1 亩 ≈ 667 m²，1 hm²=15 亩，全书同。

2. 广适性突出，适宜多个麦区种植

通过国家（长江上游冬麦组）、四川省、甘肃省共同审定，适宜在长江上游冬麦区的四川（川北山区除外）、重庆、贵州、云南昆明和曲靖地区、陕西汉中地区、湖北襄樊地区、甘肃南部种植。

3. 综合抗逆力强，适应性广泛

条锈病和白粉病免疫，高抗秆锈病，中抗赤霉病。苗期长势壮，对低温冷害具有较强的抵抗力；后期灌浆速度快，能有效减少高温天气对产量的影响。

4. 综合农艺性状优良

分蘖力较强，成穗率较高；茎秆韧健，抗倒伏力较强；植株较紧凑，穗层整齐，成熟落黄转色好；产量构成三因素协调合理；达到国家优质中筋小麦标准。

三、绿色高效杂交小麦品种应用与实践

（一）绿色高效杂交小麦品种应用实例

1. 京津冀环渤海滨海盐碱地杂交小麦示范

京津冀环渤海区域是我国传统小麦生产区，土地承载量大，资源环境约束强，绿色高效发展需求迫切。如何保证小麦既要抗盐碱，又要节水，还要高产高收益，绿色高效种植是该区域粮食生产突破的关键与核心。

按照京津冀协同发展战略要求，北京市农林科学院面向京津冀连续多年示范推广"京麦"系列高产抗逆二系杂交小麦。2016 年，经中国农业科学院、河北省沧州市农林科学院等专家实收测产，沧州市青县金牛镇集贤屯村杂交小麦百亩示范区实收产量 8 680.5 kg/hm²，较对照增产30%以上，为种植户增产增收近 3 300 元/hm²。2020 年，德州市宁津县保店镇陶庄村贮墒旱作节水示范田，京麦 21 实收测产达到 7 350 kg/hm²；滨州市阳信县劳店镇张乔村耐盐碱旱作示范田，京麦 9 号实收测产达到 5 625 kg/hm²；滨州市无棣县佘家镇盐碱示范田，京麦 9 号实收亩产达到 7 350 kg/hm²。杂交小麦在中低产田优势尽显。

"十二五"以来，北京杂交小麦凭借突出的稳产抗逆优势为京津冀绿色高效农业发展提供了有力的科技支撑。初步估算，按杂交小麦在京津冀环渤海区域滨海盐碱地应用 300 万亩计算，预计每年可减少灌水 1.5 亿 m³，增产小麦约 15 万 t。

2. 南方麦区杂交小麦示范推广

绵杂麦 168 审定以来，在四川、湖北、重庆、云南、河南、青海、甘肃等省市进行高产示范和大面积生产示范，表现出长势壮、分蘖力强、成穗率高、植株整齐、穗大粒多、结实正常、落黄转色好、成熟早、抗病力强、适应性广泛、丰产性突出的特点，增产效果明显。

2008 年，四川省什邡市师古镇虎林村十组 20 亩绵杂麦 168 高产示范片现场

测产验收，产量达到 8 565 kg/hm²，刷新了四川盆地小麦单产新纪录；湖北省枣阳市示范片播种量 43.5~60 kg/hm² 情况下，实收产量达 8 820 kg/hm²，比对照品种增产 22.5%；青海省春麦区试种，最高增产 110.7%，展示出较好的春麦适应性。

据农业部门统计，自审定以来绵杂麦 168 累计推广种植面积超过 300 万亩以上。2010 年由四川省农业厅牵头，成立了绵杂麦 168 联合推广协作组，加强绵杂麦 168 在大面积生产上的推广应用。

（二）绿色高效杂交小麦品种推广经验

1. 发挥政府主导作用，集聚资源打造产业开发平台

充分发挥政府在杂交小麦推广应用中的主导地位，以项目为依托，由主管部门牵头，联合科研单位、大中型种业企业、粮食加工企业、小麦生产主产县和专业合作社，形成"主管部门＋科研单位＋企业＋基层农技推广部门"的联合推广协作组，共同推动高产广适杂交小麦绵杂麦 168 产业化应用。

充分发挥企业创新主体作用，以技术入股和股权激励方式建立"京麦"杂交小麦商业化育种科企合作新模式，通过股权投资实现利益共享、风险共担，建立"中种杂交小麦种业（北京）有限公司"。集聚国内 20 余家杂交小麦研发应用优势单位，发起成立了"中国杂交小麦产业技术创新联盟"。建立了产学研高度融合的产业合作机制，形成了我国杂交小麦产业发展利益共同体和发展合力，率先打造了国内外领先的杂交小麦技术创新平台、公共服务平台和产业发展平台。

2. 进行全产业链规划，突出推广工作系统布局与顶层设计

坚持杂交小麦全产业链规划，以复杂系统思维看待杂交小麦推广应用，遵循"目的性、整体性、系统性、开放性、预见性"等原则，构建示范推广框架思路与技术路线。通过系统分析各模块之间的相互关联和互作关系，制定科学、合理的实施步骤和重点攻关内容，采取分步实施、阶段突破、滚动推进的方式推进实施，推进杂交小麦产业高质量发展。

实施全产业链创新布局，突破高效育种技术、不育系育性高效恢复与繁殖技术、全程机械化制种技术、超低密度高效播种技术等产业关键核心技术。

系统设计、扎实推进杂交小麦产业链平台建设，搭建基于高效育种技术的种质创新综合技术平台，建设以种子高效生产为目标的多生态区杂交小麦产业化基地，组建国内多生态区联合测试网络和一带一路杂交小麦测试示范平台。

统筹多方资源，扎实做好市场培育和挖掘，突出杂交小麦强抗逆、广适突出、丰产稳产、品质优良等特性，面向适宜区域和农业发展重大需求探索市场，以生产需求、市场需求反推指导杂交小麦示范应用。

3. 强化产业化关键技术支撑，解决推广过程技术难点

开发了父本去除机械，引入无人机进行辅助赶粉，初步建立了杂交小麦全程机械化制种技术体系，杂交小麦制种机械化操作水平达到 95% 以上，大面积制种产量

突破 5 250 kg/hm²，比"十二五"时期综合制种成本降低约 15%。

面向滨海盐碱地、京津冀节水旱作区、中高水肥区等开展节水耐盐碱栽培技术研究，集成配套了抗逆品种、种子处理、精量精播、塑群提质、科学抗灾减灾等关键栽培技术，建立了杂交小麦抗逆高产高效栽培技术体系；研发了绵杂麦 168 稀植高效栽培技术，基础地力中等水平的田块，在稀植（密度≤165×10⁴ 株 /hm²）与中高肥（施氮量为 150~300 kg/hm²）水平下，种植绵杂麦 168 可获得高于 6 750 kg/hm² 的产量和高于 8 000 元 /hm² 的经济效益。

构建了覆盖我国北部冬麦区、黄淮麦区、长江中下游麦区、新疆麦区、西南麦区、一带一路沿线国家的杂交小麦联合测试网络，测试组合累计 3 200 份，测试网点 330 个，筛选出 10 份具有重大应用价值的优良新组合，成功挖掘北方节水麦区、京津冀环渤海盐碱地等绿色高效杂交小麦适宜种植麦区，启动了环渤海滨海盐碱地国家杂交小麦区域试验；初步建立了覆盖南亚、西亚和中亚的中国杂交小麦联合测试示范网络，测试示范网点 30 个，测试组合 1 115 份，审定品种 1 个，被巴基斯坦等国视为应对气候异变、保障粮食安全新的战略选择。

4. 创新品种推广思路，转变合作推广模式

"责任专家"型服务模式：在示范推广工作开展过程中，以杂交小麦研发团队核心技术人员为主，建立推广责任专家制度，全方位参与落实杂交小麦示范推广服务工作，支撑解决成果应用"最后一公里"问题。

"资源集聚"型高效联结模式：根据种业发展需要及科技产业化需求，依托重点优势企业设置科技专家岗位，通过"公司＋科技专家＋基地＋农户"模式，实现"产学研用推"高效联结，快速推动杂交小麦新品种等成果向产业链输送。

"技术套餐"型科技成果集成推广模式：通过科技专家资源集聚优势，集成种子、植保、化肥、机械等一系列小麦科技成果形成"技术套餐"，向专业合作社、种植大户、农资经销商等进行集中推广，加速杂交小麦科技成果走向应用。

"借力借势"型产业链延伸挖掘模式：借助土地托管服务，与托管企业、种植大户进行全方位合作，利用规模化托管平台实施品种推广；与产业链下游收储企业合作，开发杂交小麦优质优价收储方案，通过产业链延伸、贯通进而带动杂交小麦推广。

5. 推动产业政策配套，营造良好产业发展环境

推动我国杂交小麦品种审定标准制定和实施；率先起草了"温光敏两系杂交小麦制种技术规程"云南省地方标准；率先制订了"二系杂交小麦种子质量"企业标准，形成杂交小麦不育系繁殖、机械化制种、节水耐盐碱栽培等规程；推动实施了杂交小麦一揽子保险，将杂交小麦从科研到推广的全流程风险全部纳入政策性农业保险保障范畴；杂交小麦列入北京"十二五"种业发展规划（2010—2015 年），并作为优势品种进行推广。

6. 统筹国际国内市场资源，加快杂交小麦"走出去"

围绕国家战略，面向中低产区示范推广，在京津冀等积极推广抗旱节水杂交小

麦品种和配套技术，率先建立了以京津冀为核心的杂交小麦多生态区联合示范网络，推动杂交小麦成为环渤海滨海盐碱地优势品种，率先在国际上成功实现了二系杂交小麦的产业化开发。

围绕"一带一路"国家重大战略，积极推行"走出去"发展战略，面向南亚、中亚、西亚、南美、东欧等区域测试示范推广了二系杂交小麦，JM6-3 在乌兹别克斯坦通过审定，这是中国在国际上审定的第一个杂交小麦品种；杂交小麦在巴基斯坦平均增产幅度达到 24.4%，并在巴基斯坦启动了全面产业化开发；"云杂 5 号"和"云杂 6 号"在越南 6 省 1 市高产区单产达 6 000~7 000 kg/hm²，增产效果显著。

四、绿色高效杂交小麦发展展望

杂交小麦是世界上唯一尚未开发的主要粮食作物杂交种业，产业潜力巨大，预计每年可创造市场价值 300 亿~500 亿元，国内市场可达 30 亿~50 亿元/年，每年可减少灌水约 10 亿 m³，可减少经济投入约 10 亿元，社会效益、生态效益巨大。目前，虽然有增产达到 10% 以上的小麦品种通过审定，但总体而言，组合选育质量不高，并具有明显的地域性特征，适合抗逆栽培、广泛种植、大幅度增产 20% 以上的节水、抗旱、耐盐碱等优势品种亟待创制，挖掘小麦杂交种增产、高抗潜力的绿色高效配套栽培技术亟待研究建立。

目前，我国杂交小麦的应用现状相当于杂交水稻 20 世纪 80 年代初期的状况，未来十年将是我国杂交小麦产业推进、实现跨越式发展的重要机遇期，加快我国杂交小麦应用步伐，对保障国家粮食安全、抢占杂交小麦国际种业制高点，具有重大而深远的战略意义。

一是强化杂交小麦种业科技创新。实施小麦强优势杂交种创新重大计划，强化突破型杂交小麦品种选育，创制适应于不同麦区高产、稳产、广适、抗逆杂交小麦新品种，主攻我国中低产麦区和干旱缺水麦区；加快以企业为主体的杂交小麦种业科技创新体系建设。

二是加大杂交小麦开发扶持力度。以政府为主导，聚集全国研发优势资源，以超级杂交水稻攻关等形式，实施杂交小麦全国联合攻关；实施中低产区杂交小麦试验示范工程，以环渤海中低产区、盐碱地、南方稻茬麦等为重点开展中低产区杂交小麦高产创建和绿色增产攻关研究与应用。

三是加快杂交小麦种业国际化进程。支持杂交小麦参与"一带一路"国家战略实施，抢占国际小麦种业战略制高点，持续保持我国在杂交小麦研发和产业化领域国际领先地位和绝对优势。

案例点评：杂交小麦被认为是全球小麦产量大幅提升的首选途径。据预测，杂交小麦推广应用若达到杂交水稻同等水平，我国每年可新增小麦约 200 亿斤*，将

---

* 1 斤 =500 g，全书同。

对保障国家粮食安全具有重大意义。杂交小麦产业潜力巨大，预计每年可创造市场价值300亿～500亿元，国内市场可达30亿～50亿元/年，每年可减少灌水约10亿 m³，可减少经济投入约10亿元，社会效益、生态效益巨大。我国小麦杂种优势利用研究居于世界领先地位，审定了一批杂交小麦优良品种，并在生产中逐步推广应用，实现了科技创新和产业应用的协同加速效应。绿色高效杂交小麦品种应用实例，说明了农业技术推广部门要善于发挥政府主导作用，集聚资源打造产业开发平台，进行全产业链规划，突出推广工作系统布局与顶层设计，强化产业化关键技术支撑，解决推广过程技术难点，创新品种推广思路，转变合作推广模式，推动产业政策配套，营造良好产业发展环境，统筹国际国内市场资源，加快杂交小麦"走出去"。

（北京市农林科学院：张胜全　陈兆波　赵昌平　王拯　叶志杰　高新欢）

主要参考文献

高明蔚，1978.国外杂交小麦研究进展情况［J］.农林科学实验（1）：36-37.

江红梅，张立平，2009.小麦光温敏雄性不育遗传研究进展［J］.种子，28（5）：56-59.

李庆国，芦晓春，2020-07-22.北京杂交小麦再创佳绩［EB/OL］.http://www.moa.gov.cn/xw/qg/202007/t20200722_6349077.htm.

李如利，李振，2020.绿色小麦种植技术推广意义及建议［J］.农业开发与装备（6）：167，170.

李生荣，陶军，杜小英，等，2008.杂交小麦新品种绵杂麦168［J］.中国种业（6）：67.

马爱平，2020-08-31.北京杂交小麦的丰收"秘诀"［N］.科技日报（7）.

齐鲁网，2020-06-10.闪电新闻."贮墒旱作"新技术一块试验田算出两本经济账［EB/OL］.http://dezhou.iqilu.com/dzminsheng/2020/0610/4563379.shtml.

王澎，2016-06-20."京麦6号"易种植效益高［EB/OL］.http://finance.china.com.cn/consume/hotnews/20160620/3773065.shtml.

王澎，2016-06-20.杂交小麦让中低产田也有好收成［EB/OL］.https://www.sohu.com/a/84389337_116897.

武春霞，2013.杂交小麦育种迈向大规模产业化应用［J］.农经（5）：46-48.

武计萍，许钢垣，仇松英，等，1998.我国杂交小麦研究现状及开发应用对策［J］.小麦研究，19（4）：20-22.

肖文静，2014.国内外杂交小麦研究概况及发展趋势［J］.北京农业（9）：58-60.

杨春玲，郭瑞，林关立，等，2002.我国小麦杂种优势利用现状及存在的问题［J］.河南农业科学（9）：14-15.

叶绍文，1979.小麦雄性不育在高原地区的发现［J］.遗传学报（1）：32.

翟永冠，2019-06-07.杂交小麦成京津冀地区中低产田稳产增产的"助推器"［EB/OL］.http://www.xinhuanet.com/fortune/2019—06/07/c_1124593770.htm.

赵昌平，2010,中国杂交小麦研究现状与趋势［J］.中国农业科技导报，12（2）：5-8.

赵明辉，李会敏，乔文臣，等，2016.抗旱节水型冬小麦杂交种——衡杂102［J］.麦类作物学报，36（8）：972.

种业商务网，2017-12-19.京麦21［EB/OL］.https://www.chinaseed114.com/seed/13/seed_60151.html.

案例二

稻茬小麦"绿色丰优"推广应用

一、稻茬小麦生产现状及存在问题

小麦是世界上主要的粮食作物之一，中国是世界上最大的小麦生产国和消费国，占世界小麦生产总量的17%和消费总量的16%。根据国家统计局发布夏粮产量数据的公告，2020年我国小麦播种面积较往年减少了27.35万 hm^2，下降1.2%，为2 271.1万 hm^2；小麦单位面积产量5 798 kg/hm^2，比往年增加了101.9 kg/hm^2，增长1.8%，总产量为13 168万 t。随着我国城乡经济的发展和人民生产水平的提高，小麦在国民经济中的地位日益重要，虽然近年来我国小麦产量有所增加，但仍不能满足人民群众需求，如何提高小麦产量依然是我们迫切需要解决的问题。南方稻茬区小麦以稻麦轮作为主要种植方式，整体单产远低于黄淮麦区，该区域小麦生产增幅对提升我国整体小麦生产水平意义重大，掌握稻茬小麦生产的关键技术，释放稻茬小麦生产增幅的巨大潜力，对促进我国粮食生产的可持续发展具有重要意义。

近年来小麦生产量大，但种植品种多而杂、产量品质不稳定、不能协调发展的问题日益突出，且生产的小麦不能满足小麦加工企业的需求，小麦种植全产业链产销需求信息不对称等问题严峻，严重制约着我国小麦产业的健康发展。根据国家统计局数据显示，2018年全国家庭承包耕地流转面积超过5.3亿亩，就江苏省土地流转情况来看，正在逐年增加，流转比例已达64%以上；农村土地流转助推农业规模化发展，2018年农业产业化龙头企业8.7万家，在工商部门登记注册的农民合作社217万个，家庭农场60万个。随着规模化农业的发展，众多种植大户普遍面临品种杂多且选择困难、农资和劳动力成本不断上涨、种植成本高而作物生产效益低、生产管理过程粗放、种植技术无法保证产量品质协调发展以及粮食销售不稳定等诸多问题。在传统生产技术体系下，小麦产量相对较低，但生产成本居高不下。在现有的技术和生产条件下，帮助种植大户生产管理精准化，关键是要提高其种植水平，帮助其达到节约成本和提高效率的目标，这是小麦生产资源高效利用的基本要求，是小麦"标粮生产"和品质提升的根本所在。

随着现代农业的高速发展，生产技术体系的不断优化，掌握了解稻茬小麦生产应用技术及存在的主要问题对提高稻茬小麦生产水平具有重要的现实意义。

（一）稻麦轮作茬口矛盾突出

以往研究和大规模生产调查表明，近年来大面积稻茬小麦产量低的主要原因是播期普遍延迟、整地方法粗放以及种植方式严重滞后，往往表现出苗不均、基本苗过多或显著不足等问题。近年来，由于农业规范管理的发展和农业生产方式的变化，稻麦播种期普遍推迟，季节性茬口的出现严重影响了稻麦周年种植产量及效益。据江苏省农业技术推广总站统计数据可知，2014年存在大面积晚播、烂耕烂种现象，晚播率高达66%，2017年和2018年晚播率也在50%左右。黄淮海流域与长江中下游普遍以稻麦轮作为主要生产模式，水稻晚收导致小麦播期推迟、冬前积温减少、生育期缩短、分蘖和分蘖成穗率降低、幼穗分化起始时间晚、持续时间短、发育不良、每穗颖花数、每粒小花数和每穗粒数均下降；由于生育期晚、持续时间短容易造成千粒重降低、单株生产力减弱以及穗部生产能力降低的现象，对小麦的生长发育产生严重影响，从而降低小麦产量。与此同时，近年来，江苏省秋播播期遭遇异常气候的影响风险逐渐加大，连续降雨导致土壤泥泞，人力和农机无法下田，播期推迟，小麦适宜播期比例降低，晚播比例增加。

此外，大量秸秆还田后，由于机械配套设施不足或不配套，导致秸秆还田质量差，稻茬小麦的播种质量受到了严重影响。土质松散，孔隙分布不均匀，大孔隙过多，跑风现象严重，土壤与种子接触不紧密，种子萌发和生长过程中"吊根"现象非常普遍，影响小麦出苗率；后期根系发育不良，遭受冻害导致小麦苗情差，死苗风险进一步加大。

（二）小麦生产成本高，比较效益低

由于粮食供给问题，小麦生产普遍存在成本高、效率低等突出问题，为解决这些问题，农民往往通过扩大各地区小麦生产面积来提高小麦总产量，从而增加种植收益，实现小麦的自给自足。但随着粮食总供给能力的提高和经济结构的调整，农业效益和农民收入的提高已成为现今小麦种植急需解决的问题。据江苏省农业技术推广总站统计数据表明，近8年来，江苏省小麦生产总成本不断上升，2018年较2011年小麦生产成本增加了33%，每亩地增加304.16元。在传统生产技术体系下，小麦产量相对较低，但生产成本居高不下。据调研，小麦种植成本上升的主要原因是土地租金盲目抬高，种子和农药化肥等生产资料价格上涨，农业生产资料补贴不合理；再加上现代农业栽培技术的进步和新型农业生产经营的发展，农业机械技术人员、种植工人和田间管理人员工资水平不断提高。从我国小麦的总体成本效益状况来看，虽然小麦的商品率在上升，小麦农产品的市场化程度逐渐加深，但是种植利润却在不断下降，导致"种田不赚钱"现象普遍存在，在不考虑粮食补贴和其他非农收入的前提下，农民对"种田"收入的依赖性逐渐降低，极大地打击了农民种地的积极性。

随着社会经济结构的发展变化,小麦生产相对经济效益下降,导致小麦生产极度失衡。目前,小麦生产的比较效益相对较低,经济效益明显低于蔬菜、瓜类、水果和一般经济作物;就粮食作物来看,小麦单位面积纯利润明显低于其他粮食作物,小麦与玉米生产相比成本较高、出售价格较低,经济效益明显偏低,与水稻和大豆生产效率相比,生产效益也不尽如人意,小麦生产相对经济效益的低下严重阻碍了小麦种植业的发展。从近 8 年江苏省的小麦生产净利润来看,平均降低 143.67 元 / 亩,增长幅度为 −127.25%。2018 年小麦生产净利润为 −30.77 元 / 亩,直接影响了农民的种植积极性,间接对小麦品质产生了极大影响,甚至威胁国家粮食安全。

(三)产量生产潜力未充分发挥

提高小麦总产量有两种途径,一是扩大小麦播种面积,二是提高小麦单产水平。中国的小麦总产量保持在 1.3 亿 t 左右,小麦种植面积与其他作物种植面积之间的矛盾导致小麦种植面积持续减少。特别是在人口持续增长和国家种植面积大幅减少的背景下,小麦种植面积扩大空间很小,此时增加小麦种植面积不能有效地提高小麦产量,必须通过提高小麦产量潜力来提高小麦总产量。以往研究表明,小麦产量生产潜力未得到充分发挥,实际产量与潜在产量之间差距显著,农户产量与高产量之间也存在一定的距离。究其原因,主要是没有因地制宜地选择高产优质的小麦品种,播期变化下未能合理确定基本苗,播种量过大,缺乏科学的种植技术,施肥量过多及肥料利用率过低等问题造成的。

气候因子的复杂性影响也是导致小麦产量不稳定和产量潜力不足的重要因素之一。在气候变暖背景下,中国的自然灾害风险等级处于较高水平,极易发生极端天气,如局部地区农业生产由于大规模长期干旱、集中短期暴雨等气候影响,导致其产量受损。农业生产是开放条件下的生产活动,极易受气候条件的影响。江苏省气候变化具有区域特征,各农区间区域性明显,差距较大。该省以气候变暖为主要特征,气候变暖后,冬小麦越冬不明显,造成冬前旺长,在倒春寒来临前极易遭受冻害。江苏地处常年受季风影响的亚热带湿润向暖温半湿润过渡带,因而干旱、涝渍、低温冻害、高温催熟、热干风等自然灾害频繁发生。极端天气事件对作物产量的负面影响十分显著,小麦产量潜力明显受到限制。

二、稻茬小麦"绿色丰优"推广应用特点和优势

(一)"绿色丰优"简介

在现有的技术力量和生产条件下,如何帮助种植户生产管理精准化,是提升其种植水平和帮助其节本增效的核心问题,是小麦生产资源高效利用的基本要求,是

小麦"标粮生产"和品质提升的根本所在，是推进小麦产供销健康发展的保障。稻茬小麦"绿色丰优"技术推广模式，是以科研院所单位技术优势为核心，联合小麦生产相关优势企业和县（区）推广技术力量，对小麦新（优良）品种、新（先进）技术、新（先进）装备、新（先进）产品等进行高效集成，为种植大户提供定制的、实用的绿色高效全程技术解决方案，配套专业的、标准化的生产技术标准，实现了生产技术快速实效化，促进技术精准落地；同时，为种植大户直接对接农资企业和储备加工企业，降低大户农资成本，提升卖粮效益，延伸和拓展后续产业链条，实现了节本增效。模式集成小麦生产信息流、技术流（服务流）、资金流、物资流、人才流，全面服务小麦生产，促进规模种植增产增效，提升优质小麦产业发展水平。

（二）"绿色丰优"技术体系特点与示范成效

1. "绿色丰优"技术集成体系创新性强

（1）核心技术：稻茬优质小麦精量化机械条施肥条播种技术

围绕提升稻茬小麦播种质量提升，结合稻秸高效还田与耕整技术，根据不同生态区的土壤特点和气候特点确定合理播种时期、播种量和播种深度。利用稻茬优质小麦精量化机械条施肥条播种技术实现种子和肥料精确定量控制、基肥集中均匀条施、不同土壤类型配套不同的播种开沟和合墒的复合播种施肥装备与技术。解决小麦施肥粗放、肥料利用效率低、播种无法精确定量和播种质量差的问题，同时实现施肥播种高效一体化实施。

技术难点：种子和肥料精确定量控制、基肥集中均匀条施、不同土壤类型配套不同的播种开沟和合墒装置。

技术思路：精确控种控肥，均匀分种分肥；标准化下种下肥；高效一体化作业。

技术创新：一是精确定量电控装置研发，电控系统和播种器精确分种系统，可实现肥料和小麦精确定量匀播。一种小麦全自动电控精确定量播种机，专利号：ZL201720287136.4。数字式电控排肥排种装置，专利号：201811639438.9。二是新型播种开沟器（压沟式），可实现不同土壤均匀落种，尤其适宜稻茬麦偏黏土壤。稻麦播种压沟器，专利号：201811635732.2。三是研发新型耕整施肥复式播种机，实现高效耕整施肥与播种一体化，提高作业效率。

（2）配套关键技术

①轻简化稻秸高效还田与耕整技术：针对稻茬条件下稻秸还田与耕整质量较差，开展适应不同种植区域的秸秆还田模式创新，在低能耗机械作业条件下重点突破水稻全喂入和半喂入条件下秸秆匀铺覆盖与旋耕（翻埋）还田方式，配套高效精准基肥施用技术，形成轻简化稻秸高效还田与耕整技术。

②不同播种条件下小麦耕种模式：针对稻茬小麦大面积栽培种植时间短、腾茬晚季节紧，多变气候灾害、种植管理粗放等问题，配套科学的种植方法与全程机械化的田间管理措施，实现不同播期和不同土壤墒情条件下适宜的高效耕种模式。

③绿色抗逆与植保综合防控技术：针对稻茬麦区小麦生产上易发的湿（渍）害、冻害、药害，筛选新型抗逆调节剂与应用技术；同时，结合减药绿色防控技术，包括高效植保机械、植保无人机精准施药、高效低毒低残留新型药剂喷施以及一喷综防等技术，实现高效精准机械化绿色抗逆与植保综合防控技术。

2. "绿色丰优"技术示范增效显著

江苏省稻茬小麦种植效益整体偏低（图1），按当前社会经济发达程度，相较于做泥瓦工每天收入150~200元，或到工厂上班每个月收入2 000~4 000元，小麦种植劳动强度大，劳动程序烦琐复杂，时间较长，导致农民积极性不高。稻茬小麦正常生长情况下，技术优化示范生产技术体系能有效增加种植效益，其中23个示范点效益增加，且增长幅度较大。2018年"绿色丰优"29个示范点，技术优化示范较农户对照平均增加71.3%，徐淮、宁镇扬、里下河、沿海、沿江、太湖和江淮丘陵农业区平均效益增长幅度分别为58.8%、90.8%、115.0%、59.8%、89.0%、42.2%、43.4%，其中里下河农业区增效最显著。位于宁镇扬农业区的镇江种植过程中所使用的抗逆新产品没有明显的增产效果，增加了成本但并没有增加产量；位于沿江农业区的姜堰三野村农户对照种植田块冬前240 kg/hm² 尿素的施用后及时的降雨可能提高了氮素吸收利用速率，小麦抵御冻害能力增强，产量高，效益也较高，说明施肥时间和施肥前后的天气对小麦产量有较大影响；位于太湖农业区宜兴的三个示范点除草剂使用不当，未能有效除草且产生药害，该类除草剂可能不适合当地使用，说明小麦种植过程中除草剂的选择与使用至关重要；江淮丘陵农业区的南谯由于收获期降雨导致小麦收获时间推迟且籽粒大量脱落，在等待收获的过程中植株呼吸作用消耗本身的养分，使小麦千粒重下降，示范田的产量降低，最终导致生产效益低下。

（三）"绿色丰优"推广模式创新

"绿色丰优"与全产业链深度融合的"双线共推"模式。线下通过推动成立江苏省稻麦种植产业技术创新战略联盟，联合小麦科研、生产相关优势单位与企业以及县（区）推广部门技术力量，以"优质小麦订单生产"为目标，实施优质小麦生产"绿色丰优"计划；线上通过"农技耘""南农易农"等专业化服务平台和自媒体集成小麦生产信息流、技术流（服务流）、资金流、物资流、人才流，全面服务小麦生产，促进规模种植增产增效，提升优质小麦产业发展水平。具体技术路线如下（图2）。

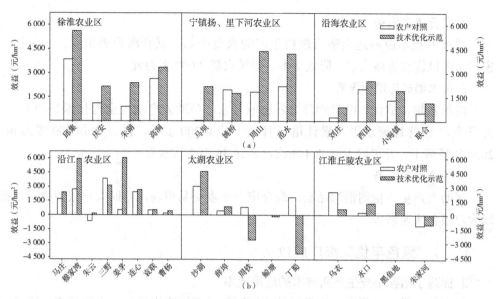

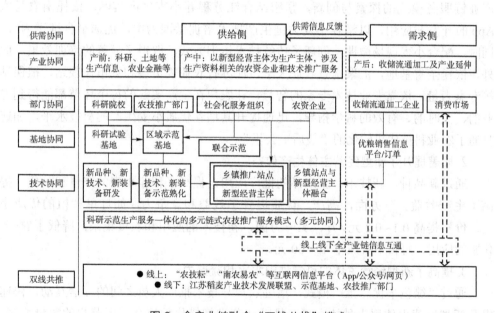

图 1 江苏省稻茬小麦 29 个示范点种植效益情况

图 2 全产业链融合"双线共推"模式

三、江苏省稻茬小麦"绿色丰优"推广实践与成效

（一）"绿色丰优"推广实践

"十三五"期间，南京农业大学围绕"绿色丰优"推广模式，完成了一系列技术推广与产业化工作。

1. 农资集采服务

通过多点示范筛选出适合规模生产的农资产品，联合海量种植大户，对接厂家，帮助以优惠价格集采，降低成本，集采农资 3 000 多万元。

2. 技术集成与培训服务

组织栽培、植保、经营管理等各领域专家，帮助大户制定全程技术解决方案，提升生产经营管理水平，累计培训种植大户 4 200 多名，涉及面积 300 多万亩，2020 年疫情下，开展网上培训 4 场次，累计 46 万人次观看。

3. 粮食贸易服务

帮助大户免费检测粮源品质，联合南方小麦交易市场，帮助大户粮源拍卖，推动大户粮食快速销售。

（二）"绿色丰优"推广成效

1. 提高了稻茬小麦生产新技术的应用效率

拓宽技术推广的渠道，提升科技应用速度，缩短应用半径，提高效率。通过全产业链服务模式的探索与创新，紧密结合江苏稻茬小麦生产实际，依托南农易农 App 的开发与应用，以稻茬小麦关键生产技术培训微课为主，优选平台推送内容。同时，配合小麦现场微课，创新了传统技术培训方式，取得了显著的培训效果。此外，依托全省基地，汇聚南京农业大学、江苏省农业委员会和县市作栽站、植保站等专家力量，依靠专业技术专家的智慧，让农户在生产实践的每个环节都能得到专业的、及时的、有效的科学指导，迅速提升其稻茬优质小麦生产的科技水平，加速打通了农业科技成果转化的"最后一公里"。

2. 显著提升了新型经营主体生产效益

通过新品种、新技术、新产品的推广应用，提高了稻茬小麦的产量和品质，提高了生产效益。一方面，高产、优质提升了效益和竞争力，如订单种植的优质小麦，价格提高 0.1~0.2 元 / 斤；另一方面，新技术的应用和农资集采，降低了农药、化肥的应用，每亩节省成本 40~60 元。

3. 提高了新型经营主体的科学种田水平和凝聚力

通过"绿色丰优"推广模式，增强农户与技术推广人员之间的互信互动，快速提升新型经营主体稻麦种植水平，推动江苏省规模化种植高产示范户的数量增多，达到辐射推广应用的效果。由于小麦种植的比较效益和技术门槛相对较低、市场需求大、价格相对稳定，加上大部分经营主体的种植规模小、农户的文化水平和竞争意识总体较其他农业产业低，经营主体之间很难自发形成相关产业协会（联盟）。经营规模扩大，管理难度和经营风险随之上升，新型经营主体对轻简高产高效技术、市场信息的需求更加迫切。传统的以政府为主导的服务体系难以及时、充分满足他们的需求，产业联盟（协会）的建立势在必行。模式推动成立稻茬小麦产业发展联盟，推动小麦产业的发展，促进新型经营主体之间的交流互动，技术知识、管理经验、市场信息在农户之间的传播更加直接、高效、频繁，有利于种植户技术、管理水平的提高，及时的市场信息也有助于农户获得较高的市场价格。同时，增强了新型经营主体之间的凝聚力和地位。

　　案例点评：我国稻茬小麦面积7 000万～8 000万亩，涉及种植区域单产最高为382 kg/亩，四川和湖北低于250 kg/亩，与山东、河南等400 kg/亩以上省份单产存在较大差距，"绿色丰优"推广模式对提升稻茬小麦整体生产水平具有巨大潜力，对国家粮食总产增长具有重要意义。该模式围绕农业规模化经营生产，以新型农业经济主体为服务对象，符合当前农业生产发展趋势，以当前稻茬小麦主要生产技术和生产方式存在问题为导向，整合关键生产资源要素，形成技术服务多元化、整体化。新模式在江苏省小麦产业发展中进行了有效应用，拓宽了小麦产业技术推广的渠道，提升了小麦科技应用速度，缩短了应用半径，提高了效率，延长了小麦产业服务链，提高了新型经营主体的科学种田意识和水平。

（南京农业大学：蔡剑　姜东　周琴　王笑　仲迎鑫　黄梅；
北京市农林科学院：陈兆波）

主要参考文献

蔡剑，姜东，2011.气候变化对中国冬小麦生产的影响［J］.农业环境科学学报，30（9）：1726-1733.

查金祥，2000.论我国当前农业结构调整的成本构成与成本控制［J］.调研世界（10）：25-26.

程洪岐，张金绵，阎新珍，等，2006.影响小麦全苗的因素分析及预防措施［J］.作物杂志（6）：40-41.

黄佩民，1999.对于我国加入WTO后相应调整小麦发展战略的建议［J］.农业技术经济（4）：1-3.

雷雅雯，2019.河北省小麦成本收益研究［D］.保定：河北农业大学.

刘锋，孙本普，孙雪梅，等，2018.晚播小麦高产栽培技术探析［J］.湖北农业科学（11）：32-35.

刘宏伟，2002.化学杂交剂——GENESIS诱导小麦雄性不育机理研究［D］.杨凌：西北农林科技大学.

刘建刚，2015.黄淮海农作区小麦—夏玉米产量差及其限制因素解析［D］.北京：中国农业大学.

毛金凤，徐长青，2009.稻茬小麦不同播种方法效果分析［J］.耕作与栽培（5）：40-45.

国家统计局农村司，2019.农村经济持续发展 乡村振兴迈出大步——新中国成立70周年经济社会发展成就系列报告［J］.新农业（18）：5-8.

戚从清，2010. 浅析影响小麦播种质量的几个因素［J］. 安徽农学通报，16（8）：65－79.

钱朝阳，黄萍霞，徐红萍，2018. 稻茬小麦晚播的技术集成及措施［J］. 农业技术与装备（11）：63－65.

商兆堂，2009. 江苏气候变化及其对小麦单产的影响分析［J］. 中国农业气象，30（S2）：185－188，192.

商兆堂，姜东，何浪，2013. 气候变化对小麦生产影响研究进展［J］. 中国农学通报，29（21）：6－11.

商兆堂，濮梅娟，蒋名淑，等，2007. 冻害对江苏省三麦生产的影响与对策［J］. 中国农业气象，28（增）：25－27.

申洪源，2020－08－04. 小麦行情震荡走高　产量同比提升［N］. 粮油市场报（B4）.

覃志豪，唐华俊，李文娟，等，2013. 气候变化对农业和粮食生产影响的研究进展与发展方向［J］. 中国农业资源与区划，34（5）：1－7.

王传海，申双和，郑有飞，等，2002. 土壤湿度对小麦出苗及幼苗生长的影响［J］. 南京气象学院学报，25（5）：693－697.

王少锋，2002. 江苏省小麦生产成本与经济效益研究［D］. 扬州：扬州大学.

王学强，2007. 河南小麦生产潜力及发展战略研究［D］. 杨凌：西北农林科技大学.

谢海英，2016. 河北省小麦生产收益影响因素分析［J］. 合作经济与科技，548（21）：5－8.

徐敏，耿建云，朱训泳，2019. 六合区稻麦周年栽培常见问题及应对措施［J］. 农业开发与装备（1）：63－64.

姚梦浩，2019. 江苏里下河农区稻茬小麦不同模式产量差的缩差调控技术研究［D］. 扬州：扬州大学.

俞书傲，2019. 气候变化对农作物生产的影响［D］. 杭州：浙江大学.

赵广才，常旭虹，王德梅，等，2012. 中国小麦生产发展潜力研究报告［J］. 作物杂志（3）：1－5.

赵磊，2018. 四大粮食作物成本与收益比较分析［J］. 农村经济与科技，447（19）：17－19.

祖祎祎，2020. 继续推进小麦良种联合攻关　研发更多适应中国国情的新品种——国家小麦良种重大科研联合攻关组秘书长、中国农科院作科所研究员肖世和介绍我国小麦产业发展现状及小麦良种联合攻关进展等情况［J］. 中国食品（Z1）：20－23.

FULCO LUDWIG, STEPHEN P. MILROY, SENTHOLD ASSENG, 2009. Impacts of recent climate change on wheat production systems in Western Australia［J］. Climatic Change（3）：495－517.

LICKER R，JOHNSTON M，FOLEY J A，et al.，2010. Mind the gap：How do climate and agricultural management explain the 'yield gap' of croplands around the world?［J］. Global Ecology and Biogeography，19（6）：769－782.

ZHANG M W，MA Q，DING J F，et al.，2018. Characteristic of late sowing high-yielding wheat population in rice-wheat rotation［J］. Journal of Triticeae Crops，38（4）：445－454.

案例三

监利水稻产业技术升级转型

一、监利市水稻生产现状

监利市地处湖北省中南部，东衔洪湖，南临长江，随岳与监江高速穿越全境，荆岳长江大桥飞架南北，"拥一江之势，得两湖之利"，交通四通八达，快捷便利。监利市是国家现代农业示范区、全省粮食主产区，有全国水稻第一市、中国小龙虾第一市的美誉，粮食生产在全省长期名列前茅。监利市水稻种植具有悠久历史，常年水稻种植面积在 220 万亩左右，粮食总产 125 万 t 左右，2020 年，全市早稻面积 25.2 万亩，中稻（一季晚）面积 162 万亩，晚稻面积 31 万亩。全市主要推广"双季稻""稻—再—肥""稻虾共作""稻—油""稻—麦""稻—菜"等绿色高质高效模式。目前全市"虾稻共作"模式发展到 108 万亩，依托农业新型经营主体创建"虾稻共作稻渔种养"示范基地共 5 万亩，基地水、电、路配套，安装太阳能杀虫灯，开展病虫害统防统治，实行标准化生产。推广"稻—再—肥"模式 30 万亩，第一季亩产 650 kg，再生季平均亩产 250 kg 以上，产量比一季中稻增加了 300 kg。

水稻品种以籼稻为主，优质高产品种深受粮农欢迎，近年来主要推广了"丰两优香一号""荃优 822""桃优香占""玖两优黄花占""泰优 398""鄂香 2 号"等优质品种，米质达到国家三级以上，品种优质化率达到 96% 以上。为适应"虾稻共作"模式的要求，水稻播种期比过去普遍推迟，水稻抽穗扬花期避开高温热害，稻米品质明显提高。水稻品种生育期一般在 105~140 d，120 d 左右的品种最受虾农欢迎。同时，随着水稻全程机械化生产技术的推广，抗倒性、抗逆性较强的品种更适应机械作业的需求，受到农户青睐。

二、监利市水稻产业技术升级的具体做法

（一）政策扶持，建设高标准基地

依托高标准农田建设项目实施，自 2011 年起，在全市范围内建设高标准农田 134.7 万亩，主要向"双水双绿"基地倾斜，重点支持新基地水、电、路、涵闸等配套设施建设和老基地的改造升级。建成绿色食品水稻标准化生产基地 80 万亩，形成了以尚禾、再富、精华、金草帽等新型经营主体为依托的再生稻基地 30 万亩；以名宇、香莲、北港等米业为主体的"稻虾综合种养"基地 30 万亩；以毛市、黄歇口、红城等乡镇为主体创建的全国绿色食品原料（水稻）连片种植"监利大米"基地 20 万亩。2019 年，监利市两区划定成果经由荆州市和监利市两级审核确定，并发布《测绘成果质量市市联合验收报告》。划定粮食生产功能区 159 万亩，重要农产品生产保护区 114 万亩，"两区"划定耕地面积共计 198 万亩。2019—2020 年，通过水稻绿色高质高效创建等涉农项目投入资金 1 300 余万元，在全市 21 个水稻主产乡镇支持主体开展连片再生稻和"虾稻共作"高效示范基地建设，累计示范面积 20 万亩以上，为全市稻米加工和小龙虾市场主体提供优质的原料。

（二）校市合作共建，科技助力产业发展

从 2018 年开始，监利市委市政府积极推进"双水双绿"产业发展，2019 年 4 月 2 日，市政府与华中农业大学签订了《校市战略合作协议》及其相关子协议，并在福娃集团基地、华洲农机合作社基地、兴华农机合作社基地开展优质"虾稻"品种试验示范，筛选优质虾稻品种，提升稻米品质。2020 年，市政府积极落实省农业农村厅开展的院士科技服务团队"515"行动，支持在福娃集团虾稻生产基地建设 500 亩科研示范基地，在再富米业、三丰农机、兴华农机等合作社开展优质"虾稻"新品种试验示范，面积 1 500 亩。近年来，监利市在程集镇和周老嘴镇建设产学研示范基地和现代农业产业园基地，面积 700 余亩，在基地开展优质再生稻、中稻和"虾稻品种"品比试验示范，为筛选适宜监利市种植的优质水稻品种并在全市范围内推介提供科学依据。

（三）全产业链打造，"产加销"一体化发展

1. 生产环节

2020 年，全市从事种养的新型农业经营主体 7 700 家以上，带动全市土地流转面积达到 160 万亩，占全市耕地面积的 60%，是监利市粮食生产的中坚力量。全市有集中育秧合作社 43 家，推广集中育秧机插秧面积 110 万亩以上，测土配肥站 13 家，测土配方施肥率 94%，病虫害绿色防控面积达 80 万亩，病虫害统防统治组织 23 家，统防统治率达 35% 左右，水稻综合机械化率 75% 以上。集中力量打造

市级以上现代农业产业园 3~5 个、扶大做强农业龙头企业 10 家以上、农业社会化服务组织 30 个、专业合作社 300 个，大力推广"公司＋主体＋农户＋基地"产业现代化经营模式，挖掘粮食综合增效能力，以公司为龙头，发展优质稻订单生产100 万亩，收购价按市场最高价收购，合作社提供育种、机插、配肥、综防等一条龙服务。

2. 加工环节

全市拥有粮食加工企业 110 多家，农业产业化龙头企业 86 家，其中国家级、省级、市级以上米业龙头企业 20 家，年加工稻谷 16 亿斤，年加工销售大米 10 亿多斤，产品销往全国各地。2015 年以来，全市米业企业加快升级改造，一是新增粮食烘干设备，每家企业投资 200 万元以上，日烘干能力达 30 万斤。二是新增仓容，做到按品种分仓收购，优质优价，49 家米业公司仓储量达 20 万 t。目前，全市大米生产加工形成四大系列：以名宇米业、香莲米业为代表的富硒米；以恒泰、银真为代表的优质长粒香米；以禾畴为代表的虾稻米；以再富米业为代表的再生稻米。

3. 流通环节

近年来，监利米业商会利用"监利大米"2015 年获得中国农产品地理标志这块金字招牌，着力创建"监利大米"特色品牌。形成了以"福娃好福米"为主的优质大米湖北名优品牌；以名宇米业为主的"富硒大米"品牌；以禾畴、香连米业为主的湖乡"虾稻乡米"品牌；以银真米业为主的优质长粒香"香型大米"品牌；以再富米业、尚禾农业为主的"再生香米"品牌。监利大米价格持续上扬，目前一般普通监利大米批发售价 2.1~2.3 元 / 斤，虾稻米批发价 2.8~3 元 / 斤，再生稻批发米4~5 元 / 斤。"监利大米"品牌的创建极大地提升了监利市稻米品牌的知名度、美誉度和话语权。监利大米畅销全国各地，产品主销广东、福建、广西、湖南、浙江、江苏、江西等地，年销售量和利润实现双过亿。2018 年以来，全市坚持实施"双水双绿"战略，持续举办三届"监利大米"品鉴会和优质稻米品种推介活动，运用新媒体、新网络、新形式，大力宣传"监利大米"农产品公用品牌，创建线上线下农产品销售对接新机制，推进农产品销售的电子商务与实体店营销有效融合，提升农产品价值转化增收效益，强化品牌推广力度，提升监利大米市场竞争力。

（四）强化技术指导服务，提升生产水平

在优质品种筛选方面，连续 3 年举办优质稻米品鉴推介活动，结合品种的适口性、田间表现和市场反响，筛选并推介适宜监利市种植的优质再生稻、中稻、晚稻品种，以推动优质水稻订单生产、推进监利市稻米产业转型提升，促进粮农增收企业增效。在生产技术指导方面，主推水稻合理密植、科学管水、减肥减药、配方施肥、物理与生物绿色植保综防技术、水稻全程机械化技术。每年组织专家深入田间地头指导 50 次以上，与华中农业大学结合，请专家教授授课 2 次以上，以培训会、微信等形式传授、发布技术指导意见 10 期以上，坚持每月发布两期病虫情报，及

时发放抗灾生产技术资料，提升种养水平。在农技宣传方面，提升"一群三台"服务效能，即一个农业农村局工作群和荆州掌上农业、大地春信息、田园风电视栏目三个农业服务平台，实施全方位、全天候、全身心的农业生产、市场、气象、政策服务。在农资监管方面，规范农业执法，按照"放管服"的总要求，立足行业特色，组织农业综合执法大队严格落实农资、农产品的市场抽检和打假行动，实施精准化、科学化、法治化管理，确保监利市种养主体用到合法、优质农资，为农业生产安全保驾护航。

（五）实施品牌创建战略，提升种养效益

把"监利大米"品牌创建行动作为全市实施乡村振兴战略、促进产业兴旺的大事来抓。一是成立全市农产品品牌创建领导小组。组长由市政府主要领导担任，下设专门办公室，制定"监利大米"产业发展规划，负责品牌创建工作的指导、协调和督办等工作，负责相关扶持政策的落实。二是成立"监利大米"区域公共品牌创建国有运作管理公司。制定"监利大米"生产标准、加工标准、贮存标准，策划"监利大米"品牌运作，加强品牌管理与维护，避免企业单打独斗，品牌过多，难以形成聚合效应。同时监利米业同业商会充分发挥纽带作用，内联企业、合作社、家庭农场、大户开展有效对接，实施"五统一"生产，即"统一连片种植、统一品种播期、统一生产标准、统一收购加工、统一品牌营销"。全市外联客商，加上"监利大米"联营联销，发挥团队作用。三是加大"监利大米"区域公共品牌宣传推介力度。监利龙虾和监利大米两大公用品牌亮相美国纽约时代广场，创新开通"两号一抖"（稻虾节公众号、今日头条号、抖音号），央媒和省市80多家主流媒体争相报道，共发稿100多篇。利用政府平台在央视7频道农产品品牌展播、网上直播、电商平台、广播、高速公路等广告通道开展"监利大米"区域公共品牌推介。政府支持并组织相关主体参与多层次的农产品展销会。在市城区举办多种形式"监利大米"品牌营销活动，把"监利大米"推介到机关、学校、企业等，号召监利人"吃饭就吃监利米、优质安全保健康"，营造"监利大米"产业引领现代农业发展的良好氛围。农业、市监、税务、文化等部门做好跟进服务工作，共同唱响"监利大米"品牌。四是创新运作多元化节会经济。一方面举办本市的小龙虾节、面点节、稻米品鉴会，推介监利品牌，展示监利形象，唱响监利声音。2017—2019年，连续三年举办了湖北·监利小龙虾节，召开产业发展论坛会议，开展了营销战略合作，为落实"监利龙虾红遍天下，监利大米香飘万家"主题注入强劲动力。2020年因新冠肺炎疫情影响，顺势举办了网上龙虾节。目前正在筹备2021年第四届湖北·监利虾稻节，增强品牌竞争力，进一步提升产业综合效益。另一方面组织本市企业参加武汉、上海、北京、重庆、郑州等全国各类农产品博览会、推介会、年货会，为打造监利大米、监利小龙虾等富有鱼米之乡浓郁地方特色的农产品精品品牌，激发引导企业创名优产品的热情与作为发挥了积极作用。

三、监利市水稻生产存在的问题

（一）水稻品种繁多，种植混杂，造成监利大米品质参差不齐

监利市场上合法的水稻品种达 100 多个，种类繁多，同质化严重，且有未经审定品种流入市场，农民都有品种选购自主权。

（二）水稻标准化生产程度不高，制约了"监利大米"地标品牌开发

目前监利市 9 家米业公司虽然创办了绿色食品水稻生产基地，但规模小，标准化程度不高，已上市的"监利大米"品质一般。有些企业开发了高档优质米，但高档优质稻产量较低，需要高价位大米定位做支撑，公司营销投入不足，销量有限，制约了品牌开发。

（三）抵抗风险能力不强，主体发展受限

自然风险、市场风险、技术风险等都是制约新型农业经营主体发展的瓶颈。以育秧工厂主体为例，从集中育秧、机械插秧、测土配肥、统防统治、粮食烘干、粮食购销、粮食加工、品牌营销等水稻全产业链服务的各个环节效益情况来看，周期长，利润点低，需要一定的量来支撑。然而服务量过大，就会将各类风险过于集中，在面对"三大风险"上若把握不够、能力不强，稍有风吹草动就会伤筋动骨，带来严重的经济损失。同时，在金融支持上，一方面，"兴农贷""楚农贷"等金融创新贷款要求有贷押物，主体融资难，融资贵，制约着经营主体短时期资金需要；另一方面，育秧工厂等新型经营主体的大棚设施、机械设备和务工农民人身意外伤害等保险赔付率低，主体参保积极性下降。

（四）农业生产比较效益低，影响农户生产积极性

2018 年国家下调小麦、水稻最低收购价后，同时受环境保护政策、劳动力减少等影响，农资、劳动力等投入成本上升 10% 左右，粮农亩生产效益下降 200 元左右。同时，近年来灾害天气频发，多发的渍涝灾害和低温寒潮对部分地区粮食产量影响较大，挫伤了农民种植积极性。

四、监利市水稻产业技术升级转型的成功案例

位于监利市的福娃集团成立于 1993 年 6 月，是全国首批"农业产业化国家重点龙头企业"，先后获得"中国名牌产品""中国驰名商标""全国社会扶贫先进集体""全国大米加工 5 强企业""湖北企业 100 强""湖北省农业产业化综合十强龙头企业""湖北粮油工业十强企业"等荣誉。集团围绕稻米全产业链战略，立足

江汉平原鱼米之乡独特的农业优势,从传统的农产品加工到做现代农业的生态"两水"文章,"双水双绿"融合发展。企业积极创新现代农业新模式,打造促进"双水双绿"高度融合、绿色生态的"两水(水稻、水产)"全产业链模式,现发展已形成稻米加工、食品加工、生态农业三大产业体系,下辖4家食品公司、1家米业公司、1家饮品公司、1家彩印包装公司和1家农民专业合作社。建成稻田综合种养生态农业示范基地3万亩,涉及2个乡镇12个村,基地推广"稻田综合种养模式",有利于农业增效、农民增收、粮食增产,提高农民种粮积极性。

(一)立足自身优势,打造"双水双绿"产业龙头

福娃集团作为全国稻米加工"三强"企业,大力推行"稻田综合种养模式",通过土地流转建基地,扩大虾稻共育面积,已达3万亩,年产值1.5亿元,辐射新沟镇、周老嘴镇等13个村近万农户。充分发挥龙头带动作用,牵头组建监利市龙庆湖小龙虾专业合作联社,承办了"监利市小龙虾产业发展座谈会",来自全市的40多名小龙虾养殖专业户、销售经纪人、加工企业代表共商小龙虾产业发展大计。

(二)抓绿色发展,创新"双水双绿"发展模式

高举"生态牌",与科研单位协作,抓好水源地及单个养殖田块的水质监测,按照"稻虾共育"健康养殖技术规范,建设"生态、优质、特色、高效"小龙虾、泥鳅、藕带及其他水产品养殖基地。与华中农业大学、中国科学院水生生物研究所、湖北省农业科学院、武汉水生蔬菜研究所建立产学研一体化战略合作关系,并得到省水产技术推广总站挂牌支持。福娃集团稻虾共育基地,整合中央财政现代农业发展专项资金,建设3 200亩高标准稻虾共育基地和800亩小龙虾优质种苗繁育及研发中心,从虾池开挖、排灌系统布局、水稻种植和小龙虾养殖技术规范制定等每一个环节,都着眼"专业"二字。

(三)构建利益联结链,建立"双水双绿"长效机制

一是立足发展现代农业,积极探索优质水稻生产新模式。在新沟镇、周老嘴镇等地以780元/亩的价格通过土地流转方式,建设稻田综合种养示范基地,并采用工厂化育秧、机耕、机插、机防、机收等现代农业耕作方式,实现规模化种植、机械化耕作、工厂化管理、集约化经营,极大提高了农业生产效率。

二是立足带动农户增收,积极探索乡村振兴新途径。大力推广"稻田综合种养模式",亩产稻谷500 kg,小龙虾125 kg,亩投入成本3 850元,亩纯收益达3 410元,比"双季稻""稻—再—肥""稻—油"高效模式分别高出2 720元、2 850元和3 000元,带动农民增收。通过直接流转建档立卡贫困户53户农田,直接受益人口184人,每年支付流转资金14.2万元;投资343万元在新沟镇清水村(省级贫困村)进行田间基础设施建设,新建田间道路14.1 km,疏挖沟渠18.5 km,建设提灌

站 2 座，建设桥、涵等渠系建筑物 183 处，改善生产条件，受益人口 1 251 人。

三是立足发展中介组织，积极探索专业合作组织新模式。牵头组建了福娃三丰专业合作联社，完成了新沟、朱河、汪桥等 28 个育秧工厂分社的建设工作，全面推广工厂化育秧。福娃集团选择了三丰农机、嘉润农机等 10 家分社进行入股，入股金额合计 840 万元，采取了入股不控股、各分社自主经营的发展思路。合作联社各成员社为当地农民提供包供种、包机耕、包育苗、包机插、包田间管理、包技术培训等服务，实行自主投资、自主经营、自负盈亏。

四是立足服务农村经济，积极探索农村农资经营新模式。常年邀请华中农业大学、武汉轻工大学、湖北省农业科学院等高校和科研院所的科研人员和监利市农业农村局等单位的农技专家进行技术培训指导，推广农业现代化技术。下辖的福昌农资公司开展种子、化肥、农药等农资经营活动，为基地农民统一提供优质、放心、低价的农资。

"十四五"期间，福娃集团将继续发扬资源优势，做"两水"文章。一是把"双水双绿"产业规模做大。在推行"稻虾共育模式"的基础上，进一步探索"稻虾鳖""稻鱼莲""稻鳅鳖"等生态高效种养模式。二是把"双水双绿"产业模式做优。通过"稻虾共育"模式推广，自建基地，采取加盟、农民土地入股以及托管等多种形式，把产业扶贫精准到位，带动监利及周边农民致富，惠及"三农"。进一步探索推广以稻虾为主、生态有机、种养结合、惠及"三农"的基地建设和乡村旅游模式，逐步建立起"双水双绿"的生态农业与观光农业有机融合的现代农业体系。

案例点评： 湖北省监利市是全国水稻第一市，水稻产业在全市经济发展中占有重要地位，监利市利用科技对水稻全产业链进行打造，"产加销"一体化发展，逐步建立起"双水双绿"的生态农业与观光农业有机融合的现代农业体系。位于监利市的福娃集团围绕稻米全产业链战略，立足江汉平原鱼米之乡独特的农业优势，从传统的农产品加工到做现代农业的生态"两水"（水稻、水产）文章，"双水双绿"融合发展。企业积极创新现代农业新模式，打造促进"双水双绿"高度融合、绿色生态的"两水"全产业链模式，发展形成稻米加工、食品加工、生态农业三大产业体系，为全国其他水稻种植区农业增效、农民增收、粮食增产，提高农民种粮积极性提供了借鉴。

（监利市农业农村局：徐文静　胡银峰　熊昌元）

主要参考文献

湖北福娃集团有限公司，2017. 打造绿色生态粮食全产业链　推进一二三产业融合发展 [J]. 中国粮食经济（10）：49-50.

荆州市水产局，2017-12-12. 6种典型虾稻共作综合种养模式［EB/OL］. https://www.
　　sohu.com/a/210048776_692031.

雷鸿，吴启明，万东方，等，2012-07-14. "福娃模式"插在"粮山"上的一面旗帜
　　［EB/OL］.http://roll.sohu.com/20120714/n348142319.shtml.

刘祥龙，2020-12-04. 监利推进"双水双绿"产业高质量发展［N］. 荆州日报（13）.

荆州市水产局，2018-04-24. 6种典型虾稻共作综合种养模式［EB/OL］.https://www.360kuai.
　　com/pc/99bebdd9d62af5d0c?cota=4&tj_url=so_rec&sign=360_57c3bbd1&refer_scene=so_1.

吴杰，程和平，胡雪飞，2019-04-30. 监利县：大力推进双水双绿种养体系建设［N］.
　　荆州日报（2）.

向宇，2019. 湖北省农村一二三产业融合发展的金融支持研究［D］. 长沙：中南林业科
　　技大学.

佚名，2018. 重塑江汉平原"鱼米之乡"——湖北荆州市以"双水双绿"引领乡村产业
　　振兴纪实［J］.农村科学实验（10）：1-2.

周军，李忠荣，曹世学，等，2018-09-19.发展"双水双绿"锻造精品名牌——监利县
　　推进乡村振兴［N］.荆州日报（1）.

石首"鸭蛙香稻""稻+"出来的"新稻路"

水稻是湖北省第一大粮食作物，常年种植面积 3 500 万亩左右。如何提升种粮效益，增加农民收入？近年来，湖北省集成推广了中稻—再生稻—绿肥（油菜）绿色高效模式、水稻—菇类绿色生态高效模式、稻虾生态种养、稻鳖生态种养等符合湖北资源禀赋的 4 类 9 种"水稻+"绿色高效模式。虾稻、再生稻、特色功能稻、高档优质稻的优势产区正在形成，全省优质稻的种植率达到了 77.3%。稻粮统筹、稻经轮作、稻渔共生、稻禽协同等多种"水稻+"的生产模式，延伸了湖北水稻产业链，提升了价值链，让湖北水稻产业更具竞争力，实现了湖北省水稻生态效益和经济效益的双赢，引领了湖北省绿色生态农业发展。石首"鸭蛙香稻"模式就是"水稻+"绿色高效模式中的一种，换种思维来种田，走出了一条具有湖北特色的"新稻路"。

一、石首"鸭蛙香稻"模式简介

湖北省石首市面积 1 427 km²，耕地 99.6 万亩，地处长江中游、江汉平原和洞庭湖平原的结合部，是"中国麋鹿之乡""中国江豚之乡""中国建筑防水之乡"、首批百个"全国绿色防控示范县"。2016 年，在国务院发展研究中心倡导下，石首市到全国'鸭稻'发源地——江苏省镇江市考察学习。之后，在石首市团山寺镇长林咀村（现长安村）、过脉岭村创新发展"鸭蛙香稻"模式，并逐渐形成"鸭蛙香稻"产业。

"鸭蛙香稻"绿色生产模式是一种多效合一的绿色生态主体农业发展模式，该模式集成并应用了 10 种绿色防控技术。具体而言，即在绿色农产品生产的环境条件和技术水平下，田间配套建设杀虫灯、性诱捕器，水稻 3 叶苗龄期栽插成活后 1~2 周，放入 1~2 周龄的雏鸭，利用雏鸭旺盛的杂食性，吃掉稻田内的杂草和害虫；利用鸭不间断的活动刺激水稻生长，产生中耕浑水效果；鸭的粪便作为肥料，还田以肥，"变废为宝"；水稻抽穗后收捕成鸭，再按每亩投放青蛙 60~80 只，控制害虫，保持田间良好的生态环境，水稻生产全程不用化学农药，减少或不使用化肥，实现绿色防控，达到提高农业效益、提升水稻品质、改善生态环境的效果。

"鸭蛙香稻"绿色生产模式分为鸭蛙再生稻、五彩鸭蛙香稻、创意鸭蛙香稻三种，都是在中稻生产过程中，前期、中期利用稻鸭共生、后期利用稻蛙共生，全程开展病虫草害绿色综合防控，实现多效合一的农业新模式。不同点在于鸭蛙再生稻"一种两收"，收中稻、再生稻两茬；五彩鸭蛙香稻只收中稻一季；创意鸭蛙香稻主要体现一二三产整合。

二、石首"鸭蛙香稻"模式发展成效

近年来，石首市按照市委市政府农业农村工作会议部署，围绕乡村振兴战略和农业供给侧结构性改革，大力实施"藏粮于地、藏粮于技"战略；在国务院发展研究中心的支持下，大力发展绿色农业。以扎实开展业务工作为主线，以提升技术服务能力为支撑，以促进全面平衡发展为目标，促进粮食产业转型升级和农业提质增效，以水稻为主的粮食生产呈现"优质高产、特色更特"的良好局面。2018年，全市水稻面积47.6万亩，绿色水稻生产面积达31万亩，占比65.1%。绿色水稻生产模式主要有稻虾、再生稻和鸭蛙香稻。特别是"鸭蛙香稻"模式，兼顾了生态与富民效应，发展势头良好，成为群众增收致富的有效途径。

为了发展壮大这一模式，石首市按照"龙头+合作社+基地"生产模式，坚持基地建设、标准化生产、服务指导、产品加工、品牌运营等产业化经营，加快模式创新、品种优化和技术创新，建设了一批"鸭蛙香稻"绿色高质高效示范基地，全市"鸭蛙香稻"生产面积2万亩。规划5年内建设10万亩"鸭蛙香稻"有机食品产区，打造"石之首鸭蛙香"国家地理标志品牌。

（一）增收效益明显

较之于一季中稻，"鸭蛙香稻"模式提倡绿色综合防控，生产效益明显提升。2015年，示范区鸭蛙再生稻每亩头季产量487.1 kg，再生季240 kg，增收749元。2016年，示范区鸭蛙再生稻每亩头季产量557.2 kg，再生季217.3 kg，增收804元。2017年，示范区鸭蛙再生稻每亩头季产量547.1 kg，再生季277.8 kg，成鸭22.8 kg，增收882元。2018年，农户种植传统一季中稻亩产575 kg，产值1 288元左右，扣除生产支出620元左右，净收益668元左右；同期再生稻全程机播机整机插机收，头季亩产550 kg，再生稻亩产225 kg，扣除生产支出1 100元左右，亩均净收益674元左右；鸭蛙香稻全程机播机整机插机收，头季亩产475 kg，再生稻亩产267 kg，鸭子收获12只，扣除生产支出1 121元左右，亩均净收益1 413元左右，较之一季中稻增收745元、再生稻增收739元。2019年"鸭蛙香稻"头季639.2 kg/亩（典型农户调查，单价增0.1元/kg）、再生稻260.9 kg/亩（收购价3.4元/kg）、成鸭21.2 kg/亩（售价30元/kg），对比一季中稻亩均产值增1 587元，收益增1 477元。

合作社（种粮大户）种植传统一季中稻亩产 550 kg，产值 1 265 元左右，扣除生产支出 970 元左右，净收益 262 元左右；同期再生稻头季亩产 525 kg，再生稻亩产 200 kg，扣除生产支出 1 110 元左右，亩均净收益 542 元左右；鸭蛙香稻头季亩产 450 kg，再生稻亩产 231 kg，鸭子收获 12 只，扣除生产支出 1 181 元左右，亩均净收益 1 159 元左右，较之一季中稻增收 897 元、再生稻增收 617 元（表 1、表 2）。

表 1 2018 年不同种植模式的收支情况

类　别	亩产（kg）		生产支出	亩均净收益（元）
	（头季）	（再生季）		
传统一季中稻	575		620	668
再生稻—全程机械化	550	225	1 100	674
鸭蛙香稻—全程机械化	475	267	1 121	1 413

注："鸭蛙香稻—全程机械化"的生产支出和净收益为水稻和成鸭的总和。

表 2 2019 年合作社（种植大户）种（养）收支情况

类　别	亩产（kg）		生产支出（元）	亩均净收益（元）
	（头季）	（再生季）		
传统一季中稻	550		970	262
再生稻—全程机械化	525	200	1 110	542
鸭蛙香稻—全程机械化	450	231	1 181	1 159

注："鸭蛙香稻—全程机械化"的生产支出和净收益为水稻和成鸭的总和。

（二）辐射带动作用强

当前发展"鸭蛙香稻"绿色生产示范基地以千亩为单位连片规模发展，便于实施绿色防控，有效助推了土地规模经营、集并流转。每个示范基地配备鸭子 1.2 万～1.5 万只，配套 1 个 10~15 亩青蛙助养基地，带动了畜禽等健康养殖产业发展，有效恢复了田间生态。以乡镇为单位建设"鸭蛙香稻"专业加工厂，积极开发富硒水稻、紫糯酒等"鸭蛙香稻"衍生产品和乡村观光旅游，成功打造了"鸭蛙香稻"公共品牌，有效延长了产业链条，助推了一二三产融合发展。如在高基庙镇百子庵村"鸭蛙香稻"千亩示范片，10 户贫困户种植鸭蛙香稻 36.9 亩，产鸭蛙香稻头季21 050 kg（折算亩产 570.5 kg），产鸭蛙香稻再生季 8 250 kg（折算亩产 223.6 kg），亩产稻田鸭 12 只，综合节本增收 1 510 元；在高基庙镇重点贫困村——喻家碑村，湖北宗尧生态农业科技发展有限公司建立了"鸭蛙香稻"生产基地，土地实行整村流转，村集体每年增收 5 万元，2018 年 22 户贫困户（71 人）养殖稻田鸭 2 410 只，合计增收 9.6 万元，人均增收 1 358 元（含产业奖补）。

（三）优势互补强

该绿色生产模式与水稻"一种两收"模式相结合，对比一季中稻亩平均增产300 kg，种子、农药、肥料等物化投入大大减少，全程实行机械化劳作，劳动强度大大减少。以万亩示范区为例，能增产300万 kg，占石首市水稻总产的1.5%，水稻产量大幅度增加。相比"稻虾共作"模式，"鸭蛙香稻"模式对稻田灌水的需求有阶段性。高中产稻田适宜发展"鸭蛙香稻"模式，增产增收两不误；低湖田等低产稻田适宜发展"稻虾共作"模式，促进农民增收。

（四）环境负担少

"鸭蛙香稻"生态模式全程运用病虫害绿色防控集成技术，包括冬种红花草籽、翻耕沤泡稻苑、集中育秧机插、稻田投放工作鸭、助养投放青蛙五大核心农业措施和杀虫灯、性诱捕器、植物诱（香根草）、投放天敌（生物导弹）、酸性氧化电位水浸种消毒防病五大配套技术措施，实现全域的生态调控治理病虫草害，化肥深度减量80%以上，化学农药深度减量100%，核心区杜绝化学农药、化学肥料。在"鸭蛙香稻"生产基地，农田生物多样性逐步修复，沟渠明显可见小鱼、青蛙等，空中白鹭等鸟类数量增多。据调查测算，核心示范区每亩减少农药用量68 g，减少化肥用量68.4 kg。2018年，"鸭蛙香稻"绿色生产区域可减施化学农药680 kg，减施化肥684 t，农业面源污染大大减轻。

（五）建设标准高

"鸭蛙香稻"模式从探索开始就立足生态大保护，推行绿色生产、有机生产。"鸭蛙香稻"绿色生产示范区积极开展"三品一标"认证，全市以"鸭蛙香稻"绿色水稻为代表的绿色生产和模式也已成功完成由点到面的扩展，带动全市绿色发展大步前行，为全国欠发达农区绿色发展提供研发源泉和动力。

目前，全市"鸭蛙香稻"绿色生产基地主要有5个。

一是团山寺镇长安村"鸭蛙再生稻"示范片。属秦克湖流域，2014年试验鸭蛙再生稻绿色生态农业模式，生产规模逐年扩大。2014年该村投入30余万元购太阳能频振式杀虫灯150盏，安装覆盖全村，确定200亩面积实行种植绿肥、统一集中育秧机械栽插、稻田养鸭、投放青蛙、施用生物有机肥，不用农药、不单独施用化肥，探索鸭蛙再生稻生产。2015年成立长生水稻种植专业合作社，不断扩展鸭蛙再生稻生产，绿色生产技术日趋成熟，绿色生态模式社会、生态效益逐步显现。5年来，该村持续专注于鸭蛙再生稻生产、鸭蛙香稻产业开发和绿色发展。2019年，鸭蛙再生稻生产面积2 100亩，长安村支部书记彭松林主导成立"石首市稻鸭蛙产销协会"。鸭蛙香稻品类主要有"鹭米""御道山香米""御道山再生大米"。

二是团山寺镇过脉岭村"鸭蛙香稻"有机核心示范片。属秦克湖流域，以金祥米业为产业龙头，四生水稻合作社流转1 200亩，辐射带动过脉岭村，主要种植紫糯稻、胭脂稻、黑糯稻、红糯稻、御赐1号等特色水稻，又称"五彩鸭蛙香稻"，也开展"创意鸭蛙香稻"展示。按照现代农业要求，采取冬种绿肥、杀虫灯、鸭蛙以及"生物导弹（赤眼蜂）"等种植模式，全程实行视频监控，生产者、消费者、监管部门均能实时网上管理、监督。2018年7月获绿色食品认证，第二十一届中国农洽会盲评为金质产品。2019年1月、7月，其大米、白酒2个产品获有机食品认证，建成"生态鸭蛙香稻展示馆""五彩鸭蛙香稻体验馆"。"鸭蛙香稻米"10~12元/kg，"鸭蛙再生稻"米16~24元/kg，"五彩鸭蛙香稻"米24~60元/kg，"鸭蛙香稻"紫糯酒200~300元/kg，畅销荆州、武汉、北京、广州等地。

三是高基庙镇百子庵村"鸭蛙再生稻"示范片。2018年由霞松生态农业专业合作社高标准新建"鸭蛙再生稻"千亩示范基地，采取"支部＋合作社＋农户"组织形式，实行选种育苗、机整机插机收、绿色防控、田间管理、电商营销"五统一"，实现水稻"一种两收"增加粮食产能，绿色防控提升水稻品质，走出了一条传统水稻种植向绿色水稻产业创新发展之路。

四是湖北宗尧生态农业科技发展有限公司高基庙镇喻家碑村"鸭蛙再生稻"示范片。公司成立于2014年9月，是一家从事水稻种植的企业，公司先后被授予荆州市龙头企业、重诚信守合同企业。公司董事长卢霞光先后被授予湖北省就业创业先进个人、荆州市"五四"青年奖章。公司以高基庙镇、东升镇为中心，流转土地万余亩打造万亩绿色水稻示范基地，采取"公司＋基地＋农户"的运行模式。再生稻生产面积5 000亩，其中"鸭蛙再生稻"2 000亩，已认证为绿色食品。

五是新厂镇泥北村"鸭蛙再生稻"示范片。由荆苏农业生态种植专业合作社在吸收团山寺镇等地五年"鸭蛙再生稻"生产经验，遵循绿色高效原则，应用灯诱、性诱等绿色综合防控措施，发展"鸭蛙再生稻"500亩，是"鸭蛙香稻"绿色模式大面积复制应用的成功范例。

三、石首"鸭蛙香稻"模式成功经验

（一）充分发挥政府主导作用，加强顶层设计与产业规划

石首市是我国中部欠发达传统农区的一个典型代表。石首"鸭蛙香稻"产业依托国务院发展研究中心绿色发展研究团队顶层设计。该团队同相关国内外学术机构和学者广泛合作，对石首绿色发展示范进行学术指导和持续跟踪研究。2014年石首市团山寺镇长安村在支部书记彭松林带领下，在"鸭稻"模式上创新发展"鸭蛙香稻"模式，按有机标准进行再生稻生产。2015年市委市政府邀请国务院发展研究中心绿色发展研究团队，到石首市为绿色发展把脉问诊，制定了《中部传统农区（石首）绿色发展试验示范总体方案》，提出建设"秦克湖流域绿色发展示范创建区"，先行开展生态农业转型实验研究，旨在将"绿水青山"转化为"金山银山"，在中

部传统农区探索"越保护，越发展"的绿色发展新路。2016年，湖北省政府、省农业厅高度重视石首绿色示范创建，并给予大力支持。石首市委、市政府成立了由市委书记任组长、22个部门"一把手"为成员的绿色发展领导小组，农业部门出台了《关于推进绿色水稻产业发展的意见》。经多年实践，探索出一条政府主导、部门推动、主体建设的"生态优先、绿色发展"新道路。

（二）构建产业发展技术支撑体系

产业发展过程中主要构建了二类技术支撑体系，一是水稻生产技术体系：以湖北省农技推广总站为主导，以国家水稻产业技术研发中心荆州水稻试验站为平台，湖北省农业科学院粮食作物研究所、华中农业大学植物科学技术学院、荆州农业科学院、荆州市农业技术推广中心等科研、技术部门参与，构建水稻绿色高效集成技术体系。二是绿色防控技术体系：以湖北省植物保护总站为主导，湖北省农业科学院植保土肥研究所、中国农业大学、湖北省耕地质量与肥料工作总站、华中农业大学、长江大学、荆州水稻综合试验站等科研、技术部门参与，构建水稻病虫草害绿色防控技术体系。

（三）各方支持力度大

石首市"鸭蛙香稻"模式和"鸭蛙香稻"产业通过五年的探索实践，取得较好的成绩，离不开上级政府、专家、领导的大力支持，石首农业农村局积极整合项目资金，在政策、资金上给予了大力的支持，石首市农业技术推广中心充分利用专家大院、稻禽协同、主推技术等项目，在全市五大"鸭蛙香稻"绿色生产基地开展相关试验示范。2020年疫情期间，整合现有项目资金为15家涉农社企提供6 400 kg优质水稻种子，植保、农机、土肥、水产、畜禽等领域的农业专家围绕"鸭蛙香稻"开展技术指导和技术支持，全力支持石首市绿色水稻产业的发展。

（四）加大国内外推介力度

在国务院发展研究中心绿色研究团队支持下，石首市连续多年在"鸭蛙香稻"生产示范基地举办国际国内重大推介、参观活动。2016年8月1—6日，中国欠发达地区绿色发展及全球性含义国际研讨会在团山寺镇召开，来自美国、德国、瑞士、法国、荷兰、尼泊尔等国家，以及国务院发展研究中心、北京大学、清华大学、中国人民大学、北京理工大学等机构的30余位专家学者共同研讨绿色发展。2017年6月20—23日，商务部"中国农村经济发展经验研修班"，来自博茨瓦纳、埃塞俄比亚、约旦、马拉维等国家的20多位农业官员学习考察"鸭蛙香稻"生产；7月10—13日，北京大学南南合作与发展学院硕博班来自埃塞俄比亚、刚果、尼泊尔等15个国家的19位高级官员和社会领袖，学习考察中国农村发展现状、绿色发展转型之路；8月12日，全国40余家网络媒体记者、大V、当红主播深入绿色示范区考察、采风。2018年5月23—25日，商务部组织的援外"中国农村经济发展经验研修班",来自老挝、乌兹别克斯坦、孟加拉国、柬埔寨、格鲁吉亚、约旦等"一带一路"沿线国家的 70 多位官员、专家,考察石首绿色发展示范创建工作,同期全省水稻绿色防控现场会在石首市召开。2019 年 5 月 18—19 日,全国农技推广服务中心组织召开全国绿色防控现场会;6 月 23—28 日,美国亚利桑那州立大学师生 10 余人研学团山寺镇"鸭蛙香稻"绿色模式;9 月 1—3 日,湖北水稻高质量发展暨石首鸭蛙稻现场观摩推进会在石首召开,国家水稻产业技术体系首席科学家程式华率湖南、湖北、安徽、江西等省岗位专家参会。2020 年 7 月 24 日,全国水稻"两减"现场会在石首市召开,首席科学家吕仲贤率队对"鸭蛙香稻"模式进行现场评议认为:该模式优化集成了水稻减肥减药技术,构建了"两减"增效技术体系,大面积示范效果显著。

四、推动产业发展的后续计划

(一)开展科技攻关,建立行业标准

围绕专用品种筛选、绿色生产模式、技术集成、技术规程、技术标准制定和绿色防控、肥药双减协同、全程机械化、防灾减灾、品质提升、三品认证、富硒富锌特色功能稻米开发等关键点进行试验攻关、示范总结推广。专项列支购买农技服务中心品种展示、绿色生产模式展示、全程机械化等社会服务,专项列支创新探索绿色防控技术集成、肥药双减、品质提升等与科研院校的科研协作。探索建立鸭蛙香稻行业标准。

(二)组织社会服务,培养新型农民

对生态环境修复、全程机械化、农机农艺融合、绿色防控、肥药高效利用、防灾减灾、收购加工、品牌营销等社会化服务关键环节给予补助,促进社会分工、利益紧密联结机制形成。加大技术培训力度,培养再生稻新型职业农民,以此提高种植水平和产业效益。

(三)培育区域品牌,拓宽营销渠道

支持系统开展"鸭蛙香稻"品牌注册、"三品一标"认证工作、打造企业自主品牌、培育区域公共品牌。鼓励加工企业开展收储、精深加工延长产业链条。大力支持"鸭蛙香稻"系列产品电商上线和展示、展览、丰收节庆等品牌营销活动。

(四)推动产品销售,带动绿色生产

充分利用稻鸭蛙产销协会,统筹石首"鸭蛙香稻"品牌,打造高质量、高品牌的优质稻米,多渠道、多形式促进鸭蛙香稻米销售,拉动绿色水稻生产。

案例点评：湖北省石首市借鉴外地农业发展模式，在自身发展的基础上，因地制宜，探索创新逐渐形成了石首"鸭蛙香稻"这一绿色高质高效发展模式。创建了金晏、荆襄九郡、宗尧绿泉、洞庭鹭米等一批在市内外叫得响、地方特色浓郁、示范带动作用明显的"稻鸭蛙"亮点品牌。石首"鸭蛙香稻"模式说明发展水稻产业，眼光不能仅仅局限于发展水稻这一单一产业，要学会换种思维来种田，多产业融合发展，延伸产业链和价值链，提高水稻产业的综合效益，走出具有特色的"新稻路"。"鸭蛙香稻"模式立足生态大保护，推行绿色、有机生产，以此为代表的绿色农业生产和模式由点到面扩展，为欠发达地区绿色农业发展提供研发动力和借鉴，为国际交流提供平台。

（石首市农业技术推广中心：付维新　张雅婷　陈文　袁航）

主要参考文献

陈孝银，郑孝梅，付维新，2019.引领化学农业向绿色生态农业转型——石首鸭蛙稻集成技术初探 [J].农村经济与科技，30（4）：18，25.

付维新，廖汉玉，袁航，等，2019.石首市稻＋鸭＋蛙绿色生产模式初探 [J].湖北农业科学，58（7）：24-26.

胡琼瑶，张建设，2019-04-20.种粮大户如何走上"新稻路"——湖北水稻观摩现场会带来的启示 [N].湖北日报（4）.

湖北省农业农村厅，2021-02-08.石首市：创新鸭蛙香稻模式 助力绿色高效农业 [EB/OL].http://nyt.hubei.gov.cn/bmdt/yw/ywdt/snyjstgzz/202102/t20210208_3341099.shtml.

李丽颖，2021-03-05.湖北"水稻＋"模式促生态与经济效益共赢 [N].农民日报（5）.

徐凤杰，2010.优化鸭稻共作技术措施努力提高种稻经济效益 [J].中国科技博览（25）：193-195.

章家恩，陆敬雄，张光辉，等，2002.鸭稻共作生态农业模式的功能与效益分析 [J].生态科学，21（1）：6-10.

章家恩，陆敬雄，张光辉，等，2006.鸭稻共作生态农业模式的功效及存在的技术问题探讨 [J].农业系统科学与综合研究，22（2）：94-97.

章家恩，许荣宝，全国明，等，2007.鸭稻共作对水稻生理特性的影响 [J].应用生态学报，18（9）：1959-1964.

案例五

应城糯稻的推广

湖北省应城市地处江汉平原与鄂中丘陵过渡地带，地处东经113°19′~113°45′，北纬30°43′~31°08′。北纬30°，地球的"脐带"，贯穿四大文明古国，稻谷种植最适宜区域。境内岗平坡缓，波浪起伏，水陆兼具，交通便利。全市国土面积1 103.38 km²，常年上报耕地面积97.28万亩，其中水田面积73.52万亩。应城农业以种植业为主，种植业以水稻为主，是双季稻和一季稻兼作区，也是双季稻北临界区。全市水稻复种面积85万亩左右，平均单产600 kg左右，商品率达到77.3%，被国家确定为优质商品粮基地县（市）和优质稻板块基地县（市）。

应城市素有种植食用糯稻的悠久历史和传统习惯，形成了独特的糯食文化。随着人民生活水平的不断提高和市场需求的迅速增长，从20世纪70年代末至今，应城糯稻品种由传统糯稻、优良常规糯稻更新换代到杂交糯稻。20世纪90年代初始，应城的糯稻生产步入快速发展时期，糯稻种植面积由80年代的5万亩发展到目前的43万亩左右，糯米加工企业发展到20余家，其中规模以上（糯米加工销售额1亿元左右）加工企业有5家，年加工销售糯米、元宵粉等产品总额达到16亿元，创利税1.2亿元。目前，应城糯稻产业已形成了产、加、销一体化的格局，成为全国最大的籼糯稻生产县（市），全国最大的籼糯米集散地，"应城糯米"成为全国最好的籼糯米之一。"应城糯米"享誉全国并在全国籼糯米市场拥有较大话语权。2016年成功注册"应城糯稻"国家地理标志证明商标，2020年申请获得应城糯米国家地理专用标志。

一、"应城糯稻"的特点及产业化发展现状

（一）"应城糯稻"的特点

应城有"膏都盐海"之称，汤池温泉之宝，人杰地灵。由于独特的地理气候条件，丰富的温光水资源，优良的土壤质地和丰厚的土壤矿质营养润泽，天赋优势，加上优良的品种和科学栽培，应城生产的籼糯米具有质地匀、色泽亮、白度高、粒型美、糯性强、香味纯、口感好、出品多等特点，含有10多种微量元素，支链淀

粉含量 98% 以上，出酒率一般达 51% 以上，既可作为酿酒和食品加工的优质原料，又可制作各种传统食品或作为主食直接食用。"应城糯稻"独特的品质特点，让其成为全国籼糯米市场的抢手货，供不应求。

（二）"应城糯稻"产业化发展现状

1. 种植面积、单产、总产逐步增加，种植效益不断增长

通过订单生产，统一布局，应城全市 12 个糯稻主产乡镇沿"汉宜线""随应线""烟应线""应两线"和陈河镇"团结垸"建设糯稻生产基地 43 万亩，其中早籼糯 2 万亩，中籼糯 34 万亩，晚籼糯 5 万亩，一季晚粳糯 2 万亩。2020 年全市中籼糯平均单产达到 600.2 kg，比前三年平均单产增 5.5%。种植面积的稳步发展和单产水平的逐步提高，籼糯稻的总产也逐步增加，达到 2.6 亿 kg 左右。由于单产水平的提高和籼糯稻市场价格的提高，籼糯稻种植的比较效益出现正增长，平均每亩籼糯稻比杂交稻增效 240~300 元，激发了广大农民种植糯稻的积极性。

2. 精深加工能力不断提升，销售市场日趋稳固

经过 20 多年的逐步发展，全市稻米加工企业发展到 200 余家，年加工生产精米能力达到 22.5 万 t，专业从事糯米加工的企业 20 余家，产能达 12 万 t 以上。各加工企业在提高产能的同时，一方面，不断引进国内外先进的加工工艺和设备，提高糯米的加工精度和品质，仅"湖北中磐粮油食品有限公司"就形成了年产 30 万 t 精制糯米的生产能力；另一方面，根据市场需求，不断开发糯米深加工产品，如"湖北金丰粮油食品有限公司"建成年产 2 万 t 元宵粉的生产线并投入生产。

"应城糯米"以优良的品质，畅销全国、享誉九州，为"应城糯米"开发市场、稳固市场、拓展市场奠定了坚实的基础。据不完全统计，应城各加工企业销售到全国各地的糯米销售总额达到 16 亿元，仅"古越龙山""五粮液"集团、"沱牌酒厂""洋河大曲""银鹭八宝粥""达利园"食品六家企业每年购入应城糯米 8.6 万 t 以上。为了满足市场需求，弥补本地生产量的严重不足，各糯米加工企业每年需从周边县（市）甚至外省、外国外采糯米 1.6 亿 kg 以上，保证客户的需求，外采外销量达到 50% 以上。为了提高应城糯米购销流转速度，应城"红锦科技园"建成"中国糯米网"信息平台和物流园，为应城糯米网购网销和物流配送建立了便捷的通道。

二、促进"应城糯稻"产业发展的具体做法

（一）科技助推，产学研相结合

针对应城糯稻产业化发展后劲明显不足的问题，如糯稻品种更新换代滞后、种植面积跌宕起伏、比较效益不稳定等。与农业院校、科研院所长期合作，共同开展糯稻栽培、育种、病虫害防治、精深加工等方面研究，并将研究成果在本地推广。应城加大了科技投入力度，通过强化技术创新和技术服务，稳步推进应城糯稻产业

化发展。应城以"湖北中磐粮油食品有限公司""湖北瑞琪粮食股份有限公司"等企业为依托，聘请湖北省农业农村厅、省内院校、科研院所等单位的专家教授指导和参与，成立了"湖北省优质水稻研究开发中心专用糯稻（应城）研发基地"，开展专用糯稻的品种开发，已成功找到并保存糯稻基因材料 723 多份，筛选出 105 个育种材料（主要是糯稻材料），2021 年从 F_3、F_4 代中 86 个有价值的父本材料中，找到两系不育株 S41 组 214 株，自繁两系不育种子 673 粒，为今后更好地筛选好的不育株奠定了坚实的基础；从中国水稻研究所、湖北省农业科学院、咸宁农业科学院等单位引进黑糯、紫糯、红糯等特异型糯稻 3 个，掌握了它们在应城基本的生育规律，2022 年将进行杂交配组，筛选出营养价值高、米质好、产量高、抗性好的组合。其中，龙王糯 81 在 2019 年通过"湖北省水稻（糯稻组）品种区域试验"初试，有望审定通过。高产栽培技术集成，糯米深加工产品研发，实行"农科教""产学研"的联合模式，开展"有偿服务""转让开发"等方式，摸索运行机制和管理办法。

（二）制订技术标准，规范化生产

2011 年，制定并颁布了《优质籼糯稻无公害栽培技术规程》地方标准。2014 年，制定了《绿色食品原料·糯稻生产技术规程》（DB420981/T 002—2014），同年制定并颁布全国首个糯稻省级技术标准《地理标志产品·应城糯米》（DB42/T 1034—2014）。2016 年由应城市糯稻研究团队编写出版了《现代糯稻生产技术》，填补了我国糯稻专著的空白。

（三）产加销一体化，延长产业链和价值链

在产加销一体化建设上，采取"公司＋基地＋协会＋农户"的方式，以企业为龙头，成立了"瑞琪优质糯稻种植专业合作社""巡检糯米协会"等合作组织，建设糯稻生产基地，实行"三统一"的办法，即统一供种、统一技术指导、统一销售。湖北瑞琪粮食股份有限公司还通过流转农民土地，进行糯稻规模化种植示范，摸索一体化创新模式。其他加工企业纷纷建立自己的糯稻生产基地，目前全市订单收购的生产基地达到 27.8 万亩，致力于打造集糯稻加工、物流、科研、信息于一体的糯稻产业集群，形成从糯稻种植、收购到加工、销售的全产业链。

（四）政府高度重视

围绕做大做强糯稻产业，近年来，应城市委市政府高度重视，出台系列优惠政策，鼓励企业由初加工向精深加工方向发展，对从事糯稻生产、加工的农户和产业化重点龙头企业扶持资金超过亿元。

三、应城糯稻产业化发展中存在的主要问题

应城糯稻在产业化快速发展过程中也暴露出了一些突出的而且紧迫的问题，主

要表现为以下几方面。

（一）企业多、龙头少

全市从事糯米加工的非公企业达 20 余家，其中年加工销售额在 1 亿元以上的仅 5 家，没有形成龙头。各企业之间为了各自利益互相杀价、掺杂使假，既损害了自身利益，又损害了"应城糯米"在市场上的整体形象。

（二）品牌多，名牌少

一个企业一个品牌，一个品牌多个品种，再加上体量小，分散经营，恶性竞争，没有一个经得起市场摔打的真正品牌，更没名牌。

（三）销量多，优质少

2021 年，在各企业外销的糯米中，约有一半为本地产，其余为外购外销。其中30% 为劣质糯米，50% 为中质糯米，20% 为优质糯米。原因有二：一是本地糯稻种植品种"多乱杂"现象较为严重，不乏低质品种；二是外购糯米的品质大部分难以保证。大量的低质甚至劣质糯米充斥市场，对"应城糯米"的声誉必将产生巨大的负面效应，甚至是致命影响。

（四）短期多，长远少

为数不少的加工企业仍然保持作坊式经营方式，厂房、仓库简陋，设备落后，为获取利益以次充好，以假乱真，抱着"捞一点是一点，实在不行就收手"的短期思想，严重扰乱糯米市场秩序，迫使一些较为规范的企业不得不加入恶性竞争。即使少数企业有长远打算和保护市场的想法，但独木难支。

（五）品种多，良种少

糯稻种植面积的扩展，引起不少的种子企业和种子经销商瞄准了应城充满潜力的糯稻种子市场，大量良莠不齐的品种涌入应城。据不完全统计，应城种植的糯稻品种（组合）多达 37 个，既有常规稻，也有杂交稻，既有优质高产稻，也有劣质低产稻。从积极方面说，品种的大量涌入，给应城提供了较多的品种资源，为应城择优选择提供了便利，但也带来了不利的影响。总的来说，"应城糯米"走向全国市场是靠一些老品种起家的，如"鄂荆糯 6 号""珍糯""扬辐糯 4 号"等。但这些老品种退化严重，又没有企业去提纯复壮，只能在市场慢慢萎缩。新育成的一些品种，尤其杂交稻，虽然产量高，但大多数糯性不稳、品质差。目前，品种定向选择处于一种艰难的境地。

（六）基地多，连片少

应城不少有实力的加工企业（豪丰、丰江等）按照需货方的订单要求建立了自己的糯稻生产基地，但多数基地只树牌挂名，没有进行实质性的运作；有的虽然统一供了种，但插花种植情况仍然严重，影响了生产品质，也难以优质优价、单收单储，继而影响加工品质和糯米品质。目前基地连片种植做得较好只有"瑞琪"和"富水河"两家加工企业，虽然规模不大，但走出了第一步。

四、打造应城糯稻名市的基本思路

应城糯稻产业化发展一路走来，经历了自然形成阶段、促进发展阶段和自由竞争阶段，至今自由竞争仍在继续。面对当前严峻的形势和来之不易的产业化发展格局，如何扬长避短，趋利避害，消除恶性竞争，引导企业把应城糯稻大市打造成应城糯稻强市，继而提升到应城糯稻名市。应城的基本思路是，以企业为主体，政府参与服务，围绕"三化""四品"，促进应城糯稻产业健康发展。

（一）围绕"四品"塑形象

"四品"即品味、品牌、品质、品种。从应城糯稻、糯米、糯食（传统食品）、糯米加工产品（现代食品）等方面入手，挖掘文化内涵，精炼出应城糯稻文化，用应城糯稻文化浸润"应城糯米"，使之产生神韵，形成品味；整合应城糯米品牌，统一地理标识，以应城糯米品味提升"应城糯米"品牌直到名牌；制定出应城糯米的质量（品质）标准，让标准约束产品，确保应城糯米最低质量不越底线，保护品牌；开发糯稻优质高产品种，不断缩减和抵消劣质品种的种植，提高本土糯稻的整体品质。

（二）围绕"三化"促发展

"三化"即区域化品种布局，规模化产业发展，专用化定向加工销售。根据应城自然地理条件、生产水平和种植习惯，在订单和基地生产的前提下，实行区域化品种合理布局，连片种植，优质优价、单收单加；应城的耕地资源还有很大潜力，按有关部门测算，应城的耕地在97万亩以上。因此应城糯稻种植面积还有很大发展空间，可以达到50万亩或者更多，稳步实现更大的规模化种植，压缩外采数量；在区域化布局的前提下，按照品种的质量标准，进行用途专用化定向加工销售，防止混用。重点打造以食用或加工高档食品为主的"应城糯米"精品。

（三）围绕"主体"强联合

企业是糯稻产业化发展的主体。仙桃市糯米加工企业除"豪丰"外，绝大多数为非公企业，体量小，经营分散，难以挂帆出海。如何化零为整，强化企业联合，形成拳头，聚合能量，是目前优化产业发展的不二选择。目前5家规模化企业经过充分酝酿，愿意实行资产重组，强强联合4家企业包括"中磐""瑞琪""超禾"

和"富水河"，这4家企业年加工销售糯米总额达到7亿元以上，占全市糯米加工销售量的60%以上。通过资产重组和股份制改造，实行"八统一分"的运行模式，即统一品牌、统一品种、统一布局、统一品质、统一价格、统一包装、统一标准、统一销售，按股份担责、利润分红，由此逐步优化，做大做强。

（四）政策支持

应城糯稻产业化发展是一个系统工程，链条长、环节多、衔接难、风险大、责任多；产业化主体体量小、实力弱、经验少、技术缺、抗性差。因此，打造"应城糯稻"名市，促进应城糯稻产业化健康、持续、快速发展，需要各级政府、各级部门政策上的优惠、项目上的倾斜、技术上的支撑、资金上的扶持，尤其是"应城糯米"的品牌打造，专业糯稻（应城）研发基地的建设，糯稻品种的审定（认定），糯米深加工产品的开发等关键方面，需要特殊的支持，开放绿色通道中的绿灯。

应城将从种源入手，从品种入手，从农民种植入手，从企业加工设备升级改造入手，从市场推广入手，让应城糯米种植规模在"十四五"期间争取达到50万亩。

案例点评："应城糯米"为全国最好的籼糯米之一，享誉全国并在全国籼糯米市场拥有较大话语权，获得了国家地理标志产品保护。同时，应城也成了"全国籼型糯稻第一市"、全国最大的籼糯米集散地。究其原因是应城市立足自身资源优势和种植习惯，政府支持，以科技为助推器，产学研相结合，企业带动，产加销一体化，通过标准化、规模化、产业化发展，大力促进了应城糯稻产业的高质量发展。该案例说明"物以稀为贵"，唯有独辟蹊径，才能实现弯道超越。要学会利用当地的资源优势和传统种植习惯，充分利用科技手段，以企业带动，走出具有自己特色的产业化发展道路，才能打造出具有竞争力的农特产品，让农产品提质增效。

（应城市农业技术推广中心：杨志远）

主要参考文献

陈春保，冯璇，王琦，2020-10-14.糯稻飘香丰收季——走进应城万亩糯稻产业示范区［N］.湖北日报（11）.

陈先兵，姚双喜，普智萍，等，2021.应城市万亩绿色糯稻产业示范区建设实践与探讨［J］.湖北植保（1）：54-57.

丰俊，王琦，冯璇，等，2021-03-07.应城糯米 天下稻香——中国·应城糯稻产业产供销深加工招商推介对接会侧记［EB/OL］. http://www.yingcheng.gov.cn/hddt/1205304. jhtml.

孝感发布，2021-03-08. 成交35亿元！应城糯稻新年首招迎来"开门红"［EB/OL］. https://www.thepaper.cn/newsDetail_forward_11612680.

熊华，龚斌，詹水华，等. 优质籼糯稻无公害栽培技术规程［S］. 应城市地方标准（DB420981/T 001—2011）：1-4.

徐长水，2012. 发挥资源优势 打造糯稻第一市［J］. 农村工作通讯（23）：38-39.

应城，2017-06-07. 应城全力建设全国糯稻产业发展区［EB/OL］. http://www.xgswtzb. gov.cn/index.php?a=show&c=home&id=3747&typeid=26.

张正洪，刘红菊，姚双喜，等，2020. 应城市水稻病虫专业化统防统治与绿色防控融合示范［J］. 湖北植保，179（2）：58-59.

案例六

"贡米"瓦仓米的推广

大米在我国居民的饮食结构中占据着重要地位，是我国居民的主要粮食品种之一，全国有 60% 的人口将大米作为主要口粮。"瓦仓米"历史悠久，过去又称"瓦仓大米"，因产于湖北省远安县茅坪场镇瓦仓区域而得名。瓦仓米色如白玉，闻之清香扑鼻，食之软糯甘甜，含有多种对人体有益的微量元素和维生素，使之闻名遐迩，堪称米中精品。瓦仓米被称为"贡米"。盛传清朝年间，康熙游览三峡，夜宿鸣凤山，食用瓦仓米后，赞不绝口，特钦赐"瓦仓大米，皇家御品"，瓦仓贡米由此而来。据清朝同治五年（1886 年）《远安县志》记载："邑米行销沙市、汉口，米质上乘，价高数码"。1986 年，邓颖超同志视察宜昌时，在吃过远安瓦仓大米饭后，连声夸奖说这种米好。目前，瓦仓米朝着"稻虾共作""稻鱼共作"等立体高效生态农业模式的方向去探索去发展，为农民增收大大拓宽了新路子。

一、"瓦仓米"生产情况

瓦仓，位于远安县茅坪场镇瓦仓村，为优质农产品黄金种植带。这里原始森林环绕，独特的青岗泥土酸碱适中，顶峰山泉水终年灌溉，大多农田位于山岗间的平坝之中，温差大、阳光足、山泉水、冷浸田，素有天然"粮仓"美誉。当地采用原生稻种，遵循自然传统农法，施农家肥并用秸秆还田，每年只种一季稻谷，一季紫云英翻耕作绿肥，用一年中最好的季节酝酿出稻香四溢的"瓦仓米"。

"瓦仓米"营养物质积累多，谷粒颜色金黄，脱壳后米粒大小均匀整齐，坚实丰满，粒面光滑，有着自然的稻香味，做出的米饭清香柔韧，甘绵又富弹性。"瓦仓米"享誉数百年，却也沉寂已久。20 世纪 90 年代，瓦仓村家家户户种水稻，人均只有四五亩，瓦仓米主要被农业经营者收购后运往外地销售。2008 年当地成立瓦仓村大米专业合作社，通过吸纳社员，抱团发展，种植水稻，加工销售大米，年粗加工规模一度达 2 000 t。瓦仓米总体品质虽然远超其他地区，但由于种植过程都是自行管理，稻谷品种又多达 10 余种，管理、技术、加工、包装、品牌策划等措施都没有跟上，大米产量小，且品质参差不齐，售价只有 3.5~3.8 元 /kg。缺少适合规模化种植的高档优质品种、技术、产量，成为制约瓦仓米发展的重要因素。

二、"瓦仓米"生产技术的优势和特点

（一）"瓦仓米"生产技术简介

"瓦仓米"生产技术的核心是在与瓦仓村相同自然地理条件的区域，选择高档优质品种，实行工厂化育苗、机械化耕作、专业化服务，使各个区域的水稻做到统一提供品种、统一育秧服务、统一机械插秧、统一管理技术、统一粮食收购，实现规范化、规模化、标准化、优质化种植和产业化发展。

（二）"瓦仓米"生产技术效益明显

1. 经济效益

优质稻品种售价高于其他普通水稻 40%~50%。以鄂中 5 号为例，平均亩产 500 kg，收购价格 4.2 元 /kg，比普通水稻高 1.4 元 /kg，每亩增收 700 元。据湖北瓦仓谷香生态农业有限公司董事长汪宗平介绍，合作社和农户与瓦仓谷香生态农业有限公司合作种植，这种种植方式相比传统优质稻种植，1 亩可以增收 400~500 元。2020 年瓦仓村民付爱平销售大米 10 余吨，毛收入 10 多万元。

2. 品牌效益

2010 年，"瓦仓村"大米在第七届中国武汉农博会上获得金奖，同年获得"三峡十大特产消费者最喜爱品牌"称号。2011 年 4 月"瓦仓村"牌大米被评为"宜昌消费者最喜爱的特产品牌"之一，2011 年 9 月 13 日成功申请中华人民共和国农业部的农产品地理标志登记证书，使瓦仓大米成为地方优质农产品名片。2013 年 2 月"瓦仓村"及图被宜昌市工商局认定为"知名商标"。2015 年 11 月"瓦仓村"及图被省工商行政管理局认定为湖北省著名商标，还荣获全国优质渔米评比银奖、湖北名优大米十大品牌和稻渔种养模式创新大赛绿色生态奖（湖北省唯一获奖的渔米）等荣誉，受到了消费者广泛赞誉，产品远销武汉、北京、深圳等全国各大城市，并代表湖北省赴"一带一路"国家参展。

3. 社会效益

"瓦仓米"年产优质大米 1.5 万 t，年产值过亿元，与远安县 32 个村约 1 500 户签订了优质稻产业带动协议，累计帮扶困难群众 1 000 余户 3 200 余人次，成为带动农民增收致富的"火车头"。截至 2021 年 2 月，"瓦仓米"优质稻核心基地达 1.5 万亩，示范带动订单种植面积 3.5 万亩。"瓦仓米"生产技术逐渐被周边地区引进借鉴，2020 年宜都市松木坪镇泉水垱村与瓦仓大米集团合作，试种瓦仓大米 100 亩，参与试种的农户有 40 户，村党总支书记表示成功后村里将大面积推广。

（三）"瓦仓米"核心生产技术

1. 优良的产地环境

生产基地的选址、土壤环境质量、灌溉用水、空气质量等应符合相应的国家标

准，严禁土壤农药残留、重金属污染，严禁生活污水、工业废水的渗透或漫入的污染，严禁有毒有害气体的污染。

2. 优良品种

选择满足国家种子质量标准，适合于当地土壤、气候条件，品质优良、抗逆性强、丰产性能好，且经过有机认证的品种，如"鄂中5号""玉针香""两优香66""徽两优丝苗"等高档优质品种。

3. 育秧及秧田管理

采用灭菌杀毒好的秸秆秧盘进行育秧。盘土选择河淤土或山根腐殖土，清除杂草，破碎过细筛，置床翻深10~15 cm，清除杂草，打碎坷垃，整平压实，碎土块搂至四周。育秧土选择有机认证的水稻商品有机肥与床土（1∶10）~（1∶5）配成，破碎过细筛（6~8 mm），并调酸处理使盘土pH值达到4.5~5.5。每亩备种2.5~3 kg，播种前晴天晒种，常温水浸种1~2 d，捞出放在30℃条件下破胸，80%种子露白时，降至25℃催芽，芽出齐后散温凉芽4~6 h即可播种。播种时间宜为4月10—25日。床土发白变干时要及时浇水，每次浇透，切忌大水漫灌。可喷施枯草芽孢杆菌和菇类蛋白多糖等生物制剂预防病害，以培育健壮秧苗。

4. 大田管理

插秧前13~17 d结合耕整按每亩施水稻商品有机肥200~250 kg，做到田平泥活。插秧前12~15 d、7~8 d、1~2 d分别进行三次泡田和三次水耙地。秧龄控制在20~25 d，按每亩1.7万蔸密度插秧。管水注意浅水（2 cm）插秧，寸水（4 cm）返青，薄水（1.5 cm）分蘖，适时晒田，复水后浅灌勤灌，深水（7 cm）孕穗，足水（5 cm）抽穗，干干湿湿灌浆，收获前7~10 d断水。返青后每亩施用水稻商品有机肥50 kg，孕穗期追水稻商品有机肥25 kg。

5. 病虫草害防治

在优先应用农业防治措施的基础上，采取理化诱控、生物防治和人工除草等措施控制病虫草害。农业防治可采用翻耕灌水灭蛹、控制行间距、合理水分管理、人工除草等措施，必要时及时拔除病虫害中心点（片）。生物防治可在田埂边人工种植香根草等诱集植物，每间距3~5 m种植一蔸，减少螟虫田间为害，也可种植芝麻、绿豆、波斯菊等显花蜜源植物，为寄生蜂等天敌提供蜜源。理化诱控可每1 500~2 000 m² 设置一台杀虫灯诱杀害虫，每亩设置一套性诱捕器，诱杀二化螟、稻飞虱和稻纵卷叶螟。根据大田病虫草害发生情况适时药剂防治，禁止使用带有化学成分的农药，不符合有机水稻生产允许使用的物质和有条件使用的农用抗生素类物质。

6. 收获干燥

收获前将田间倒伏、感病虫害的植株淘汰掉，对收获机械和工具进行彻底清理，防止霉变虫食稻谷、其他稻谷和禁用物质混入污染。在稻谷成熟度达到85%~90%时，抢晴进行机械收获。稻谷脱粒后进行晾晒或烘干，将稻谷含水率控制在14%以下。

三、"瓦仓米"推广的具体做法

(一)强化政策扶持

2016年,湖北省着力推动农业科技"五个一"行动——开展一百项重大农业科技项目研发,与全省一百家以上农业龙头企业深度合作,进驻一千多个村进行科技培训和科技服务,深入一万户农家开展精准扶贫精准脱贫工作,培养一千名以上农业科技精英,让科研单位和农业企业深度融合,给藏在山里的"瓦仓米"送来了一份转型发展、提质增效的"大礼",促进了"瓦仓米"生产技术的规范化、标准化,切实推进了优质化种植和产业化发展。省市县高度重视和支持瓦仓米发展,组织瓦仓米参加各类展示展销活动,为"瓦仓米"提供了很多"走出去"的机会,各级领导专家调研检查粮食生产和特色产业发展,"瓦仓米"经常作为"固定选手"得到指导和帮助。2017年,远安县为加快推进远安县优质米产业发展,促进传统种植业提质增效,带动农民增收,提出加快培育扶持龙头企业按照扶优、扶大、扶强的原则,对年销售收入过5 000万元以上或年实缴税收过100万元以上,并辐射带动1 000户以上农户增收的大米加工企业予以重点扶持。对其基地建设、技术改造、设施设备更新以及收储、烘干、加工能力建设优先申报项目,予以支持。远安县还启动"瓦仓米"现代农业产业园建设,把瓦仓米打造成为三峡地区粮食加工主导产品,并通过实施特色粮油基地项目建设,开展水稻、种子、肥料、农药等物化补助,机耕、机插、机防、机收等全程社会化服务,支持瓦仓米农业产业化发展。政府企业齐发力,不断做大做强远安瓦仓米品牌。

(二)强化科技支撑

湖北省农业科学院专家瓦仓实地调研考察,提取了400多个土壤样本,送到专业机构检测分析,专家们根据瓦仓各区域土壤分析结果,提供了高档优质稻新品种鄂中5号的原种,后续又推荐了多个高档优质品种,还与"瓦仓米"达成了高档优质稻品种选育、配套栽培技术研究、品质提升与品牌打造等全方位合作。中国科学院院士、福建省农业科学院研究员谢华安,国家粮食局武汉粮科院研究员谢健,湖北省农业科学院副院长游艾青等多位院士专家,对"瓦仓米"生产技术提出相关建议。宜昌市农业技术推广中心联合远安县农业技术推广中心等单位,制定颁布实施了《"瓦仓大米"生产技术规程》,规范了有机食品"瓦仓大米"的栽培技术,进一步推进了标准化生产,提升品质,增加效益,助农增收。

(三)保障技术到位

合作社采用"六统一"种植模式即统一供种、统一技术指导、统一测土配方施肥、统一病虫害综合防治、统一机械化作业、统一订单收购,确保生产技术措施落实到位，有效杜绝了稻谷品种的混杂和失控。稻田种植一直沿袭着传统的种植方式，施用猪、牛栏粪等腐熟农家肥以及农作物秸秆还田等方式，增施有机肥，种植绿肥，提升土壤有机质的含量。采取工厂化育秧，科学使用农药，实施智能物联网系统监控，采用机械化收割、机械烘干、石碾米传统工艺、流水线装袋等，实现绿色、环保、现代化的融合发展，确保了大米的安全，多年来，市场出售的瓦仓米，质量合格率达100%，经国家、省、市、县食药部门的多次抽检，合格率均达100%。

（四）强化品牌建设

2017年远安县制定《关于优质米业发展意见》（以下简称《意见》）。《意见》提出加快品牌建设，有序引导品牌资源整合，逐步形成"瓦仓大米"核心品牌，《意见》要求坚持市场主导、政府支持原则，依托现有的"瓦仓大米"地理标志产品对大米品牌进行整合，形成一个区域公共品牌；同时围绕生态环境、气候优势、大米品质以及"贡米"优势，统一品牌策划，统一包装设计，统一质量标准，统一品牌管理，提高远安大米市场占有率和核心竞争力。加强品牌宣传，利用电视、广播、报纸、网络等媒体做好宣传报道，通过举办"插秧节"，参加各类农业博览会、展销会、优质农产品推荐会等活动，不断提升远安优质大米品牌知名度。

"瓦仓米"优化了外观包装，先后开发了"萌宝粥米""丽人香胭脂米"等多个系列，满足了高低端、不同年龄、不同性别等不同消费群体的需求，并积极在各大展示展销会亮相，中央电视台、人民日报等20多家市级以上主流媒体对"瓦仓米"进行了宣传报道。"瓦仓米"走出国门，进军莫桑比克、约翰内斯堡等国际市场，产品受到国内外市场的一致好评，品牌实现了质的飞跃。

"瓦仓米"不忘初心助力脱贫，针对贫困户按市场价的50%提供稻种、化肥等物资，按高于市场价的7%回购稻谷；为贫困户优先提供劳务用工，有效增加贫困户收入；精准扶贫以来，"瓦仓米"带动农户增收近1 200万元。在抗击新冠肺炎疫情的关键时期，"瓦仓米"积极响应政府号召，履行社会责任，通过调配储备粮、紧急采购原材料、全员加班生产等措施，在保证粮食供应、稳定粮食价格、推进复工复产方面发挥了重要作用。据统计，截至2020年3月底，"瓦仓米"累计向宜昌、荆州等地供应大米2 500余吨，累计供应种子150 t、有机肥100 t。联合社向远安县慈善协会捐款10万元、福建省援宜医疗队捐赠大米5 000 kg、武汉和宜昌各医院捐赠大米7 000 kg。"瓦仓米"不仅是绿色、有品质的品牌，更成为有责任、有情怀的品牌。

四、"瓦仓米"推广的成功案例

湖北瓦仓谷香生态农业有限公司成立于2013年，是一家省级产业化重点龙头企业。公司拥有国内最先进的稻谷加工设备及年产万吨优质大米的加工生产线，具备完善的产品检测设备和质量保证体系，能生产不同档次的瓦仓优质大米。公司在瓦仓米生产上精益求精，在加工、包装设计、广告宣传及市场开发等方面勇于创新，为远安瓦仓米注入了新的活力，提升了瓦仓米的知名度与影响力，瓦仓米声名远扬，产品辐射宜昌、孝感、武汉、北京、深圳等全国各地区，受到消费者广泛好评。2020年，公司大米产品年产量4万t，其中高档优质大米1.5万t、生产加工总产值达1.5亿元。公司努力把瓦仓米做成国之品牌，预计到2025年，产量达5万t，其中高档优质大米3万t以上，生产加工总产值较2020年翻一番，突破3亿元。公司具体做法如下。

（一）品质先行，规范化生产

在品种选择上，要求米质优，同时兼顾抗性好，产量高。公司建立了完善的优质稻品种选育基地，长期开展优质稻的"选、育、推"种植和应用，引进和推广了鄂中5号、玉润1号等一批优质稻种，重视优质稻品种的提纯复壮，确保品种的纯度与高品质的稳定，做到"储备一批、示范一批、推广一批"。

在产地选择上，公司坚持"在清洁的土地上，采用清洁的生产技术，生产清洁的产品"的理念和宗旨，选择生态条件好、远离污染源、具有可持续性生产能力的农业生产区域，生产地的环境必须符合NY/T 391的要求。同时公司选择专门机构长期开展耕地土壤动态跟踪监测，全面加强生产基地的土壤质量控制及生态环境保护。

在生产过程中，大力发展订单农业，推行"六统一"的种植模式，严把有机种植质量关。严格按有机种植管理规范抓好每一个环节的关键点。制定了统一瓦仓稻谷栽培技术规程，集中组织技术培训，分别进行田间现场指导；实施大棚秸秆育秧盘育秧代替传统塑料膜育秧盘，增加了土壤肥力，改善了土壤结构；定期进行稻田测土测水配方内检、外检，严禁施用化肥农药，全部施用农家肥、绿草肥，实施智能物联网系统监控；统一虫情预防播报，加强田间病虫害预防管理，实施稻渔综合种养；实施插秧、施药、收割全程机械化作业，分户进行稻谷晾晒；统一进行订单收购检验入库。

在质量管理上，公司配套有国内最先进的大米加工生产设施，严格进行包括去杂去石、垄谷、多级碾白、多级抛光、多级色选筛分等各项工艺操作，并自主研发安装了原生态石碾米生产设施，对稻谷收购、仓储、生产、包装、销售实施全程检验，强化产品质量安全追溯体系管理，逐批次对稻谷、成品抽样外检，尤其对铬、铅、镉、汞、砷等元素含量进行严格检测，确保每一批次收购加工的稻谷和销售的大米100%符合质量要求，多年来经国家、省、市、县食药部门多次抽检，合格率达100%，实现质量事故为零。公司始终把产品质量放在突出重要的位置，2018年10月16日"瓦仓"软香米、生态米荣获宜昌好粮油；2018年11月"瓦仓村"大米荣获湖北特色好食材、湖北生态农业创新示范品牌；2019年7月荣获湖北省第七批放心粮油示范加工企业；2019年8月荣获"中国好粮油"示范特色粮油企业；2020年10月"瓦仓软香米"荣获荆楚好粮油产品。

（二）加强培训，科学管理

公司定期组织瓦仓大米种植大户、生产加工企业进行培训，对品种选择、栽培、土肥管理、田间管理、病虫害防治、收割管理、成品整理及收后的仓储管理、出入库台账等认真仔细做好记录处理并加以收集整理，做到"生产有记录、信息可查询、流向可追踪、责任可追究、产品可召回、风险可控制、质量有保障"，构建完善的瓦仓大米的生产管理技术及质控体系。开启农业"物联网"管理新模式，利用物联网技术在洋坪镇双路村完成了1 000亩基地的摄像头、监测仪器设备的安装调试工作，不断扩大物联网技术在农业中的应用范围，确保在农业生产、农机作业、产品追溯等方面均发挥着生产资料采购集约化、农产品种植精细化、农产品生产可溯化、农产品加工透明化、农产品销售网络化的作用。

（三）示范引领，推动农村一二三产业融合

公司流转土地1.1万亩，建立优质稻核心种植基地1.5万亩，示范带动基地种植2.5万余亩，引导周边稻米种植农户向着高效、绿色、安全的优质米方向发展。公司采取"龙头企业＋基地＋农户＋贸易"的方式，与农户签订水稻种植技术服务及稻谷收购合同，公司为农户选购优质种子，指导农户生产优质稻谷品种，按高于市场价格收购农户生产的稻谷。每年可带动发展优质水稻基地面积5万余亩，带动农户6 000余户，使农户每亩增加收入500元，对促进农民增收、农业增效具有积极意义，社会效益显著。依托特色生态优质稻种植产业，大力发展农产品深加工、观光农业和乡村旅游、农产品电子商务和流通贸易，推动农村一二三产业融合。

（四）创新发展，科技助力

公司高度重视与科研院所、大学等机构的协作，研究瓦仓大米产业发展的相关技术问题，强化科技支撑，为产业发展提供技术保障，2017年12月获得科技板企业挂牌证书，2019年11月28日荣获国家级高新技术企业。公司与湖北省农业科学院建立了长期的合作伙伴关系，现为湖北省农业科技创新联盟理事单位，坚定不移地走"产、学、研"之路，积极打造"产、学、研"利益共同体，持续完善优化瓦仓大米"栽培、收获、储藏、加工、包装"等方面的技术，公司先后取得"自动化除尘装置""刻槽碾米装置""粮食储备仓库开闭窗装置""大米称量与包装系统""组作品谷仓进料控制装置""电动石碾辊碾米机""大米生产系统中的组合仓下料防堵装置"7项实用新型专利（其中"自动化除尘装置的研究与应用"实用新型专利获"远安县科学技术进步奖三等奖"），"早稻的大田播种方法"发明专利1项。

（五）助力乡村脱贫致富，树立企业良好形象

公司始终牢记着带动农民增收脱贫致富的社会责任，开展了多形式的扶贫增

收活动。2016—2020 年，累计共帮扶茅坪场镇、旧县镇、洋坪镇 24 个村贫困户 467 户 1 131 人。采用订单收购的形式与 146 户贫困户签订订单收购合同，按市场价一半的价格提供谷种，以高于市场价 10% 的价格收购稻谷；采取托管服务，为洋坪镇 4 户贫困户 38 亩稻田开展土地托管，以 220 元/亩的价格提供谷种、育秧、插秧的服务；对 41 户贫困户 130 余亩土地进行了流转；吸纳 37 户贫困户入股合作社参与分红达 18 500 元；帮扶旧县、洋坪、茅坪场等镇贫困户 267 户 586 人，发放帮扶资金 29.3 万元；优先为 50 余名扶贫对象提供就业岗位；先后为贫困村、学校爱心捐赠 100 余万元。新冠疫情期间，捐赠现金 10 万元，向福建援宜医疗队、宜昌市一医院、三医院、武汉各医院捐赠瓦仓大米 12 000 kg。公司心系农民和困难人群，将企业与农民利益紧密联结，带领农户脱贫致富，为实现脱贫摘帽全面建成小康社会目标做出了积极贡献。公司 2018 年 9 月荣获 2018 年度远安县金秋助学爱心企业称号，同年 10 月荣获远安县脱贫攻坚帮扶工作先进单位；2020 年 11 月荣获新冠肺炎疫情防控捐赠贡献奖；2021 年 4 月荣获"最美天使"慰问援鄂单位。

案例点评：稻米产业是满足人民群众美好生活新期待和加快推进乡村产业振兴的重要产业。远安县立足瓦仓盛产优质大米的悠久历史，结合当地"青岗泥、冷浸田"水稻种植生态环境，加之世代沿袭的原生态种植模式，选择高档优质品种，实行统一提供品种、统一育秧服务、统一机械插秧、统一管理技术、统一粮食收购，迅速打造了三峡地区粮食加工主导品牌——"瓦仓米"，并实现了规范化、规模化、标准化、优质化种植和产业化发展。湖北瓦仓谷香生态农业有限公司通过实践，坚持"品质优先、优势利用、品牌建设、依托政策、创新驱动"等生产发展理念，不断推动公司结构调整及规模升级，形成了一套安全营养、绿色生态、布局合理、协调发展、链条完整、效益良好的现代化稻米产业体系。瓦仓米的成功推广，告诉我们要学会立足当地资源禀赋和传统优势农产品，以龙头企业为引领，走特色化、规模化（产业链一体化）、品牌化（塑造好的形象，打响品牌知名度）的途径来发展农业生产，才能实现农民增收致富。

（宜昌市农业技术推广中心：任智强　邵明珠　郑守贵　史明会；
宜昌市农业农村局：李建军；远安县农业综合执法大队：赵记伍）

主要参考文献

侯文坤，2019-07-05. 一粒米的"成长"[EB/OL]. http://www.xinhuaet.com/politics/ 2009-07105/c_1124714173.htm

湖北农业信息网，2020-09-02. 远安瓦仓大米[EB/OL]. http://www.cn3x.com.cn/content/

show?catid=331206&newsid=602326.

雷巍巍，朱丽君，2021-05-13.远安县茅坪场镇瓦仓村村民付爱平——用心传承维护好瓦仓品牌［N］.湖北日报（3）.

孙志国，王树婷，熊晚珍，等，2012.湖北粮食的地理标志知识产权保护现状与发展对策［J］.湖北农业科学，51（18）：4158-4161，4177.

瓦仓大米官网，2019-09-16.瓦仓大米发展历程［EB/OL］.http：//www.wacangmi.cn/comcontent_detail/i=6&comContentId=6.html.

宜昌市农业农村局官网，2018-01-08.瓦仓大米谷飘香［EB/OL］.http：//nyj.yichang.gov.cn/content-43871-2088440-1.html.

张娜，季美娣，李杰，等，2020.五常大米成功经验对常州市稻米产业发展的启示［J］.作物研究，34（5）：485-491.

张晓谊，2009-08-23.瓦仓：老区巨变绘新颜［N］.三峡日报（5）.

中国供销合作网，2021-01-26.汪宗平［EB/OL］.http：//www.chinacoop.gov.cn/news.html?aid=1700083.

朱德峰，张玉屏，陈惠哲，等，2015.中国水稻高产栽培技术创新与实践［J］.中国农业科学，48（17）：3404-3414.

中国绿色食品发展中心，2013.有机水稻生产质量控制技术规范 NY/T 2410—2013［S］.北京：中华人民共和国农业部.

案例七

先玉 335 品种与单粒播技术的融合推广

一、先玉 335 基本情况

先玉 335 是美国杜邦先锋公司在中国本土化选育并大面积推广的第一个玉米新品种。该品种的母本为 PH6WC（从 PH01N×PH09B 杂交组合选育而成，来源于 Reid 种群），父本为 PH4CV（从 PH7V0×PHBE2 杂交组合选育而成，来源于 Lancaster 种群）。该品种适宜北京、天津、辽宁、吉林、河北北部、山西、内蒙古赤峰和通辽地区、陕西延安市春播种植，注意防治丝黑穗病。根据《中华人民共和国农业部公告》第 413 号，该品种（审定编号：国审玉 2004017）还适宜在河南、河北、山东、陕西、安徽、山西运城、黑龙江、宁夏、云南等地区种植。

特征特性：在东华北地区出苗至成熟 127 d，比对照农大 108 早熟 4 d，需有效积温 2 750℃左右。幼苗叶鞘紫色，叶片绿色，叶缘绿色，花药粉红色，颖壳绿色。株型紧凑，株高 320 cm，穗位高 110 cm，成株叶片数 19 片。花丝紫色，果穗筒形，穗长 20 cm，穗行数 14~16 行，穗轴红色，籽粒黄色、半马齿型，百粒重 39.3 g。区域试验中平均倒伏（折）率 3.9%。经辽宁省丹东农业科学院两年和吉林省农业科学院植物保护研究所一年接种鉴定，高抗瘤黑粉病，抗灰斑病、纹枯病和玉米螟，感大斑病、弯孢菌叶斑病和丝黑穗病。经农业农村部谷物品质监督检验测试中心（北京）测定，籽粒容重 776 g/L，粗蛋白含量 10.91%，粗脂肪含量 4.01%，粗淀粉含量 72.55%，赖氨酸含量 0.33%。

产量表现：2003—2004 年参加东华北春玉米品种区域试验，44 点次全部增产，两年区域试验平均亩产 763.4 kg，比对照农大 108 增产 18.6%；2004 年生产试验，平均亩产 761.3 kg，比对照增产 20.9%。参加东北、云南、宁夏等省品种区域试验，均实现产量增产。

栽培技术要点：每亩适宜密度 3 500~4 500 株，注意防治丝黑穗病、大斑病、小斑病、矮花叶病、玉米螟高发区慎用。

二、先玉 335 的品种优势和不足

1. 株型紧凑，耐密植

根据齐广成等人的相关研究，先玉 335 具有适于密植的栽培株型结构：穗上部部分为叶片狭窄而上冲，叶片之间的间距比较大，雄穗相对较小。穗下部叶平展，穗位适中，茎秆坚实抗倒，气生根发达。白志英等研究发现，先玉 335 的协调种植密度为 7.5 万株 /hm²，比郑单 958 的 6 万株 /hm² 高 25%。在此密度下各群体之间进行协调，群体效应可以达到极致，产量和利用率水平也达到了最高。在 7.5 万株 /hm² 下，先玉 335 的穗数可达 7.2 万个 /hm²，单产可达 10 835.2 kg/hm²；而郑单 958 在 6 万株 /hm² 穗数仅有 6.67 万个，单产为 9 880.7 kg/hm²。

2. 生育期适中，属中熟品种

按积温计算，李爱生等研究指出，在生育期内 ≥10℃ 有效积温在 2 500℃ 以上的地区就能够满足先玉 335 生长发育对温度的需要，正常成熟。按生育期计算，因各地区生态条件、耕作制度不同，先玉 335 生育期长短也不尽相同，如在东华北春玉米区生育期一般为 125~130 d，在黄淮海夏播区生育期一般为 95~100 d。在我国，春播中早熟至中晚熟和夏播广大玉米产区的有效积温均能够满足先玉 335 对温度的要求，因此，中等熟期成为先玉 335 大面积推广的一个十分有利的性状。据田间调查，出苗至抽雄阶段，先玉 335 和农大 3138 生育期一致，但从授粉到成熟，先玉 335 比农大 3138 早熟 3~5 d。灌浆时间短、灌浆强度大、籽粒脱水快是促使其提早成熟的重要因素。

3. 籽粒脱水快，商品品质好

据《中华人民共和国农业部公告》第 706 号公布的研究结果，先玉 335 籽粒中蛋白质含量为 10.91%，脂肪含量 4.01%，粗淀粉含量 72.55%，赖氨酸含量 0.33%，容重 776 g/L。从品质成分来看，与其他玉米没有太大区别，但籽粒长且均匀，粒色漂亮，角质层厚，容重高，商品品质好。先玉 335 的籽粒脱水快、水分含量低，深受玉米收购商和加工企业的欢迎。李璐璐等研发发现，生理成熟期先玉 335 的籽粒含水量为 24.61%~26.78%，比郑单 958 低 2.58~3.73 个百分点，而且脱水速度比郑单 958 较快，尤其是早期脱水速度。同等情况下，每千克收购价格要比其他玉米高 0.05~0.10 元。

4. 高产稳产，适应范围广

李忠南等于 2008—2018 年通过对先玉 335 在通化市同一田块种植观察，分析连续 11 年产量和性状变化，发现先玉 335 的稳产性较好，平均产量为 15 538 kg/hm²，变异 CV% 仅 9%，籽粒水分平均为 23.2%，CV% 仅 4.97%。耐旱性较强，在积温偏高年份有利于高产。罗洋等研究还发现，先玉 335 无论在低氮水平还是高氮水平，产量和穗粒数均比郑单 958 高，说明在我国不同施肥条件下，先玉 335 均具有较强的适应性优势。先玉 335 从 2006 年开始进行了大面积的推广，2009 年种植总体规

模增加至126.67万hm²，2010年超过200万hm²，已经发展成为目前我国最早种植的第2个新型玉米产业。目前种植面积继续扩大的势头仍十分强劲。

5. 穗位整齐，适宜于机械化收获

先玉335茎秆坚硬抗倒，穗位整齐，穗粗中等，轴细，籽粒深。成熟后期叶片养分能迅速运出，叶片在短时间内变黄。同时果穗苞叶薄，在成熟时自然蓬松散开，有利于果穗水分散失。籽粒脱水快，收获时水分一般能降到20%以下，较一般品种含水量低10%左右，便于农民贮藏，减少霉烂。穗柄挺拔直立，果穗易于机械摘除，籽粒紧密，损失少，适合于机械化收获。

先玉335具有我国传统玉米不同的特点和优势，但先玉335也有很多缺点。一是穗位过低，倒伏现象突出，个别地区多年来都会发生大面积的倒伏。二是抗病性较差，大斑病、小斑病、叶斑病、低矮花叶病及玉米病等严重的地方被要求谨慎使用。三是跨国企业品种，价位偏高，与我国自主育成品种相比缺乏市场竞争力，农民难以承受发达国家的种子价格模式。

三、单粒播技术与品种配套成效显著

根据先玉335的耐密植、脱水快、适应性强、不同氮肥水平下单产高的优势，如何在我国传统的大穗型中等密度下克服抗倒性差、种子价格偏高等缺点，营销团队在刘石的精心策划下，充分利用跨国种业企业的高活力种子优势和高密度种植优势，配套建立了适合我国市场的玉米单粒播配套栽培技术，实现了先玉335的精量播种，用技术弥补满足了该品种对高密度和降低成本的缺点，获得了巨大的成功。

我国传统的玉米栽培方式有两种，一种是西南地区的肥团育苗移栽模式，另一种是直播方式。育苗移栽技术节约种子，能有效延长生育期，单产较高，但费工耗时，移栽密度难以保障，已逐渐退出生产。而直播方式一般采用点播和机播，由于我国玉米种子质量要求较低，仅对发芽率提出85%的要求，而种子活力却没有要求，容易使种子出苗不齐，因此习惯于加大播种量，出苗后再间苗定苗，期间造成用种量大、用工多、投入多等问题。刘石团队经过对我国玉米栽培技术的实际情况考察，结合国外先进的高活力种子生产技术和精量播种技术，提出了配套先玉335的单粒播技术。

单粒播技术，通过有规划的推广单粒播种技术之后，可以完成"一穴一粒"玉米播种模式，此方法相对于传统的"一穴多粒"播种方式，在玉米的播种过程中，可以省掉定苗处理。山东省淄博市的平均劳动力价值为每天100元左右，平均每个人每天可定苗1 334 m²，以此为参考进行计算，该方法可以为该市每亩地节约0.5个劳动力，产量也会增加25 kg左右。换言之，每亩地每播种2.5~3.0 kg的玉米种，单粒播种的量在1.25~1.75 kg，每亩地节省玉米种1.25 kg。单粒播能够将玉米苗高度与苗之间的距离控制在同一水平，提高植株的光合效率；同时也能够降低定苗时所造成的蛋白质等营养物质的流失；能够改善除草剂对玉米所产生的效果；除此之外，由于植株分布均匀、株型差距不大，植株所能够吸收到的营养物质比较平均，防止了弱苗、软枝等；最重要的是，通过单粒播种可以实现不同品种的最优栽培，保持相对合理的种植密度，能够在最大限度地激发出不同品种玉米的高产潜能，从而达到合理的高产，为农民带来切实的利益。

尽管玉米精量播种（单粒播种）已在美国等国家和地区大规模应用，但在我国还是空白，尤其缺乏高活力的种子和精量播种机械。为此，刘石团队采取三个方面进行技术配套，克服了跨国公司种子价格偏高的劣势，提高先玉335种植密度的同时降低单位面积用种量，实现了种子质量、生产水平、市场竞争力和农民效益的有机结合。一是在甘肃建立高活力玉米种子生产基地和技术，按跨国公司种子生产标准，采用烘干法进行种子脱水，达到杂交品种纯度控制在98%以上，并按种子大小进行分级管理及玉米种子的包衣处理，显著提高了种子活力和发芽期对病虫害的抗性，建立了单粒播技术的种子基础。二是创建技术团队设计配套适合我国国情的先玉335单粒播机械装备，与"农哈哈"和"海伦王"等厂家合作，试验、改造和推广具有清除麦秆装置的气吸式单粒播种机，实现品种与农机农艺融合配套。三是创新品种与单粒播机具的搭配销售模式，每袋种子加收"单粒播种机基金"1元，1 000袋种子可免费提供1张价值1 000元的"单粒播种机代金券"，用于抵扣单粒播机具采购费用，农机手只要2 000多元就可以购买单粒播机具，一个播种季就能赚4万多元，实现了多方的共赢。经过先玉335作为品种参与和主导完成了对于播种机械和技术的改进，到2010年，已推广两万多台单粒播种机，并配套推广单粒播种技术。

案例点评： 先玉335是近年来国际跨过种业企业在中国推广的新品种之一，尽管先玉335有容易产生倒伏、感染叶斑病等的缺陷，但在刘石等经理人的策划下，能够结合中国的栽培特点和先玉335的优势，实现市场、品种与农艺的有机融合，创新了脱水快的先玉335+单粒播技术的创新推广模式，在北方解决了高含水玉米储运收困难，成为东北地区甚至全国主要品种，提高了种植玉米技术和工艺水平，也为我国玉米育种和生产转型提供了很好的经验。一是刘石团队积极倡导玉米高密度种植提高产量和抗性的国际化育种技术，引进了耐密植、脱水快的先玉335，适应了我国玉米收储需求，种植产量和籽粒含水量等与市场需求十分契合。二是在国内实现国际化的高质量种子标准，玉米种子的纯度和活力具有强大的竞争力，种子出苗整齐，一致性强，降低了播种量和苗期种植管理成本。三是创新建立了先玉335+单粒播一体化营销模式，刘石团队委托农机企业设计生产适合先玉335的单粒播机具，并结合种子销售赠送播种机的营销策略，创建了品种＋农机农艺一体化的营销模式，实现了品种的一站式服务，加快了推广速度和效能。

（长江大学：何泽威　张学昆；北京市农林科学院：陈兆波）

主要参考文献

白志英，李存东，郑金风，等 . 2010. 种植密度对玉米先玉 335 和郑单 958 生理特性、产量的影响 [J] . 华北农学报，25（增刊）：166‑169.

李爱生，侯有良，卢保红，等，2012. 从先玉 335 成功应用得到的育种启示 [J] . 山西农业科学，40（6）：590‑592.

李登海，毛丽华，姜伟娟，等，2001. 紧凑型杂交玉米高产性能的发现与探索 [J] . 莱阳农学院学报（4）：259‑262.

李文鸿，2008. 玉米优种先玉 335 及其栽培技术 [J] . 农业技术与装备（2）：45‑46.

李忠南，王越人，张艳辉，等，2019. 玉米品种先玉 335 年份间产量及相关性状研究 [J] . 农业科技通讯（9）：48‑49.

刘石，2013‑06‑27. 推广单粒播的故事 [EB/OL] . http://blog.sina.com.cn/s/blog_5a3c6a d90102e6pr.html.

刘祖钊，何静，任庆菊，2010. 先玉 335 玉米种特征特性及配套单粒播种技术推广 [J] . 中国市场（26）：9，13.

齐广成，王金山，孙承运，2012. 玉米单粒播种高产技术推广优势和存在问题 [J] . 山东省农业管理干部学院学报，29（5）：147，149.

任付书，2014. 玉米单粒播种生产要求及播种应注意的技术要点 [J] . 种子科技，32（10）：38‑39.

尚中茂，2012. 玉米单粒播种技术利弊分析 [J] . 种子科技，30（12）：10‑11.

邢茂德，徐刚，王建华，等，2013. 玉米单粒播种的发展现状与对策 [J] . 中国种业（6）：14‑15.

姚勇，2014. 先玉 335 在中国大面积成功推广的启示 [J] . 种子世界（4）：11‑12.

张健，邹俊岩，王越人，等，2010. 先玉 335 对玉米育种的影响 [J] . 现代农业科技（20）：97.

郑洪，齐华，刘武仁，等，2013. 不同施氮水平下郑单 958 和先玉 335 产量特征比较研究 [J] . 玉米科学，21（5）：117‑119.

农业部，2006. 中华人民共和国农业部公告第 706 号 [J] . 麦类文摘（种业导报）（10）：45‑49.

鄂西高山地区
"玉米＋辣椒"生态种植模式推广应用

"玉米＋辣椒"生态种植模式是指高山地区夏收玉米、辣椒后，利用早收的甜糯秋玉米或者辣椒及空行里种植油菜，油菜地上绿色部分冬季依靠牲畜过腹还田的一项技术创新。

一、传统"高山种植模式"现状

宜昌位于长江中上游结合部，地处鄂西山区与江汉平原交汇过渡地带。山区占67.4%，丘陵占22.7%，平原占9.9%。宜昌地形复杂，海拔高低相差悬殊，山区、丘陵、平原兼有。地势自西北向东南倾斜。兴山、秭归、长阳、五峰和夷陵区西部为山区。宜昌山区种植模式惯用叫法为"高山种植模式"，20世纪传统"高山种植模式"主要以玉米、蔬菜为主，玉米、茄果类高山蔬菜大多采用一茬单种模式。

据统计，我国目前有24个省（区、市）在种植玉米，一年四季都在生产。20世纪90年代中后期，我国农业步入了一个新的阶段，玉米供不应求的趋势逐渐形成。湖北是全国13个粮食主产省之一，常年粮食作物播种面积6 200万亩，具有2 500万t以上的粮食生产能力，约占全国的5%。湖北省玉米常年播种面积1 100万亩，其中鄂西山区春玉米区面积稳定在700万亩（其中高山玉米120万亩），鄂北岗地、平原丘陵夏（秋）玉米区面积稳定在400万亩，单产逐年提高。2000年以前，鄂西高山地区每年只种植一茬玉米（多为籽粒玉米），现在逐步发展为籽粒玉米、青贮玉米、鲜食玉米、"玉米＋"等模式。

近年来，我国辣椒产业发展迅速，种植面积稳定在2 250万～2 400万亩，约占我国蔬菜种植面积的10%。辣椒是我国重要的蔬菜作物和调味品，年产量达2 800万t以上，已占到世界辣椒生产面积的35%和总产的46%。我国食辣人群高达40%，国内辣椒贸易量超过980亿元，尤其是干辣椒，已成为我国的名优特产和重要的出口创汇产品。辣椒是我国农业发展、农村富裕和农民增收的重要产业，在精准脱贫和乡村振兴中作用重大。宜昌市高山蔬菜是从 1985 年开始起步，以火烧坪乡为原点向外辐射至长阳所有高山、二高山地区，并逐步扩展到五峰、兴山、秭归、夷陵等地。高山蔬菜的发展历史在中国农业发展史上，可谓一个奇迹，20 世纪 90 年代，火烧坪乡流传着一句话："十万元才起步，百万元不算富"，成为高山蔬菜致富第一乡。高山蔬菜主要种植品种白菜类、甘蓝类、根菜类、茄果类等，其中辣椒播种面积达 20 万亩，产量 70 万 t，种植在海拔 800~1 500 m 的山区，主要分布在兴山县、长阳县等，种植模式单一、重茬，以及极端天气下造成的生理病害、病虫害发生加重，辣椒品质逐年下降，"辣椒＋玉米"间作模式，保证粮食安全，实现了轮作换茬、降低病虫害等作用。

二、"玉米＋辣椒"生态种植模式的特点和优势

（一）"玉米＋辣椒"生态种植模式简介

"玉米＋辣椒"生态种植模式是粮食作物与经济作物间作的一种高效种植模式。该模式有效减少杂草为害，前期辣椒和玉米互不影响，后期玉米植株高大，对辣椒起到遮阳作用，可防止高温强光造成辣椒日灼病等不利影响，满足了玉米通风透光的需求，增强了空行管理，边际效应显著，充分发挥了单行玉米的生长优势。利用鄂西高山地区，错季延秋生产的优质高山蔬菜，在 8—9 月大量上市销售，经济效益明显。

（二）"玉米＋辣椒"生态种植模式效益分析

单一玉米种植模式：2000 年以前，鄂西高山地区每年只种植一季玉米（多为籽粒玉米），玉米单种采用宽窄行、地膜覆盖、满幅种植。种植密度 3 200~3 800 株/亩，玉米单产 600 kg/亩左右，收入 1 000 元/亩。玉米单种模式存在的主要问题为经济效益较低。

单一辣椒种植模式：鄂西高山地区开始发展高山蔬菜时都是辣椒单种。一年种植一季，冬季空闲。从 2000 年至 2012 年前后，10 余年时间一直是辣椒单种。辣椒采用地膜覆盖栽培，按宽 1.2 m 包沟作畦、1 畦双行，3 月下旬播种育苗，5 月中下旬移栽，密度 3 300~4 000 株/亩，7 月中下旬开始采收，10 月中旬采收结束。销售高峰期为 7 月下旬至 9 月中旬，大约 2 个月销售时间，这段时间市场行情好，单价 2~4 元/kg。一般销售商品辣椒 2 500 kg/亩，在市场行情差时收入可达 3 000~4 000 元/亩，在市场行情好时收入可达 10 000 元/亩以上。辣椒单种模式存在的主要问题为辣椒易发生日灼病，造成辣椒品质降低。辣椒日灼病是由阳光直接照射引起的一种生理性病害。辣椒果实向阳面褪绿变硬，病部表皮失水变薄易破。病部易引发炭疽病或被一些腐生菌腐生，并长黑霉或腐烂。

表1 "玉米＋辣椒"生态种植模式效益分析

种植模式	产量 （kg/亩）	产值 （元/亩）	物化投入 （元/亩）	收益 （元/亩）
玉米	600	980	360	650
辣椒	2 500	6 000	920	5 080
甜玉米＋辣椒	2 800	7 160	1 370	4 910
籽粒玉米＋辣椒	2 550	6 360	1 280	4 600

注：参考湖北科学技术出版社《湖北省粮食作物绿色高效模式30例》。

"玉米＋辣椒"生态种植模式：2012年以后，开始推广"辣椒＋玉米"间作生态种植模式。这种模式一是对辣椒产量影响不大，但由于品质的提升，单价提高0.2~0.4元/kg，可增加收入500元/亩。二是对玉米产量或效益影响不大，籽粒玉米稳定单产300 kg/亩左右或商品甜玉米1 500个/亩左右，甜玉米增收1 000元/亩。三是享受了国家的粮食补贴、耕地地力支持补贴政策。四是辣椒、玉米间作后，保证了饲料粮既可以发展生猪，又能拿出更多的田种植辣椒，增加经济收入。五是种植业收入提高，更多年轻、有文化的农民投入农业生产。2016年开始示范推广玉米、辣椒、油菜三熟间作栽培，进而逐步完善了"高山模式"（表1）。

（三）"玉米＋辣椒"生态种植模式的核心技术（表2）

表2 "玉米＋辣椒"生态种植模式茬口安排

作物	播种期	移栽期	采收期
辣椒	4月上旬	5月上中旬	7月中旬至10月上旬
玉米	4月下旬	5月中下旬	鲜食玉米8月中下旬 籽粒玉米10月上中旬
油菜	8月下旬至9月上旬	—	11月中下旬

1. 玉米种植

（1）选择优良品种

选用适合高山气候特点、高产、优质、大穗型品种，如康农玉901、康农玉108、金玉506等或者甜糯玉米品种。

（2）整地施肥

定植前15 d对大田深耕，然后按1.2 m带宽开厢起垄，垄距1.2 m，垄高0.15 m，垄宽0.4 m，结合做垄每亩施入充分腐熟的优质农家肥2 000 kg，三元复合肥75 kg，使土肥融合，然后覆盖地膜。

（3）播种育苗

种子处理。玉米种子选择晴天进行晾晒，清除杂物与不饱满籽粒。

适期播种。玉米 4 月下旬播种。将种子直播营养钵正中，覆盖 0.1 m 厚的营养土，然后覆盖薄膜，并加盖小拱棚，保温、保湿、促进出苗。

（4）定植

待辣椒定植成活后，5 月中下旬在种植辣椒垄之间的空行中定植玉米。辣椒与玉米按 4：1 的比例，采取拉绳定距窝栽玉米，行距 2.4 m，株距 0.5 m。

（5）田间管理

定苗后，分别于拔节期、抽穗期前追施 1 次氮肥，共计 30 kg/ 亩。玉米新叶期是防治玉米螟的关键时期，也是保产重要环节，可用 Bt 乳剂喷雾防治，7 月中下旬挂黄板 15 张 / 亩，田间均匀分布，安装高度 1.0~1.2 m。

（6）采收

玉米与辣椒间作中玉米以单株双穗为主，甜糯玉米在 8 月中下旬开始收获，采收后可以播种一茬油菜，油菜青苗还田，有利于改善土壤环境，培育地力。籽粒玉米在 10 月上中旬开始收获。

2. 辣椒种植

（1）选择优良品种

针对市场情况，选择价格好、产量高、品质好的"芜湖椒"类品种。

（2）播种育苗

营养土配制。

种子处理。

①温汤浸种：准备 55~60℃温水，水量为种子量的 5~6 倍，将种子倒于水中边浸泡边搅拌，随时补充热水，保持温度，搅拌 10~15 min，然后加冷水降低温度到 30℃，停止搅拌。

②药液消毒：将种子用清水预浸 10~12 h，再放入 1% 硫酸铜溶液中浸泡 5 min，然后用清水洗净种子，进行催芽或者播种；或用 40% 福尔马林 150 倍液浸种 15 min，洗净后催芽或播种。注意药剂浸种后，用清水冲洗干净后才能催芽或者播种。

适期播种。辣椒 4 月上旬播种。将种子直播营养钵正中，覆盖 0.1 m 厚的营养土，然后覆盖薄膜，并加盖小拱棚，保温、保湿、促进出苗。

苗期管理。发芽期温度白天 30℃左右，夜间 18~20℃，当辣椒出苗率达 80% 以上，揭去地膜；齐苗后白天 22~25℃，夜间 15~18℃。视天气和苗床墒情适当浇水，同时用药防治猝倒病、立枯病、灰霉病。在秧苗 4~6 叶时，叶面喷施 0.2% 磷酸二氢钾水溶液 1~2 次。定植前 7~10 d 进行炼苗。白天温度保持在 15~20℃，夜间 8~12℃。

壮苗标准。生理苗龄 6~8 片真叶。直观形态特征：生长健壮、高度适中，茎粗节短；叶片较大、叶色正常；子叶不过早脱落或者变黄；根系发达，尤其是侧根系多，色白；秧苗生长整齐，既不徒长，也不老化，无病虫害。

（3）定植

定植前深耕整地，高畦栽培，按宽 1.2 m 包沟作畦，厢中间开沟施底肥，每亩基施猪粪、鸡粪、牛粪等经过充分腐熟的优质农家肥 3 000~4 000 kg，或施用商品有机肥（含生物有机肥）300~350 kg，同时基施 45%（18-18-9 或相近配方）的配方肥 25~30 kg。一般在 5 月上中旬一畦两行定植苗。

（4）田间管理

每次每亩追施 45%（15-5-25 或相近配方）的配方肥 10~16 kg，分 3~5 次随水追施。追肥时期为苗期、开花坐果期、果实膨大期。根据收获情况每收获 1~2 次追施 1 次肥。植株调整时，要剪除垂直生长的营养枝，生长期间要及时摘除下部腋芽和老叶、病叶，以改善通风透光条件。整枝摘叶后注意喷施保护剂防病。病害应主要做好猝倒病、立枯病、灰霉病、炭疽病、疫病、病毒病的防治。虫害应主要做好根结线虫病、蚜虫、粉虱、小地老虎、烟青虫的防治。

（5）采收

及时摘除门椒，当果实充分膨大、果皮颜色加深、果实有光泽、达到商品果标准，采收上市。

3. 油菜种植

（1）选择优良品种

本标准中油菜包括肥用油菜和饲用油菜。肥用油菜通过机械田间翻耕沤肥，饲用油菜通过人工或机械收割用作畜禽饲料。

应选用苗期生长旺盛、前期长势好、生物学产量高的品种。其中饲用油菜还应选用双低（低芥酸、低硫甙）油菜品种。

油菜种子质量应当符合 GB 4407.2 的规定。

（2）播种

油菜于 8 月下旬至 9 月上旬播种，在田间空行直播或者拔除鲜食玉米植株后直播，用种量 350~450 g/ 亩。肥料使用应当符合 NY/T 496 的规定。

（3）田间管理

油菜苗期不需间苗，重点预防渍害及苗期虫害。4~5 叶龄时，在墒情较大时或雨前及时追施提苗肥，追施尿素 7.5~12.5 kg/ 亩。

（4）采收

肥用油菜在 11 月中下旬霜冻来临之前开始翻耕沤肥，翻压深度一般为 15~20 cm。饲用油菜在越冬期前收割。

三、"玉米＋辣椒"生态种植模式推广成效

"玉米＋辣椒"生态种植模式在湖北省推广应用面积 25.2 万亩，其中 2016 年 5.2 万亩、2017 年 7.6 万亩、2018 年 12.4 万亩。根据农业部颁发的四川省农业科学院《农业科技成果经济评价方法》及 1992 年湖北省统计年报的成本核算方法，计算该模式的经济效益为：3 年新增总产值 92 736 万元、新增总生产费 68 544 万元（包含家庭用工工资支出）、新增总纯收益 24 122 万元。

2016 年，兴山县农业局杨大海等人完成的"辣椒＋玉米"间作高效模式技术研究与示范项目荣获兴山县人民政府科技进步三等奖（证书编号：XJ-15-3-R01）。2018 年，中共宜昌市委书记周霁两次调研该模式，充分肯定了该模式在精准扶贫中的巨大作用。宜昌市农技推广中心在这一模式基础上进行优化升级，玉米、辣椒收获后播种油菜作绿肥，改善土壤环境，提升耕地地力，解决因长期种植单一作物造成耕地质量下降而农作物产量降低的困境，同时，联合申报宜昌市地方标准，"高山区玉米、辣椒、油菜三熟间作栽培模式"被宜昌市质量技术监督局批准立项，2019 年 4 月颁布实施。2018—2019 年 2 年时间内，这一模式在兴山县推广种植面积 3 万余亩，每亩纯收益达 5 000 元以上，为农民增收近 2 亿元，成为产业扶贫的典范。

　　案例点评：玉米是我国主要农作物之一，辣椒是我国重要的蔬菜作物和调味品，两者作为我国的农业发展、粮食安全、农村富裕和农民增收的重要产业，在单一种植过程中出现了许多弊端。该案例的亮点，两者相得益彰：减少病虫害，辣椒部分害虫与玉米害虫互为天敌，减少了农药的使用量；营养需求互补，两者具有一定互补作用，只需按照辣椒的需肥特性施肥就满足玉米的需求；降低日灼，玉米为高秆作物，生长过程需要强光照才能发育良好，能充分给辣椒遮阴，有效抑制了辣椒的日灼病。该模式的成功推广，不仅使两者相得益彰，同时发展为籽粒玉米＋辣椒间作—油菜（绿肥）或者鲜食玉米＋辣椒间作后期鲜食玉米采收后播种油菜（绿肥）等，从而改善了土壤，提升了耕地地力。

（宜昌市农业技术推广中心：邵明珠　任智强　史明会）

主要参考文献

湖北省农业厅，2018.湖北省粮食作物绿色高效模式 30 例［M］.武汉：湖北科学技术出版社.

雷昌云，羿国香，2019.2018 年湖北省玉米市场综述和 2019 年市场走势预测［J］.湖北农业科学，58（4）：146-147，155.

李明亮，邓红军，雷昌云，等，2020.玉米绿色栽培模式技术地方标准的研制与应用［J］.湖北农业科学，59（S1）：279-283.

郑守贵，邓红军，朱德平，等，2018.高山"辣椒＋玉米—油菜"种植模式示范及关键技术研究［J］.湖北农业科学，57（14）：23-26.

宜昌市农业农村局，2019.辣椒、玉米、油菜间作生产技术规程：DB4205/T 62—2019［S］.宜昌：宜昌市市场监督管理局.

案例九

藜麦在中国西北高寒地区的推广发展

一、藜麦基本情况

藜麦（*Chenopodium quinoa* Willd.）是苋科藜属植物，一年生双子叶草本作物，原产于南美洲安第斯山脉，传统种植区域为秘鲁、玻利维亚、厄瓜多尔和智利等国，目前全球有美国、欧洲、中国等70多个国家商业种植。藜麦英文为Quinoa（发音为"金瓦"），源于可丘亚语，意为来自星空上的天仙赐予的食物，也被称为印第安麦、昆诺阿藜、奎藜等，最初引进我国西藏时为南美藜。藜麦是南美洲最早种植的作物之一，种植历史有7 000年，是当地的主粮，被誉为"五谷之母"。耐旱耐贫瘠，适宜干旱高寒地区生长，最适的高度为海拔3 000~4 000 m的高原或山地地区。

藜麦与我国本土植物灰绿藜（*Chenopodium glaucum* L.）等是近亲植物，株型和叶型较为相似。藜麦株高可达1~2 m，最高可达3 m。根据品种不同，木质化的主茎和分枝较为坚硬，有绿色、红色和紫色等。藜麦的花器为伞状、穗状、圆锥状等花序，以自花授粉为主，也可以异交授粉结实。穗部可呈红色、紫色、黄色，成熟后穗部类似高粱穗。单叶互生，叶片呈鸭掌状，叶缘分为全缘型与锯齿缘型。藜麦根系发达，入土深度可达30 cm，抗旱性和耐盐碱能力较强，对土壤营养要求很低，能适应边际耕地生长。藜麦种子长约2 mm，千粒重1.4~3 g，色泽丰富，有白色、红色、紫色、棕色和黑色等多种类型。

藜麦营养十分丰富，热量高达368 kcal/100 g，具有蛋白高（蛋白质含量高达14%以上）、脂肪合理（脂肪含量6.1%，其中不饱和脂肪酸占83%）、碳水化合物健康（碳水化合物达64.2%，升糖指数仅35，低于大米和面粉等主食）等突出特点，膳食纤维7%，维生素、多酚、类黄酮类、皂苷和植物甾醇类等保健功能成分十分全面。联合国粮农组织（FAO）也将藜麦列为全营养食物，是宇航员的太空理想食物，联合国宣布2013年为"国际藜麦日"，弘扬安第斯山区人民与自然和睦相处的人类古老实践，引起世界对藜麦在粮食安全和营养方面的关注。20世纪70年代开始，藜麦受到素食人群和健身人群的青睐，开始被作为超级食品流行。目前，南美 98% 的原产地藜麦用于供应欧洲市场，价格不断攀升。

我国于 1988 年引进藜麦，由西藏农牧学院和西藏自治区农牧科学院的藏族农技师贡布扎西在西藏高原引种成功。1988 年，贡布扎西等从玻利维亚引进了 Sajam、Real 和 Amachuma 3 个藜麦品种，取名为南美藜。1990 年又从墨西哥引进了 12 份材料，通过生物学调查研究，筛选到 3 个优良品系（M1、M2、M3），1993 年在西藏的林芝、拉萨等地区进行试种发现，藜麦在西藏中等水肥条件下，亩产可达 350 kg，高于哥伦比亚的藜麦最高产量，远高于原产国秘鲁和玻利维亚单产水平，具备较高的产量潜力优势。贡布扎西等对藜麦进行营养分析发现，西藏种植的藜麦平均蛋白质含量达 12.32%，与南美接近（13.81%）；平均粗脂肪和淀粉分别为 7.04% 和 63.85%，高于南美。

二、我国高海拔干旱地区发展藜麦的优势和存在的问题

（一）藜麦在高海拔干旱地区的发展优势

1. 自然条件具有原产地特点

长期以来，我国西北高海拔和干旱地区无霜期短、干旱盐碱严重，不适合玉米、花生等喜热作物生长，青稞、小麦、马铃薯等主要粮食作物产量偏低，经济效益较差，农民增收困难，急需寻求一种产量和效益较高的喜凉作物发展地方经济。而藜麦对积温要求较低，抗旱性和抗盐碱能力强，最适生长区为 4 000 m 左右的高原或山地地区。青海、甘肃、西藏等高海拔干旱地区，海拔高，与藜麦原产地秘鲁和玻利维亚的海拔气候相近，具有气候冷凉、干旱、积温低等自然条件，种植藜麦的自然资源禀赋具有明显优势。

2. 比较效益明显

藜麦与小麦、油菜等传统寒旱地区农作物相比较，市场价格高，比较效益明显，纯收益增加 4 倍以上。2021 年，淘宝销售平台的藜麦售价 10~55 元/kg，平均价格 28 元/kg，农民藜麦种植收入十分乐观。如甘肃省天祝县 2020 年藜麦亩均收入约 1 500 元，远超过当地小麦、油菜等传统作物（亩均收入 400 元左右）。2020 年甘孜州乡城县正斗乡正斗村引进藜麦企业，通过租赁土地方式，种植三色藜麦面积 720 亩，亩产量达到 200 kg 以上，带动当地农民亩增收 1 000 元（含土地租金和劳务费），企业每亩效益达 1 000 元以上。

3. 市场前景广

作为一种全营养健康食品，国际国内藜麦市场需求旺盛。藜麦是重要的出口商品，淘宝网站上，进口藜麦米的销售价格普遍在 45 元/kg 以上，加拿大 KAHSHI 藜麦饼干售价 128 元/kg 以上，澳大利亚 Orgran 藜麦混合谷物味饼干售价 312 元/kg。我国藜麦的开发时间较短，因此总体价格较国外偏低，淘宝网上，我国藜麦米价格

普遍 30 元 /kg 左右,加工产品价格差异大。近年来,随着国内藜麦市场的不断推介,人们对藜麦营养价值的认识不断提高,已经形成了一定的买方市场。随着健康中国战略的实施以及人民对健康美好生活的需求,人们饮食习惯的改变,健康营养的藜麦食品将会得到越来越多消费者的认可,藜麦的市场前景也将会越来越广阔(图1)。

图 1   我国藜麦产业需求总量估计与预测

〔图片来源:胡冰.青海藜麦产业:困境与嬗变〔J〕.青海金融,2018(10):44-47〕

4.生态效益好

青海、甘肃、西藏等高海拔干旱地区,水资源缺乏,生态环境脆弱。藜麦具备较好的耐旱性和耐盐碱能力,种植藜麦能够节约灌溉用水,且能防风、固沙等,有利于水资源匮乏的高海拔干旱地区增加植被、修复生态,对高海拔干旱地区生态环境防护能够产生积极的作用。

(二)存在的问题

1.科技支撑能力不强

藜麦作为国外引进作物,在我国发展较晚,科研起步也晚,技术支撑能力不强,管理粗放,产量不高。在生产方面,品种多为国外引进后国内繁殖,品种纯度较低,单产和适应性都需要进一步提高,机械化高产栽培技术不配套。作为高寒脆弱地区,需要深入研究高产栽培与生态环境的有机结合新模式,实现农业生产与自然生态的和谐共生。目前,我国大面积种植的藜麦产量不高,一般亩产200~300斤,与最先引进在西藏种植的最高产量还存在较大差距。秸秆木质化程度较高,综合利用技术还需要进一步研究。

2.产业链短

目前,我国藜麦的销售绝大多数以袋装的藜麦初级产品为主,产品仅进行清选、除杂、脱除皂苷、色泽分类或三色混合等简单的初加工,以消费者自行蒸煮的方式进行消费，产品同质化十分严重，价格竞争为主要竞争方式。藜麦深加工产品少，营养功能产品的开发不能满足人民日益增长的营养健康膳食需求，产业链较短，产品低端，不利于参与市场竞争。生产加工企业数量较少，尚未形成典型的龙头企业，主要为中小型民营企业。藜麦加工多为家庭作坊，规模化、现代化加工企业较少，导致藜麦产品销路不畅，商品性开发受限。

3. 生产盲目跟风

藜麦作为一个外来新兴作物，引进我国的时间较短，人们对藜麦的认知度和接受度不高，加上藜麦价格较普通粮食高，市场销售有限。同时，市场不规范，相对稳定的市场消费群体尚未真正形成，国内市场消费量起伏较大，生产存在一定的盲目跟风性。由于藜麦相对小麦等作物种植效益高，一些地区盲目扩大种植面积，随着藜麦产量的快速增长，藜麦市场价格快速下跌。如青海海西州 2015 年藜麦价格每斤高达 200 元左右，在高价的刺激下，当地农户不断扩大种植面积，产量大幅度增加，价格却不断下跌，2018 年跌至每斤 20 元左右。市场价格的不稳定和生产的盲目跟风加大了种植藜麦的风险，也增加了藜麦产业的不稳定性。

三、藜麦成功推广的成效与案例

（一）藜麦成功推广的成效

我国于 20 世纪 60 年代引进藜麦资源，当时并未开展相关研究和示范推广。1988 年西藏农牧院对藜麦资源开展了引种观察实验，随后在西藏开展了育种、栽培、病虫害防治等技术研究工作。2008 年藜麦在山西省开始规模化种植；2014 年全国多个省份开始较大面积种植藜麦，我国藜麦种植面积迅速扩大；2019 年全国种植面积 25 万亩，总产量 2.88 万 t，平均单产 115 kg/ 亩，面积和产量位列世界第三位，藜麦生产总体呈现出良好的发展态势。目前，藜麦在我国种植面积较广，种植面积较大的省份有山西、青海、甘肃、云南、内蒙古、四川以及河北等地，江苏、浙江等南方地区也开始零星种植或试种。甘肃省为中国藜麦种植面积最大省份。藜麦节水节肥，有利于西北寒旱区的生态改良，通过与马铃薯、燕麦等主要作物合理轮作，是当地化肥和农药减施的积极农艺措施，提高了高海拔、干旱地区的作物种植效益，开辟了一条高寒瘠薄土地的致富新途径，在我国脱贫攻坚中发挥了积极的作用（图 2）。

近年来，随着市场的不断推介和大家对藜麦营养价值认知度的不断提高，藜麦已经在我国的食品行业中作为一种特色杂粮，占有了一定的市场。各种藜麦加工产品也不断涌现，如藜麦片、藜麦糊、藜麦饼、藜麦面粉、面条、藜麦南瓜粥、藜麦饼干等。我国藜麦产品多以电商销售为主，线下实体店销售较少。

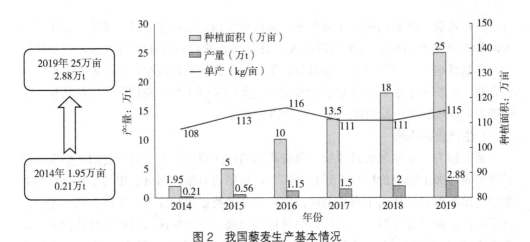

图 2　我国藜麦生产基本情况

（图片来源：任贵兴．中国藜麦产业的现状和展望．知网在线教学平台）

在大面积种植的同时，我国藜麦的栽培及育种技术水平也得到了一定程度的发展，初步掌握了适合不同省份的栽培方法，引进了百余份种质资源，获得了一批性状稳定的育种材料。2014 年，中国育成首个审定登记的藜麦品种"陇藜 1 号"。中国科学院上海植物逆境生物学研究中心朱健康藜麦项目团队，收集藜麦原始种质资源 3 000 余份，实现了四个首次：平原地区首次规模种植、黄三角东营海滨首次盐碱地种植且全生育期可盐水灌溉、新疆喀什首次干旱戈壁滩种植和国内首次一年两季种植。

（二）藜麦成功推广的案例

案例 1　甘肃省天祝县成功将藜麦打造成"富民产业"

甘肃省天祝县被誉名为"中国高原藜麦之都"。2017 年，天祝县在南阳山移民区试种藜麦成功。试种成功以来，甘肃省天祝县凭借当地的自然资源优势，因地制宜，积极发展藜麦产业，实现产值 1.74 亿元，户均增收 0.9 万元，将藜麦产业打造成了天祝农牧民脱贫增收的富民产业。天祝县藜麦成功推广的具体经验如下：一是政府重视，政策扶持。县政府把藜麦产业作为当地重点产业进行扶持培育，制定系列产业规划。加大对藜麦产加销等各个环节的政策支持力度，对符合政策规定条件的农户、合作社、企业等给予相应的补助。二是加强研发，科技支撑。大力推进校企、院企合作，专门成立天祝高原藜麦研究院，以科技为利器助力天祝藜麦发展。成功研制出藜麦播种机、藜麦联合收割机，填补了国内藜麦播种和收割机械的空白，显著提高了生产效率和效益。三是链式发展，提高综合效益。整合各类研发资源，加强藜麦精深加工和高端产品的开发。依托当地独特的旅游资源和藏族特色民俗文化背景，推进藜麦产业和乡村旅游业融合发展，全力延伸产业链条和价值链。四是加快品牌建设和多渠道产品推介。培育龙头企业，注重品牌开发，依托"天祝原生"区域公共品牌和"中国高原藜麦之都"金字招牌，注册系列藜麦商标。通过线上线下相结合的方式加强品牌推介宣传和销售产品。

案例 2　青海藜麦走出国门

青海气候条件与藜麦原产地相似，根据自然条件，青海是我国最适合种植藜麦的地方，因此青海藜麦品质优良。青海省于 2010 年引进藜麦试种成功，2014 年开始大面积示范推广，全省有 6 个品种通过省级品种审定，成为我国藜麦种子繁育和优质原料供应的主要基地。全省藜麦加工企业 20 余家，年加工能力 3.5 万 t，藜麦产品已远销欧美国家。其中，青海海西州藜麦挂面、藜麦酒等 10 余种藜麦加工产品已出口远销美国，并与盼盼集团、娃哈哈等国内大型企业签订购销协议。三江沃土有机藜麦先后获得了中国、美国和欧盟的有机认证，目前三江沃土有机白藜麦在淘宝销售高达 100 元 /kg 以上。藜麦在青海的发展虽然仅仅只有 10 年，却创造了作物栽培利用的"奇迹"。

案例点评： 案例 1 和案例 2 的核心关键是如何抓住市场发展需求，引进新产品并对产品进行技术升级改造，将当地资源劣势变为优势，引导地方经济形成新的支柱产业。各地积极借助世界对健康营养食材的旺盛需求趋势，从南美洲引进适宜高寒干旱地区生长的新作物——藜麦，利用我国地膜覆盖、机械化作业、配方施肥、网络营销等技术优势，坚持规划引领，将外来作物开发形成当地的优势产业，并在产量、品质和品牌方面具有了一应的竞争力，牢牢占领消费市场。甘肃天祝县、青海海西州等地区不仅将外来作物藜麦打造成了当地农牧民脱贫增收的主导产业，更为其他地区发展地方特色农产品产业积累了可借鉴的成功经验，为其他地区农业供给侧结构性改革找到了一条有效途径，对扶贫攻坚具有重要意义。

（中南财经政法大学：张婧妤；北京工商大学：张婵；

北京市农林科学院：陈兆波）

主要参考文献 ————————————————————————

范旭光，2020-05-20.青海藜麦演绎"高原传奇"的自述［EB/OL］.http://www.360doc. com/content/20/0520/22/4738008_913572286.shtml.

贡布扎西，1991.未来的超级营养作物——南美黎（*Qiunoa*）［J］.西藏农业科学（3）：74-75.

贡布扎西，旺姆，1995.西藏南美黎营养品质评价［J］.西北农业学报（2）：85-88.

胡冰，2018.青海藜麦产业：困境与嬗变［J］.青海金融（10）：44-47.

青海新闻网，2015-08-10."谷物之母"藜麦在海西试种成功　实现规模种植［EB/OL］. http://www.qh.gov.cn/zwgk/system/2015/08/10/010174.

任贵兴，2020-10-22.中国藜麦产业的现状和展望［EB/OL］.https://k.cnki.net/CInfo/

Index/10580.

任贵兴，杨修仕，么杨，2015.中国藜麦产业现状［J］.作物杂志（5）：1-5.

邵海鹏，2020-08-31.粮食安全下的网红藜麦：具备成为新主粮的潜质［EB/OL］. https://www.yicai.com/news/100753647.html.

孙宇星，迟文娟，2017.藜麦推广前景分析［J］.绿色科技（7）：197-198.

王金晶，2020-10-30.说说藜麦那些事儿［EB/OL］. http://www.rmzxb.com.cn/c/2020-10-30/2701270.shtml.

吴晓燕，鲁明，2020-10-14.天祝县："中国高原藜麦之都"打造群众致富"美丽产业" ［EB/OL］.http://www.sohu.com/a/424548073_780768.

央金拉姆，2020-11-10.天祝：11万亩藜麦丰收啦！［EB/OL］. http://www.gstianzhu.gov. cn/jrtz/tzyw/202011/t20201112_1256748.html.

杨发荣，2018-08-17.发展甘肃藜麦产业 助力农业供给侧改革［N］.甘肃日报（6）.

杨万明，2020-10-20.藜藜原上麦似火映富路——天祝藏族自治县藜麦产业富民侧记 ［EB/OL］. http://gansu.gansudaily.com.cn/system/2020/10/20/030181677.shtml.

张志栋，王润莲，2020.壮大藜麦产业实现生态优先绿色发展［J］.北方经济（5）： 56-57.

Wu YaNan，2020-08-13. 2020藜麦行业发展现状趋势及市场供需格局分析［EB/OL］. https://www.chinairn.com/scfx/20200813/174424405.shtml.

凉山苦荞从杂粮到产业化发展的推广应用

一、国内外荞麦生产概况

荞麦是蓼科荞麦属作物，学名 *Fagopyrum esculentum* Moench，一年生草本双子叶植物。古代亦写成荍麦或乌麦，彝族称为"额"。栽培荞麦有 4 个种，甜荞 *F.esculentum* Moench、苦荞 *F.tataricum*（L.）Gaertn.、翅荞 *F.emarginatum* Mtissner 和米荞 *Fagopyrum* spp.。甜荞和苦荞是两种主要的种植作物。在目前已有的 3 000 多个品种中，甜荞、苦荞各占一半。

荞麦是一种药食同源作物，随着对苦荞研究的进一步深入，各国科学家们发现苦荞中富含生物黄酮（芦丁）、B 族维生素、叶绿素等，这些物质对激活胰岛素、预防糖尿病并发症有着神奇的作用。美国、日本、加拿大、德国以及我国的部分制药公司已将苦荞提取物作为临床治疗糖尿病、心脑血管病的主要药物之一。日本专家片山虎之介在《不老长寿的苦荞》一书中指出，苦荞治疗和预防糖尿病、高血压症等生活习惯性疾病是普通荞麦的 100 倍，比银杏叶好 150 倍。日本的企业在短短的三年中，就成立了 50 家苦荞食品制造企业、21 家苦荞保健品企业和 8 家以苦荞黄酮为原料的制药企业，仅在 2011 年，日本稻泽株式会社一次性就向中国购进价值 5.3 亿日元的苦荞黄酮。第 8 届世界荞麦会议后，韩国学术界在两年内召开了 8 次苦荞研讨会，苦荞在韩国被称为"神仙的粮食"，相互馈赠苦荞食品，已成为韩国上层显贵的时尚礼仪，韩国企业也开始苦荞食品的加工，准备与日本、中国企业一决高下。美国是一个比较注重营养搭配的国度，亚特兰大佐治亚大学食品科学系乔治·韦尔斯教授曾多次到凉山考察，归国后向美国国家食品卫生检验检疫局递交了《与中方合作开发苦荞黄酮》的报告。德国药学专家克利夫特和日本的专家草野毅德多年来在山西省农业科学院林汝法教授的指导下，致力于荞麦的研究，前不久刚出版的《东方苦荞》书中指出，它是东方高原生长的一种神秘植物，是东方草药中尚不多为人知的一颗璀璨星辰，有"东方神草"之美誉。世界专家一致认为，苦荞对三高及糖尿病神奇功效的发现，是一场革命。这种安全的、纯天然的、可以种植的万能神秘植物，是渴望健康的人们的希望，它的吸引力是不可抗拒的，必将引起制药界对苦荞资源的激烈争夺。

荞麦作为一种传统作物在全世界广泛种植，但在粮食作物中的比重很小。全球荞麦种植面积 700 万 ~800 万 hm²，总产量 500 万 ~600 万 t，主要生产国有苏联、中国、波兰、法国、加拿大、日本、韩国等。苏联为世界荞麦生产大国，种植面积 300 万 ~400 万 hm²，占全球总播种面积的近一半，平均每公顷产量 615 kg，总产量 200 余万吨。世界上荞麦多指甜荞，苦荞在国外视为野生植物，也有作饲料用的，只有中国有栽培和食用习惯。

中国是世界荞麦主产国之一，种植面积达 100 万 hm² 以上，其中甜荞达 70 万 hm² 左右，苦荞 30 万 hm² 左右，荞麦总产量约 75 万 t，面积和产量居世界第 2 位。我国荞麦种植面积最大的是 1956 年，达 225 万 hm²，总产量为 90 万 t。随着农业技术的普及和农民文化素质的提高，多数地区生产水平明显提高，不少地方产量超过了 1 500 kg/hm²，少数田块甚至超过 2 000 kg/hm²。20 世纪 90 年代以来，我国每年出口荞麦 10 万 ~11 万 t，主要出口日本、韩国、荷兰、朝鲜、意大利等国。其中出口日本 8 万 ~10 万 t/ 年，占中国荞麦出口总量的 70%~80%，占日本荞麦进口量的 80% 左右。中国出口的荞麦主要来自内蒙古、陕西、宁夏、甘肃、山西、四川、云南等省（区）。2010 年荞麦、荞麦米、考荞麦米出口数量为：日本 9 万 ~10 万 t，俄罗斯及独联体国家 7 万 ~8 万 t，欧洲地区 1 万 ~1.5 万 t，出口量总计在 18 万 ~20 万 t。我国荞麦主要分布在内蒙古、陕西、甘肃、宁夏、山西、云南、四川、贵州，其次是西藏、青海、吉林、辽宁、河北、北京、重庆、湖南、湖北。甜荞和苦荞以秦岭为界，秦岭以北为甜荞主产区，秦岭以南为苦荞主产区。

二、凉山苦荞产业现状

凉山彝族自治州（简称凉山州）是世界苦荞麦起源中心和遗传多样性中心。全州 17 个县市海拔 1 500~3 500 m 的区域，春、夏、秋三季均可种植苦荞，常年种植面积超过 100 万亩，总产 14 万 t，约占全国总产量的一半，全世界的 1/3 以上，可开发利用面积 300 万亩，有着巨大发展潜力，有"世界苦荞在中国，中国苦荞在凉山"之说。凉山苦荞在世界市场具有主导性、决定性的影响和地位。凉山是世界苦荞麦资源最丰富、种类最多样、分布最集中、种植最广泛、产量最领先、品质最优良的主产区。凉山是"中国苦荞之都"，被誉为"苦荞麦之乡"。苦荞种植者绝大多数是山区的广大彝族群众，苦荞不但是他们不可替代的粮食作物和牲畜饲料，而且是经济收入的基本来源和重要支柱。苦荞产业开发对巩固扶贫攻坚成果，带动和促进高二半山区乡村振兴，实现和解决民族地区生存发展、社会稳定、民族团结、社会进步等问题都具有十分重要的意义。

（一）出口系列政策支持产业发展

"十二五"期间苦荞被纳入民族地区增粮增收、粮油高产创建、民族地区新增生产能力建设等项目，凉山率先出台了食品安全地方标准《苦荞茶》（DBS 51/004—2017）和《关于加强苦荞产品质量安全管理的意见》（凉府办发〔2013〕26号），建立了苦荞和苦荞茶两个行业协会。"凉山州苦荞"和"甘洛黑苦荞"获得国家农产品地理标志和最受消费者欢迎的中国著名农产品区域公用品牌。"十二五"以来，特别是党的十八大以来，中央高度重视"三农"工作，做出了一系列重大部署，出台了一系列强农惠农富农政策，有力促进了苦荞麦持续稳定发展，取得了巨大成就。苦荞麦生产能力稳步提升，科技支撑水平显著增强，形成了一批特色鲜明、布局集中的苦荞麦优势产业带。

（二）技术规模全国领先

由西昌农业科学研究所和西昌学院先后选育成了"川荞系列"和"西荞系列"新品种，获全国审定品种2个、省审定品种6个，并提出了与之相配套的高产栽培技术措施，取得多项国家和省级科研成果。国家燕麦、荞麦产业技术体系凉山综合试验站落户凉山，为凉山苦荞产业发展提供更加强有力的科技支撑。越西、喜德、冕宁等县烤烟主产区，在8月下旬至9月上旬播种苦荞，有效解决了烤烟轮作换茬和适时早栽等矛盾，综合效益高于单作烤烟，具有较高的经济效益和社会效益，对农民脱贫致富发挥了很大作用。

（三）品牌创建有所突破

全州从事苦荞生产加工的注册企业40余家，涌现出了环太、西部村寨、彝家山寨、惠乔、三匠等一大批著名商标和品牌。2011年，环太公司提前两年实现了亿元发展目标，成为全国苦荞产业规模最大、系列最全、销售最广、品牌最响的领军企业，2012年"环太牌苦荞茶"荣获"中国驰名商标"。正中、西部村寨、彝家山寨、惠乔和三匠获得四川名牌称号。与此同时，昭觉、美姑、布拖、越西、普格五县获得"四川省无公害荞麦生产基地"认证；环太、正中、彝家山寨建立了稳定的苦荞原料生产基地；环太、惠乔公司与科研单位共同组建了科研生产试验示范基地；部分公司与农户建立起连接机制，形成"公司＋合作社＋农户"等经营模式；六家苦荞加工企业进入了西昌市食品加工园区，对形成全国苦荞加工中心、提升苦荞产业形象起到了巨大的推动和促进作用。全州苦荞产业基本形成了"产、学、研"一体化，"产、加、销"一条龙的产业化经营模式。

（四）产业链条不断延伸

凉山苦荞系列产品的研制和开发取得了长足进步，产品系列越来越全，科技含量越来越多，营养价值越来越高。目前已经开发出粉、米、面、羹、茶、酒、菜、食品、调味品及日用品十大系列几百个品种。"十三五"期间，全州苦荞年加工量已近 6 万 t，拉动原料价格由过去每千克 1~1.5 元，提高到 3.6~4.0 元，优质黑苦荞达到 6 元 /kg，带动增产增收 8 亿元左右，对推动落后地区农业产业进步，带动农民增产增收，促进高二半山区彝族农民脱贫致富，都起到了积极的作用。

三、凉山苦荞发展的优势

（一）深厚的荞麦文化底蕴

在有文字记载的人类历史中，凉山彝族最早种植和食用苦荞，在其他农作物传入凉山之前，苦荞成为彝族同胞赖以生存的主粮依靠。在漫长的历史长河中，凉山彝族人民对苦荞倾注了独特而深厚的情感，赋予了至高无上的地位。在凉山彝族的重大节日、尊祖祭天、婚丧嫁娶等礼仪活动中，苦荞是必备的贡品和食品，反映了彝族人民对祖先鬼神的敬畏和对亲人朋友的诚意。苦荞，养育着凉山彝族人民祖祖辈辈，滋润着凉山彝族儿女世世代代繁衍生息。彝文典籍《勒俄特依》《事物起源——荞》中叙述了彝族先民最早发现和种植苦荞的探索与艰辛、生养和祝福；《物始纪略·荞的由来》里赞颂了苦荞的重要地位和作用；《彝族古歌》等彝文历史典籍记载："世间最伟大的是母亲，庄稼最古老的是苦荞""人间母为大，粮食荞为王"。凉山彝族人民把苦荞视为伟大的母亲，把苦荞当作生命的源泉，荞麦发展的历史与凉山彝族的文明史水乳交融，可以说凉山彝族的文明史有多长，凉山苦荞的历史就有多长。

（二）独特的光热资源和气候条件

凉山州位于四川省西南部，南至金沙江，北抵大渡河，东临四川盆地，西连横断山脉。处在东经 100°15′~103°53′和北纬 26°03′~29°27′，属亚热带季风气候。大部分地区四季不分明，但干温季明显，冬暖夏凉，干季日照长，年平均气温 14~17℃，日照时数 2 000~2 400 h，日照辐射总量达 120~150 kcal/（cm² · 年），年降水量 1 000~1 100 mm，无霜期 230~306 d。凉山特殊的地理环境，多样的气候类型和优越的光、热、水资源特别适宜荞麦的生长，此外，凉山州苦荞麦主要种植在海拔 2 000 m 以上的高寒地区，该区域空气清新，土质和空气无污染，无农药化肥过量、残留超标，所产荞麦品质好、营养价值高、药用保健价值好。

（三）丰富的荞麦品种及遗传多样性

凉山州位于中国西南地区和青藏高原东部的接壤地带，具有世界上最丰富的荞麦种质资源和遗传的多样性。全世界荞麦有 21 个种 2 个变种，凉山州就有 20 个种 2 个变种；中国农业科学院种质资源库的苦荞资源为 879 份，直接或间接来自凉山地区的就有 600 多种，占 70% 以上。丰富的荞麦种质资源和遗传多样性，使凉山成为名副其实的"世界苦荞之都"。

（四）产业高质量发展具备了良好的基础

凉山彝族农民已掌握一定的荞麦传统种植技术，适应进行大规模的推广发展。随着 2020 年脱贫攻坚工作的胜利完成，凉山州经济社会"十四五"规划中明确提出将荞麦产业作为农民增收和乡村振兴的支柱产业进行推进，走高质量的荞麦产业发展之路。凉山是全国最大的苦荞麦产地，苦荞质量、芦丁含量居世界同类产品之首。近年来，凉山州高度重视和推进苦荞的产业化发展，苦荞产业初具规模，开发出的苦荞主要产品有苦荞茶、苦荞粉、苦荞酒、苦荞饮料、苦荞挂面、苦荞方便食品、芦丁香菜、苦荞调味品、苦荞麦日用品等系列，其产品远销成都、北京、上海、广州、深圳、湖北、香港等全国各省市的沃尔玛、家乐福、伊藤洋华堂、成都红旗连锁 200 多家超市和欧美、日本及东南亚，逐步形成了生产、加工、销售一条龙荞麦产业发展体系。目前，凉山州苦荞茶生产获证企业达 27 家，品牌 28 种，品牌产品的市场占有率达 98%，年销售总收入 1.7 亿元，凸显"世界苦荞之都"的品牌效应。

（五）强有力的荞麦科技支撑

国家已在凉山州设立燕麦荞麦产业技术体系综合试验站，加上凉山州农业科学研究所和西昌学院的荞麦研究和开发，已取得一系列丰硕的科研成果。同时，在凉山州长期开展荞麦课题研究的中国农业科学院作物科学研究所，拥有一流的科研设备和人才队伍，该所拥有国家作物种质库保存的 3 000 余份栽培荞麦种质资源，位居世界第一，荞麦整体研究水平位居世界前列，可以为凉山州荞麦特色产业高质量发展提供强有力的科技支撑。同时，凉山州已率先在全国出台无公害苦荞麦和优质苦荞麦生产技术规程，制定了苦荞麦和苦荞茶生产地方标准，成立了苦荞麦和苦荞茶行业协会，积极开展企业间、企业与科研单位间的交流与合作，组织专家、科研机构探索凉山苦荞产业发展研究，不断提升苦荞产业发展水平，力争将凉山打造成以苦荞生产中心、研发中心、加工中心、检测中心和市场中心为一体的"世界苦荞之都"。

四、凉山苦荞产业发展存在的问题

由于苦荞营养丰富、药食同源、功能独特、绿色健康，越来越受到国内外有关人士和广大消费者的关注与青睐。近年来，苦荞加工业发展迅猛，就连本不产苦荞的广东、福建、江苏、浙江、天津等发达省市及香港和台湾等地区也纷纷加入了苦荞开发和加工的行列，市场竞争已日趋激烈。凉山苦荞产业在快速发展的同时也存在一些不容忽视的问题与困难，制约和阻碍了全州苦荞产业进一步健康快速发展。

（一）产业体系不紧密

与产业发展密切相关的科研、推广、基地、农户、企业、市场等关键环节和产业链条没有形成紧密联系和完整体系，州县之间、部门之间还没有形成抓大做强苦荞产业的协调运作机制。

（二）科技创新不够

专项科技投入少，试验示范基地缺乏，基本研发条件较差，设施设备手段落后，缺乏激励机制和市场运行机制，研发人员积极性不高，品种创新、改良工作远远落后于当前苦荞产业发展需要。

（三）生产种植粗放

苦荞属小宗粮食作物，政策上没享受到优惠，不能引起基层党政的高度重视；另外，苦荞主要种植在海拔较高的二半山及以上地区，机械化程度不高，加之近年来劳动力普遍不足，耕作管理粗放，普遍广种薄收，单产水平较低。

（四）产品研发不足

多数加工企业设备简陋，产品单一，趋同性强，主要集中在苦荞茶产品上，产品种类不多，科技含量不高，资源开发不深，综合利用不够，产品附加值不高。如苦荞壳、芯粉基本上没有利用。

五、凉山苦荞产业化发展的具体做法

（一）着力科学规划，优化苦荞产业布局

结合凉山州经济社会发展"十四五"规划，进一步发展壮大、规范提升现有苦荞生产基地，一是以盐源、昭觉、布拖、美姑、甘洛、金阳、喜德、冕宁、普格、越西、木里县海拔 2 000 m 以上山区为主的春荞主产区，年均温 8~11.4℃，无霜期 150~210 d，降水量 800~1 200 mm，日照 1 700~1 800 h，雨水充沛，气候温凉，生长期空气湿度达 80% 以上，雨热同季，热量资源不能满足大宗粮食作物种植，是栽培优质苦荞的最佳生态区。常年种植面积达到 50 万亩，平均亩产 180 kg 以上；实行绿肥—苦荞—绿肥—马铃薯（玉米）轮作制度，一般春荞于 4 月上旬至 5 月上旬，夏荞在 6 月中下旬播种，8—9 月收获。二是以越西、美姑、昭觉、甘洛、冕宁、德昌、会理、会东、宁南、普格、雷波县及西昌市海拔 2 000 m 以下为主的秋荞主产区，无霜期较长、人均土地较少而耕作较为精细的农业区，苦荞作为填闲复播作物，在豆类、烤烟、马铃薯、早玉米收获后填闲种植。常年种植面积达到 50 万亩，平均亩产 120 kg 以上，一般 7 月下旬至 8 月上中旬播种，11 月中下旬早霜来临前收获。三是在西昌市建设苦荞精深加工核心区，主要功能为精加工、生产管理、市场运作、科学研究等；在各主产县适宜区域建立苦荞初加工区，逐步形成精深加工与粗加工相互协调的苦荞加工带，促进苦荞产业健康发展。

（二）创新经营模式，构建完整产业体系

一是积极引导组建农民专业合作社、农机专业合作社。鼓励和支持承包土地向专业大户、家庭农场、农民合作社流转，抓好优秀合作社的培育和扶持工作，探索多方式、多区域、多层次的联合与合作，推进示范社建设，支持农民专业合作社、农机专业合作社的申报、实施苦荞项目，从事农业规模化、集约化、商品化生产经营，从而实现统一栽培技术，提高机械化水平，提供高质量、品质均一的苦荞原料供应体系。

二是积极探索科研单位、龙头企业、种植农户之间互利共赢的经营机制。大力推广"公司＋基地＋合作社""公司＋基地＋种植大户"等产业化经营模式，形成利益共享、风险共担、相对稳定的产销关系和利益联结机制，构建市场牵龙头、龙头带基地、基地联农户的产业化经营体系。

三是探索苦荞产业与凉山旅游资源相结合的模式，逐步形成"农业＋旅游""产＋旅＋销"合作共赢模式。

（三）实施科技兴荞，提升苦荞生产水平

一是推广川荞系列、西荞系列苦荞新品种和苦荞轻简化种植技术，每亩平均增加单产 33.1 kg、减少用工 1 个，按照每千克 4 元、每个工 100 元计算，2020 年推广面积 437 240 亩，增加产值 101 614 560 元，增产效益非常显著（表1）。

二是鼓励农业科研单位、高等院校、技术部门与企业合作。建立健全产学研合作机制，整合人才资源，加强协作攻关，提高技术到位率和科技贡献率。加快苦荞日用品、化妆品、保健品和医药品等高新产品的研发，延长产业链条，提高产品科技含量和附加值，提升苦荞产业创新能力、竞争能力和可持续发展能力。支持西昌农业科学研究所建设 500 亩苦荞良种培育基地。

（四）加大支持力度，培育壮大龙头企业

重点培育和扶持经营规模大、科技含量高、品牌信誉佳、带动能力强的省、州级重点龙头企业。通过优化环境、政策扶持、项目支持、品牌打造、配套服务，帮助重点企业快速扩张、做大做强，巩固和提升其市场核心作用和产业领军地位。

（五）推进规范生产，完善质量安全体系

一是加快标准化基地建设，完善无公害、绿色、有机苦荞生产、加工、储藏、运输行业标准、工艺标准、技术要求和操作规程。

二是建立健全质量检测体系，建立苦荞麦质量安全监督检验检测中心，争取资质认证。

三是建立健全苦荞产品质量安全追溯信息平台和应急处置机制，逐步形成信息可靠、成本可算、风险可控的全程质量追溯体系。

表1 2020年凉山州苦荞轻简化栽培推广情况

地名	面积（亩）	产量（kg）			增加产量（t）	增产值（元）	用工（个）			减少量	增产值（元）	增加总产值（元）
		传统种植	轻简化种植	增减			传统种植	轻简化种植	增减			
凉山州	437 240	100	133.1	33.1	14 472.64	57 890 560	3	2	-1	-437 240	43 724 000	101 614 560
西昌市	2 600	96.38	103.9	7.52	19.55	78 200	3	2	-1	-2 600	260 000	338 200
木里县	3 350	100	115.4	15.4	51.59	206 360	3	2	-1	-3 350	335 000	541 360
盐源县	50 070	100	122.3	22.3	1 116.56	4 466 240	3	2	-1	-50 070	5 007 000	9 473 240
德昌县	1 420	100	142.0	42	59.65	238 600	3	2	-1	-1 420	142 000	380 600
会理县	1 420	100	116.0	16	22.72	90 880	3	2	-1	-1 420	142 000	232 880
会东县	12 700	100	118.0	18	228.6	914 400	3	2	-1	-12 700	1 270 000	2 184 400
宁南县	4 450	100	112.0	12	53.4	213 600	3	2	-1	-4 450	445 000	658 600
普格县	20 330	100	113.3	13.3	270.39	1 081 560	3	2	-1	-20 330	2 033 000	3 114 560
布拖县	39 990	100	151.0	51	2 039.49	8 157 960	3	2	-1	-39 990	3 999 000	12 156 960
金阳县	9 570	100	140.9	40.9	391.42	1 565 680	3	2	-1	-9 570	957 000	2 522 680
昭觉县	43 560	100	136.7	36.7	1 598.65	6 394 600	3	2	-1	-43 560	4 356 000	10 750 600
喜德县	54 040	100	139.1	39.1	2 112.96	8 451 840	3	2	-1	-54 040	5 404 000	13 855 840
冕宁县	54 200	100	142.3	42.3	2 292.66	9 170 640	3	2	-1	-54 200	5 420 000	14 590 640
越西县	68 500	100	139.6	39.6	2 712.6	10 850 400	3	2	-1	-68 500	6 850 000	17 700 400
甘洛县	9 510	100	116.2	16.2	154.06	616 240	3	2	-1	-9 510	951 000	1 567 240
美姑县	61 010	100	121.9	21.9	1 336.12	5 344 480	3	2	-1	-61 010	6 101 000	11 445 480
雷波县	520	100	123.5	23.5	12.22	48 880	3	2	-1	-520	52 000	100 880

四是统一规划建设苦荞产业加工园区，推进产业园区化进程，提高产业形象和水平，实现规范化发展。

（六）突出品牌效应，提升产业整体形象

一是通过授权使用"凉山苦荞"地理标志和"大凉山特色农产品"标识，全力打造无公害、绿色、有机"大凉山苦荞"品牌。支持苦荞企业争创国家、省级商标和品牌，不断提升凉山苦荞品牌知名度和美誉度，提高产品竞争力和市场占有率。

二是借助中央对扶贫农产品免费宣传的东风，在中央电视台大力宣传凉山苦荞，另外，由州政府统一在国家级重要媒体和主要中心城市及高速公路重要广告牌位发布凉山苦荞产业形象广告；凉山日报、凉山电视台等新闻媒体及有关部门要充分利用部门资信和平台手段，加强对凉山苦荞产业的公益宣传和信息资料的制作、发布和发放；积极组织有关企业参加各类大型博览会、交易会、展销会、推介会等活动，积极向国际国内宣传推介凉山苦荞产品和品牌。

（七）积极完善政策，全面助推产业升级

一是加大财政扶持力度。积极争取中央、省苦荞麦产业化项目资金支持。州、县财政根据苦荞麦产业发展需要，每年预算安排相应的专项资金，对良种繁育基地和科研经费给予支持；对统一生产和推广的原种、良种和专用品种给予补贴；对企业、种植大户合法、有序流转土地，建立规模化、标准化生产基地给予补助；对成功培育和研发苦荞新品种、新产品的单位和个人给予奖励和补贴等。

二是加大金融支持力度。拓宽贷款抵质押物范围和品种，简化贷款审批手续，提高信贷审批效率。大力开展农户小额信用贷款，有效增加对农业产业基地建设的信贷资金投入。融资和担保机构要积极为苦荞麦农业产业化龙头企业提供担保服务，切实缓解企业融资难的问题。保险机构要积极探索苦荞麦特色农产品保险试点和"信贷＋保险"新途径。

三是加大税收优惠力度。龙头企业从事种植业和初加工项目所得，符合国家相关税收政策规定的，免征企业所得税。农民专业合作社销售本社成员生产的农业产品，视同农业生产者销售自产农业产品，免征增值税；向本社成员销售的农膜、种子、种苗、化肥、农药、农机，免征增值税；与本社成员签订的农业产品和农业生产资料购销合同，免征印花税。

四是优化资源配置力度。优先审批龙头企业重点项目和批发市场建设用地，各项费用按下限标准执行。引导农户通过土地转包、出租、委托流转、入股等流转形式，依法有序参与龙头企业经营。整合农业综合开发、以工代赈、退耕还林、测土配方等项目资金，加大对农业基础设施建设的投入。

五是增强人才培养力度。鼓励州内企事业单位、社会团体和科技人员创办、领办、联办、协办苦荞麦示范基地和科技研发及精深加工企业。支持农业科技人员以

技术入股、技术承包等形式参与苦荞产业基地建设。加快培养科技示范带头人、农村经纪人和农民专业合作社领办人。

　　案例点评：世界上荞麦多指甜荞，苦荞在国外视为野生植物，只有中国有栽培和食用习惯。四川省大凉山地区是全世界苦荞生产和种质资源分布的核心地区，凉山是中国苦荞资源最丰富、分布最集中、种植面积最大的产区，是世界苦荞麦起源中心和遗传多样性中心。现代医学研究表明，苦荞粮药兼用作物，富含蛋白质、脂肪、淀粉、维生素 B_1、维生素 B_2、维生素 P（芦丁）、叶绿素及钾、钙、镁、铁、铜、锰、锌、硒等微量元素，具有软化血管、降血糖、降血脂和增强人体免疫力的作用，对糖尿病、高血压、高血脂、冠心病、中风等有良好的辅助疗效。凉山顺应潮流，抓住机遇，通过实施加大科技投入、制定技术规程和标准、建立基地和园区、加强打造大凉山苦荞品牌、出台优惠政策等措施，实现了苦荞丛小杂粮到产业化发展的蜕变，在巩固脱贫攻坚成果，实现乡村振兴中发挥了积极作用。最终实现农民因种植苦荞而致富，专家因研发苦荞而知名，企业因加工苦荞而发展，财政因支持苦荞而增收，民众因享用苦荞而健康的目的。

　　（凉山州农业科学技术推广站：曹吉祥　李辉　万幸　阿海石布　殷远杰

　　　　　　　　　　　　　　　海来吉木子　洛古有夫　赵汝斌）

主要参考文献

罗定泽，候鑫，赵佐成，2000.西南地区金荞麦［*Fagopyrum dibotrys*（D.Don）Hara］居群的等位酶变异［J］.四川师范大学学报（自然科学版），23（5）：518-520.

肖诗明，2006.凉山州苦荞麦产业的形成、现状与发展［J］.西昌学院学报（自然科学版），20（20）：14-18.

徐丽华，潘宏，赵英明，2000.荞麦一种新兴的多用途作物［J］.荞麦动态（1）：28-30.

JIANG J F，JIA X，1990. Sichuan Daliangshan Area is one of origin region of Fagopyrum tatari cum［J］.Fagopyrum，12（1）：18-19.

油菜"345"技术模式推广应用

一、传统油菜生产技术现状

油菜属于十字花科芸薹属,以采籽榨油为种植目的的一年生或越年生草本植物。油菜是我国第一大油料作物,肩负着供给国家食用植物油的重任。菜籽油是良好的食用植物油,在工业上也有广泛用途;饼粕可作肥料、精饲料和食用蛋白质来源,在轮作复种中也有重要地位。我国也以甘蓝型油菜为主,主要分布于长江流域,冬季与水稻等轮作种植(占油菜总面积85%左右),以及西北、黄淮等区域(占油菜总面积10%左右),云贵高原、西北等产区还少量种植耐旱性强的芥菜型和白菜型油菜(占油菜总面积5%左右)。2019年,我国生产面积达9 874.6万亩,油菜籽总产达1 334.7万t,油用比例近100%,年产菜籽油493.8万t,占国产植物油52.4%。我国油菜产业可为每个国民每天提供约10g的菜籽油(占中国居民膳食指南推荐的食用油摄入标准的40%左右)。菜籽油富含不饱和脂肪酸,有利于降低心血管疾病风险,对保障我国食用植物油安全供给、保护人民身体健康、稳定市场价格、促进粮油兼丰具有十分重要的作用。

中华人民共和国成立初期,我国油菜生产技术十分落后。1950—1965年,我国油菜亩产、面积、总产平均分别为28.5 kg/亩、2 585.3万亩、73.7万t左右,油菜产量和面积都处于低水平徘徊局面。1965年开始,通过以胜利油菜、中油821、秦油2号等为代表的甘蓝型油菜替代白菜型油菜,全国大面积推广应用了油菜育苗移栽生产技术,油菜生产水平显著提升。至2000年全国油菜种植面积、单产和总产分别达到了1.12亿亩、101.2 kg/亩和1 138.1万t,比1979年分别增长了171%、74.5%和374%。21世纪初,随着杂种优势、双低品种等大量运用于育种,中双4号、中双7号、中油杂2号、华油杂6号、青杂5号等一大批双低杂交油菜新品种得到广泛推广应用,我国油菜实现了从高产向优质高产的跨越。2013年我国油菜的双低率达到了90%,全国油菜面积达到1.05亿亩,单产131.5 kg/亩,总产达1 358.9万t,比2000年分别增长-6.25%、29.94%和19.4%。

21世纪以来,随着加入世界贸易组织,我国油料进口大幅度增加,劳动力价格也大幅上涨，以育苗移栽为主的传统生产技术已经不能满足生产需要，尤其缺乏高效的适应机械化的品种、装备和技术，与国外发达国家相比，国际竞争力缺乏。据《中国农业机械化年鉴·2011》显示，我国油菜机耕水平48.6%、机播水平11.4%，机收水平仅为10.7%，远低于各类作物43.0%的平均机收水平。机械化水平低造成我国油菜生产成本高、比较效益低的现状。统计数据表明，2004年以来，湖北省油菜生产成本由2004年的277.4元/亩上涨至650.2元/亩，折合每千克菜籽生产成本达4.64元，其中人工成本由2004年的121.4元/亩上涨至2016年的393.3元/亩，人工成本的上涨构成了总成本上涨的58.4%。而世界第一大出口国加拿大为全程机械化作业，每亩成本不到300元，每千克菜籽生产成本约2元，生产成本远远低于我国，国际竞争力十分突出。我国油菜生产技术必须及时转型升级，降低生产成本，实现生产效益提升，促进我国油菜产业从高耗低效转变为低耗高效的生产模式。

二、油菜"345"技术模式的特点和优势

（一）油菜"345"技术模式简介

油菜"345"技术模式，核心是以油菜绿色高效机械化生产集成技术替代传统育苗移栽技术，减少劳动力和农药化肥投入，实现油菜生产亩成本控制在300元、亩产达到400斤、亩纯效益达到500元的"345"经济目标。该技术于2008年开始研发，在国家油菜产业技术体系、国家科技支撑计划和中国农业科学院科技创新工程的支持下，由湖北省农业厅油菜办公室发起，中国农业科学院油料作物研究所、华中农业大学等科研院校开展协同攻关，通过集成机械直播—机械收获—秸秆粉碎还田等全程机械化生产技术，采取"包衣种子、种肥同播、缓控释肥、化学除草、直接收获"农机农艺融合技术路线，显著降低油菜生产成本，提高油菜种植效益。该技术被农业部、湖北省、江西省列为主导技术，2019年获得全国农牧渔业丰收奖二等奖（表1）。

表1　油菜"345"技术模式关键环境成本控制设计方案（元/亩）

作业环节	传统技术	345技术	增减	新技术方案
种子	15	10	-5	提高品种的单产、抗病性和抗倒性，精量播种技术
灭茬耕播	100	80	-20	机械化播种装备，翻耕、开沟、灭茬、种肥同播
防虫	30	0	-30	采用种子包衣、拌种的处理技术，实现苗期防虫防病
肥料	120	90	-30	撒施油菜全营养配方的缓控肥，定位施肥技术
菌核病防治	40	20	-20	抗病品种＋无人机防控技术
收获干燥	200	100	-100	化学干燥技术脱水，联合收割收获；分段收获
其他人工	40	20	20	减少人工晾晒等成本
合计	545	320	-225	

（二）油菜"345"技术模式效益实现扭亏为盈

该技术显著提高了我国油菜生产的效率，劳动用工从每亩 5~10 个下降到 1 个以内，大幅度降低了生产成本，减少长江流域油菜生产 90% 的农药施用量，减少 5%~10% 的肥料施用量，机收损失率下降到 5%~8%，直接或间接增产 5%~15%，单产潜力提高 20% 以上。2013 年以来，该技术在云梦、公安、襄阳、黄梅等开展了连续 5 年的大面积集成研发，生产效益不断提升，产品竞争力逐年提高。油菜生产成本从传统的每千克超过 5 元，逐渐下降到 2.9 元（云梦，2013 年，稻油两熟）、2.3 元（公安，2014 年，稻油两熟）、2.0 元（襄阳，2015 年，旱地两熟）、1.75 元（黄梅，棉油两熟，2016）、2 元（沅江 2017 年，稻油两熟）、1.6 元（武穴，2018，一季晚稻油两熟），逐渐接近加拿大等主要出口国的直接田间生产成本（1.5~2 元）（陈萌山，2016 年，人民日报）。

油菜"345"技术模式的综合效益一般可达 500~700 元 / 亩，比传统种植技术提高效益 400~500 元，劳动力投入从 5 个工降到 1 个工，因此深受广大农民欢迎，直接生产成本竞争力接近国际先进水平。据湖北省 2018 年夏收油菜示范现场验收结果，按商品菜籽收购价格 4.4 元 /kg 计算，全省示范区亩产菜籽 203.2 kg，亩均产值 894.08 元；亩均物化投入 294.3 元，亩均用工降至 1 个以内（按 80 元 / 工计算），亩均生产总成本 374.3 元，投入产出比为 1 : 2.39。2015 年湖北油菜亩平单产 141.75 元，亩均总产值 623.7 元，总成本 483.64 元，投入产出比为 1 : 1.29。通过"345"模式示范投入产出比由 1 : 1.29 提升至 1 : 2.39（表 2）。

表 2　2018 年湖北省不同区域油菜"345"模式节本增效情况

| 县市 | 茬口 | 实收亩产量（kg） | 亩生产成本 | | | | | | 合计 | 亩产值（元） |
			种子（元）	肥料（元）	药剂（元）	机播（元）	机收（元）	用工（元）		
咸安区	稻一油	173.9	9.8	81.4	22	100	70	0.8	283.2	765.2
洪湖市	稻一油	208.6	16.0	105.3	31	70	67	0.3	289.3	937.8
武穴市	稻一油	186.1	8.8	107.0	28	50	60	0.7	253.8	818.8
掇刀区	稻一油	197.5	27.4	134.1	28.1	54	60	0.6	303.5	869.0
黄梅县	豆一油	195.6	6.0	103.5	25	40	100	1.0	274.5	860.6
鄂州市	棉一油	199.2	14.4	94.3	19.0	62.5	75	0.3	265.2	876.5
竹山县	玉一油	182.4	9.0	104.5	23.5	140	70	1.0	347.0	802.7
平　均		191.9	13.1	104.3	25.2	73.8	71.7	0.7	288.1	847.2

资料来源：程泰，陈爱武，蒋博，等 . 中国农技推广，2020，36（10）：27-29.

（三）油菜"345"技术模式的核心技术

1. 高产高抗机械化油菜品种

选择国家或本地省级审定或登记的油菜新品种，要求具备高产、抗菌核病、耐密、抗倒伏等适宜机械收获的特性。其中两熟制品种可选择中油杂 19、华油杂 62、阳光 2009、大地 199、华油杂 50、沣油 737、秦优 10 号、川油 36、宁油 1818 等；三熟制地区和云贵高原区可选择阳光 131 等极早熟油菜新品种；春油菜产区可选用青杂 5 号、青杂 12 号等油菜品种。上述品种比传统品种更适应机械化播种和收获，抗倒伏和抗病性显著提高，增产幅度 10% 以上。

2. 种子包衣处理

为提高种子活力和成苗率，防治幼苗期虫害和病害，推荐使用油菜包衣种子。未包衣的种子，可以采用"种卫士""苗得意"等油菜种子包衣剂或"噻虫胺"等杀虫剂，在播种前进行包衣或拌种。包衣种子可对油菜播后的跳甲、蚜虫、菜青虫、猝倒病和根腐病持续防治达 30 d，减少冬油菜和春油菜苗期 90% 以上的施药量，保证长江流域冬油菜（云南、贵州除外）全年不再使用杀虫剂。

3. 种肥同播技术

推荐油菜机械化联合播种，可用中轩、黄鹤、湖南农大等油麦兼用联合播种机一次性完成开沟、旋耕、施肥、播种、覆土等工序。直播油菜适宜播种期为 9 月下旬至 10 月中旬，一般播种量 200~400 g/ 亩，苗期密度控制在 5 万株左右，收获期密度达到亩密度 2 万 ~4 万株。没有联合播种机的地方，可以采用开沟免耕直播技术，水稻收获后，墒情适宜时人工撒施肥料和种子，用开沟机按厢宽 2 m 开沟后，将开沟的抛土覆盖种子和化肥即可。该技术在同样施肥量条件下，比传统直播技术增产 15% 以上。

4. 科学配方施肥技术

推荐使用"宜施壮"缓释配方肥，实现一次施肥，省工省肥，提高效率。旱地油菜，亩基施"宜施壮"等油菜专用全营养缓释肥 25 kg 左右，油菜生长期间无须追肥；对稻田油菜、两熟制油菜每亩施用 40 kg 缓释肥，三熟制油菜每亩施用 30 kg 缓释肥。没用"宜施壮"等油菜专用全营养缓释肥的地方，在施用普通复合肥（40 个养分）40 kg 的基础上，每亩必须搭配 1 kg 的硼砂或 0.5 kg 的高含量硼肥（有效硼 12% 以上）作为基肥，入冬前再施用 5 kg 尿素作为腊肥。利用缓释肥技术，比传统混合肥和复合肥减少肥力施用 20% 以上，每亩节省 20~30 元施肥成本。

5. 化学除草技术

对直播油菜，可以进行化学封闭除草，即播种后 3 d 内，及时用乙草胺类等油菜专用除草剂进行芽前喷雾防杂草。对育苗移栽油菜或没有及时封闭除草的油菜，可以选用"油喜""盖草能"等选择性油菜专用除草剂，在 11 月初杂草幼苗期进行化学防治。

6. 机械收获技术

采用化学干燥联合收获方式，在油菜田块 80% 的植株呈现琵琶黄色，大部分主花序中部角果中籽粒转色时，主花序下部角果中籽粒颜色变黑，顶部角果籽粒还是绿色时为最佳施用时期。药剂施用可以采用无人机每亩用 80~100 mL 立收油干燥剂稀释 10 倍后喷施，也可以采用轮式植保机或普通喷雾器每亩用 80~100 mL 立收油干燥剂稀释 200 倍后喷施。干燥剂喷施后 6~10 d，油菜籽水分可以下降到 12%~16%，选择晴好天气，利用星光、沃德等稻麦收割机直接联合收获。与传统人工收获相比，该技术可每亩减少机收籽粒损失10%~15%，减少收获后晾晒成本和收获成本100~150元，综合增收达200元以上。

三、湖北省加快油菜"345"技术模式的推广的做法

（一）深入开展一线调研，突出政策引领

湖北省农业厅油菜办公室组织有关专家，每年坚持深入油菜主产县、生产主体开展一线调研，摸清国际、国内和湖北省生产情况，发现制约瓶颈，完成了《积极应对国内外市场竞争，加快推动湖北油菜产业高质量发展》等调研报告和《关于稳定长江流域油菜产能确保食用油供给安全的提案》，并超前提出油菜"345"技术目标任务。2016年省政府印发了《湖北省人民政府办公厅关于建设双低优质油菜保护区的指导意见》（鄂政发〔2016〕21号），划定了油菜生产重点区域，明确了"十三五"时期油菜产业发展的目标和任务，突出推广油菜"345"技术模式和免耕飞播技术模式。2016—2020年，全省在油菜科技创新、生产发展、轮作试点、油料基地建设、多功能开发利用、菜籽油品牌创建等方面累计整合落实支持资金15亿左右，尤其是近三年，每年落实项目资金超4亿。

（二）强调顶层设计，开展协同攻关

为实现油菜"345"技术模式目标，湖北省油菜办公室着眼于供给侧结构性改革、提升产业竞争力、促进农业绿色发展，协同中国农业科学院油料作物研究所、华中农业大学等科研院校，积极吸收国家油菜产业技术体系、国家863、973、重点研发计划等最新科技成果，引进加拿大、欧洲等国家发达技术，建立协同攻关团队，将过去分散的单一生产技术，集成熟化为标准化、模块化的油菜新型产业技术规程，推进了油菜新技术的转化应用。从2017年开始，对全省油菜主产县市的农业技术推广队伍、家庭农场、专业合作社等开展了4轮技术培训，对关键技术、装备、肥料进行广泛理论和实训，打造了一批引领油菜生产的生产管理、生产主体、技术供应一条龙的服务生产队伍，为油菜"345"技术模式迅速普及发挥了积极的作用。

（三）加大推广力度，开展大规模试验示范

围绕农机农艺融合和全程机械化生产，湖北省创新推广的油菜绿色高效"345"模式得到农业农村部的高度肯定。2017—2020年，省农业农村厅连续四年将油菜绿色高效"345"模式纳入全省农业主推技术，着力在优质高产品种、全程机械化、节水节肥节药、绿色生态环保等领域开展集成创新、技术示范和推广应用。2016—2019年全省累计示范推广油菜绿色高效模式1 137万亩，亩平单产达203.2 kg，亩均物化投入294.3元，亩均纯收益519.78元，全省新增纯收益59.11亿元，实现物化投入控制在300元左右、亩产400斤、亩增效益500元的"345"目标，增产增收成效显著。

（四）筛选优良产品，保障技术落实到位

通过公开征集品种、田间展示比较、专家现场考评、双低品质检测、种子市场抽检等程序，优选符合"345"技术要求的新品种，积极推进统一供种。坚持不懈抓统一供种工作，引导各地将"产油大县奖励奖金30%以上用于油菜统一供种和技术推广"政策落到实处。2016年以来，引导全省重点油菜主产县市加大油菜统一供种的力度，根据各地和主要供种企业上报数据，2016—2019年主要品种统一供种量分别为34.66万kg、46.87万kg、47.5万kg、124.87万kg，约占全省油菜面积20%。在荆州、黄冈、荆门等主产区开展缓释肥、化学调节剂、包衣剂、播种机效果试验，优选出效果好的"宜施壮"缓释肥、"新美洲星"叶面肥等肥料产品，桦磊、中轩、伟业等油菜精量播种机，碧护、立收油等化学调节剂，通过技术培训会等方式，推进农机农艺产品与油菜主体直接对接。

（五）突出多功能利用，培育产业发展新动能

在推广油菜"345"技术模式的基础上，不断加大油菜多功能开发力度，因地制宜示范推广花用、饲用、肥用、菜用等多功能应用。"花用"如火如荼，全省各地积极将油菜赏花与荆楚文化、体育赛事相结合，举办形式多样、内容丰富的油菜花节活动，取得良好的经济、社会和生态效益。"菜用"稳步推进，双低优质油菜薹味道鲜美、营养功能显著，作为冬春季节菜篮子的重要补充，正逐步受到消费者青睐。武汉、黄冈、荆州、荆门等城郊发展势头良好。"饲用"高效发展，在傅廷栋院士团队指导下，积极组织实施高效冬春饲用油菜种植、青贮饲喂技术创新项目，推动饲用油菜由2016年的不足1万亩迅速发展到10万亩以上。"肥用"日益扩大，油菜作为绿肥可显著降低化肥使用量，促进粮食丰收，"水稻—再生稻—绿肥（油菜）"模式可减少施氮量10%以上，促进水稻每亩增产20~30斤。该模式在再生稻生产区推广应用面积不断扩大。

（六）突出品牌引领，推动产品市场化

为促进湖北省油菜籽进入消费市场，打通产品生产、加工和市场链条，2016年以来，围绕做强湖北菜籽油品牌，湖北省强力扶龙头、育品牌、增投入。2018年以来，湖北支持油脂加工龙头企业开展品牌宣传、发展订单生产、拓展销售网络、强化购销运储，推进优质菜籽油进校园、进社区、进机关、进超市（四进工程），着力做活零售市场，做强团购市场，做大批发市场，做优电商平台。洪湖浪、巴山、福康、民峰、中油、罗师傅等菜籽油品牌企业抱团进入31家武商量贩超市，联合开展社区行活动，共同打造湖北菜籽油品牌。强化宣传引导培育知名品牌。荆楚花、洪湖浪、中油、接福、天助五个湖北菜籽油品牌，结成联盟，抱团闯市场；连续三年在"湖北之声"、湖北垄上频道、武汉地铁、武汉公交和湖北日报、农民日报、粮油市场报等主流媒体投放"湖北菜籽油"公益广告和品牌广告；推出专家

"吹油"科普讲座；龙头企业抱团参加食博会、农博会、农交会、荆楚粮油展，形成湖北菜籽油品牌宣传合力。第27届食博会上，洪湖浪、奥星菜籽油品牌获颁金牌，中油宏大、武穴福康、湖北中昌、巴山油脂获颁金牌经销商。

　　案例点评：油菜是我国受进口产品冲击最大的农作物之一，其根本原因在于我国油菜机械化生产的程度较低，生产成本高，缺乏国际竞争力。该案例的亮点是湖北省油菜推广部门能深入调研产业发展趋势和国际国内形势，找准制约产业发展的技术瓶颈，主动协调科研资源、管理资源、生产主体，以国际化的视角确定油菜发展的新方向和新目标，积极引进新品种、机械装备、新农药、新肥料等技术产品，开展集成组装、技术培训、试验示范、政策建议，形成具有我国特色的油菜种肥药机一体化的新型技术模式。该模式的成功推广，说明了农业技术推广部门要善于适时关注产业发展动态，主动出击消化吸收最新重大技术创新，从全产业链角度发挥好组织协调、管理指导、政策参谋、技术培训、创新集成等推广职能，引领产业不断健康持续发展。

（湖北省油菜办公室：尹亮　鲁明星　陈爱武　程泰　蒋博；长江大学：张学昆　武穴市农业农村局：程应德　梅少华；中国农业科学院油料作物研究所：程勇）

主要参考文献

陈萌山，2016-05-23.创新机制集群攻关促进我国油菜产业大发展［EB/OL］.http://scitech.people.com.cn/n1/2016/0523/c1007-28371521.

程泰，陈爱武，蒋博，等，2020.油菜绿色高质高效技术"345"模式示范推广成效及应用前景［J］.中国农技推广，36（10）：27-29.

国家油菜产业技术体系，2016.中国现代农业产业可持续发展战略研究：油菜分册［M］.北京：中国农业出版社.

王汉中，2018.以新需求为导向的油菜产业发展战略［J］.中国油料作物学报，40（5）：613-617.

王汉中，殷艳，2014.我国油料产业形势分析与发展对策建议［J］.中国油料作物学报，36（3）：414-42.

易中懿，2011.中国农业机械化年鉴2011［M］.北京：中国农业科学技术出版社.

殷艳，王汉中，2012.我国油菜产业发展成就、问题与科技对策［J］.中国农业科技导报，14（4）：1-7.

张哲，殷艳，刘芳，等，2018.我国油菜多功能开发利用现状及发展对策［J］.中国油料作物学报，40（5）：618-623.

案例十二

天门市油菜—水稻周年绿色高产高效模式

一、天门市油菜—水稻轮作种植现状

长期以来，水稻和油菜育苗移栽保障了水稻（单、双季稻）和油菜周年种植并获得较高的产量，但同时耗费了大量的劳动力。近几年来，随着农村劳动力减少和种植业结构调整的深入推进，油菜—水稻轮作种植作为一种绿色轻简、增产增效、用地养地、培肥地力的模式应运而生。就种植面积而言，油—稻轮作是我国仅次于麦—稻轮作的水旱轮作制度。油—稻轮作作为我国南方普遍采用的耕作制度，其主要种植区是在长江流域，该地区水稻和油菜分别占水稻总产量的70%和油菜总产量的91%；主要采用"单稻油菜"系统或"双稻油菜"系统进行栽培。该模式改变了长江流域多年来传统的一季中稻种植模式，通过推广全程机械化生产、测土配方施肥、集中育秧、科学化调、病虫害绿色防控等措施，达到节本增收、增产增收、提质增效的效果，实现了农业生产调结构、稳产能、转方式的目标，引导农民走上一条新的生产发展之路。

湖北省天门市是全国"双低"油菜生产大市、湖北省优质油菜板块基地、湖北省双低油菜品牌创建县（市）、湖北省双低优质油菜保护区，常年油菜种植面积50万亩以上、总产8万t左右，油菜面积、单产、总产一直位居全省前列。同时，天门也是"全国粮食生产先进县市"，是全国重要的产粮大县，常年粮食种植面积240万亩、总产80万t左右，其中水稻常年种植面积110万亩、总产57万t左右。据统计，2020年天门市油菜—水稻轮作面积达到了26.8万亩，占油菜总面积的51.19%。油菜种植方式以人工撒播和无人机飞播为主，推广品种主要有华油杂62、华油杂50、阳光2009、中双12；水稻种植方式以人工直播和机插为主，推广品种主要有隆两优534、隆两优1377、Y两优1928、晶两优1212。受腾茬时间和水稻秸秆影响，油菜—水稻轮作模式下所采用的油菜品种大多为常规油菜；水稻品种多为米质达国标三级及以上的杂交稻。

二、天门市油菜—水稻轮作种植的发展优势与存在问题

（一）发展优势

一是农民种植意愿增强。随着农业供给侧结构改革的推进，农民采用油菜—水稻轮作意愿增加，许多冬闲水田开始直播油菜。尤其是天门市油菜品质好，是优质"双低"油菜的重要集散地和收购商的必争之地。同时，天门市水田冬闲田面积达43.9万亩，基本都适合种植油菜，油菜—水稻轮作模式推广潜力大。

二是需求持续增长。油菜是我国最重要的油料作物，菜籽油占国产食用植物油50%以上的份额，是优质的大宗食用油脂。天门产双低油菜籽不仅含油量高达40%以上，而且脂肪酸组成合理，油酸含量平均61%，仅次于橄榄油，导致胆固醇升高、患心脏病危险性增大的饱和脂肪酸只有7%，不足大豆油的一半，越来越受到广大消费者的青睐。

三是规模化程度高。天门是传统的油菜、水稻种植区，地势平坦，土壤肥沃，温光水资源丰富，适合大面积开展油菜—水稻轮作。近几年来，随着冬闲田开发力度增大，在油菜轮作试点等项目的带动下，天门市水田油菜面积逐年扩大，规模化、标准化生产程度不断高。

四是稻米加工产业初具规模。全市现有纳入统计的大米加工企业29家，其中稻米加工龙头企业11家、年加工量40万t、销售量40万t。例如庄品健、金璨、文鹤、陆子、青龙等稻米加工企业，其优质大米产品畅销广东、福建、上海、四川等省市。现拥有"中国驰名商标"1件，"湖北著名商标"4件；其中庄品健年稻谷加工量30万t左右，销售收入超过10亿元，连续两年荣膺全国"大米加工五十强"企业称号。

（二）存在问题

一是油菜适期播种困难。部分乡镇水稻收获期晚，留给油菜的播种茬口紧张，待稻田耕整好后气温往往较低，导致油菜早期生长的积温不足，苗情差，越冬困难；还有一些乡镇稻田土壤湿度较大，机械无法及时耕作，等到稻田土壤自然干燥时已经过了油菜适宜播种期。这些情况都会导致油菜籽单产水平低，影响油菜种植的经济收益，甚至会导致农民失去种植油菜的信心。

二是油菜出苗齐苗困难。近年来，作物秸秆直接还田面积占比越来越大，而且秸秆量随着产量的提高而增多，水稻种植的稻草生物量一般为每亩400~500 kg，高的达700 kg以上。有些乡镇在水稻收获后仓促整田，大量稻草还田在土壤表层形成一层草毯层，影响油菜播种质量和成苗。这些改变直接影响油菜的播种出苗，导致播种过迟，或出苗较慢、成苗率低。

三是油菜加工产业缺乏。天门市作为油菜的生产大市，常年种植油菜50多万

亩、总产 8 万 t 以上，却没有一家有规模的油籽加工企业，没有一个能够叫得响的菜籽油品牌，这严重降低了油菜的生产效益。

四是大米加工产业大而不强。受品种、种植习惯、管理水平等因素限制，大米品质得不到保障，优质稻米推广底气不足；受市场走势和产业政策调整影响，大米加工企业中庄品健一枝独秀，其余企业规模不大，未形成产业合力；粮食产业加工初级产品、传统产品、低档次产品多，精深加工产品、高科技产品少，产品缺乏市场竞争力等。

三、油菜—水稻种植模式关键技术

（一）中稻

1. 品种选择

选用株型紧凑、分蘖力强、生长旺盛、抗病抗倒性强、增产潜力较大的优质杂交中稻品种。

2. 稻田整地

油菜收获脱粒后，把油菜秸秆和荚壳均匀地撒在田间，灌水泡田、整田，确保稻田平整干净。

3. 适期播种

根据茬口、水利条件、土壤肥力水平、育秧方式等情况，在本区域水稻播种时段内，合理安排品种、播期。一般在 4 月中下旬播种，5 月中下旬移栽。

4. 培育壮秧

播种前要做好种子处理工作，包括选种、晒种、催芽等。亩播种量控制在 1~1.25 kg。

5. 施肥管理

基肥 45% 复合肥 30 kg/亩（结合整地），分蘖肥用尿素 8~10 kg/亩（栽后 3~5 d 内），穗后用 45% 复合肥 15 kg+ 钾肥 8~10 kg（晒田复水后），粒肥看苗追施复合肥 5 kg（始穗前）。

6. 科学管水

总要求是前少后多，前期多露田，后期勤灌溉，以湿润灌溉为主，干湿交替。秧田期保持秧盘湿润，分蘖期浅水勤灌，拔节孕穗期干湿交替，抽穗扬花期短期深水，灌浆结实期干湿交替，收割前一周断水。

7. 综合防治

提早准备、提早预防，特别注意对"两迁"害虫的防治。中后期重点防治稻瘟病、纹枯病、稻曲病、稻飞虱、稻纵卷叶螟等。

（二）油菜

1. 品种选择

选用早熟耐迟播、种子发芽势强、春发抗倒、主花序长、抗病抗倒性及耐渍性强的双低油菜品种。

2. 稻田整地

水稻收获后，抓住晴天及时翻耕炕垡，耕整后开沟作畦。在土壤黏重、地势低、排水困难的田块，宜采用深沟窄畦。直播油菜应在土壤干湿适宜时进行播种，要求种子定量下田，确保播种均匀。

3. 适时播栽

油菜育苗，在 9 月 15 日左右播种，10 月中下旬移栽，移栽密度控制在每亩 7 000 株；油菜直播，在 9 月下旬播种，每亩留苗 2 万 ~3 万株。

4. 科学施肥

亩施纯氮 8~10 kg、五氧化二磷 4~5 kg、氧化钾 6~8 kg、硼砂 1~1.5 kg。磷钾肥及硼肥在施底肥时一次施入。直播油菜的 50% 氮肥作基苗肥，腊肥占 30% 左右，薹肥占 20%；移栽油菜的 60% 氮肥作基苗肥，腊肥占 20% 左右，薹肥占 20%。

5. 化学除草

播种后当天或次日用禾耐斯（乙草胺）6 包兑水 30 kg 喷雾防除杂草。

6. 合理化调

在油菜 3~5 叶期，每亩用 15% 多效唑 50 g 兑水 50 kg 均匀喷雾 1 次，控上促下、控旺促弱。

7. 病虫综防

主要做好蚜虫、菜青虫、菌核病的防治。在菌核病防治上，坚持两次用药，在初花期用第 1 次药，间隔 7 d 再用药防治 1 次。

8. 适时收获

收获时间以全田 2/3 的角果呈黄绿色、主轴中部角果呈枇杷色、全株绿色角果低于 1/3 为宜。

四、天门市油菜—水稻轮作种植成功案例

瑞丰水稻专业合作社是湖北省农民专业合作社示范社，土地流转面积 16 100 亩，社员 113 人，建有办公培训中心 5 万 m²、仓储设施 2 650 m²、工厂化育秧基地 5 100 m²，秸秆收储仓库 820 m²，作业机械 83 台（套）。常年开展集中育秧、农技培训、统防统治、机耕机插机播机收等社会化服务，种植模式以稻—油轮作为主。该合作社 2016 年开始试点油菜—水稻轮作模式，由于增产增收效果明显，推广面积逐年扩大。2020 推广油菜—水稻模式 3 850 亩，油菜平均亩产 183.6 kg，水稻平均亩产 708.3 kg，年亩均产值 2 843.91 元。近年来，通过天门市水稻绿色高质高效项

目区、油菜轮作试点及双低油菜"345"绿色高效模式项目区与重大农业科技成果转化和技术推广综合示范区，合作社经营效益和经营规模显著提升，水稻面积达到1.6万亩，油菜规模不断扩大，并带动了38户贫困户脱贫。主要经验有下面三点。

一是创新高效技术模式，推进绿色优质生产。开展优质高产水稻和油菜新品种筛选，加快水稻机插侧深施肥、稻田免耕油菜飞播、稻—油全程机械化高产高效绿色生产、耕地质量提升与减肥减药增效等新技术，引进无人机等新机械，推行统一种植模式、统一种植品种、统一肥水管理、统一绿色防控、统一机械作业、统一优价收购"六统一"管理。2019年，水稻单产达到650 kg/亩，其中优质稻占比40%以上，2020年湖北庄品健集团以高于市场价0.3元/kg价格订单收购合作社生产的稻谷；油菜—水稻轮作面积扩大到3 000亩以上，菜籽含油率高达50%，深受加工企业欢迎。

二是创新生产组织方式，发展适度规模经营。合作社根据佛子山镇地势平坦、外出务工人多等特点，在试验示范的基础上建立绿色高效生产技术，对接庄品健集团等龙头企业开展订单生产，通过土地流转、代耕代种、农资服务、农机作业服务等多种组织方式，不断扩大生产面积，有效解决了品种多乱杂的问题，良种普及率提升至98%以上，实现了适度规模经营。合作社从2012年的100多亩面积扩大到2.1万亩。其中土地流转的自营方式1.6万亩，代耕代种一体化服务方式0.5万亩，每亩水稻收益达到400元，其中优质稻每亩效益提高150元以上。

三是创新产业科技服务模式，支撑秋冬农业开发。依托湖北省515行动计划，该合作社引进了油菜免耕飞播技术和油菜"345"技术。2019年，合作社实施3 000亩油菜轮作试点工作，示范区平均亩产175 kg，亩产值840元，合作社油菜籽总产525 t；算上种、肥、药、机等每亩平均投入340元；扣除生产成本，每亩油菜纯收入500元。而且种植油菜的田块杂草明显减少，水稻长势更好，预计每亩增产15 kg左右，可增收36元。2020年秋冬计划种植油菜23 510亩，其中合作社土地流转面积16 100亩、按50元/亩价格流转种植一季油菜4 530亩、提供代耕代种服务种植面积2 880亩。

案例点评：油菜作为中国第一大油料作物，不仅不与粮争地，还可促进粮食增产，用地养地，发展潜力很大，是保持、继而提高中国植物油自给率、确保植物油供给安全的重要油料作物。推广"油菜—水稻"轮作新技术，提高农田利用率，不仅有效提高了稻田土壤有机质含量和土壤地力，使水稻的品质和效益逐年提升，同时，油菜特有的硫苷可发挥植物熏蒸剂作用，灭杀赤霉菌等病原微生物，降低小麦、水稻、玉米的病虫害风险。该案例通过积极引进水稻、油菜新品种，示范推广水稻集中育插秧、油菜免耕直播（飞播）、测土配方施肥、病虫害绿色防控等技术，充分利用了光温资源，实现了粮油双丰收，具有重要的推广价值。

（天门市农业技术推广中心：雷志祥　陈传安　熊路）

主要参考文献

雷海霞，陈爱武，张长生，等，2011.共生期与播种量对水稻套播油菜生长及产量的影响 [J].作物学报，37（8）：1449-1456.

王汉中，2018.以新需求为导向的油菜产业发展战略 [J].中国油料作物学报，40（5）：613-617.

袁嫚嫚，邬刚，胡润，等，2019.稻油轮作下秸秆还田配施化肥对作物产量及肥料利用率的影响 [J].生态学杂志，37（12）：3597-3604.

张永霞，赵锋，张红玲，2015.中国油菜产业发展现状、问题及对策分析 [J].世界农业（4）：96-99.

赵叶，2019.氮、磷、钾肥周年运筹对稻油生长、产量形成及效益的影响 [D].雅安：四川农业大学.

朱芸，廖世鹏，刘煜，等，2019.长江流域油—稻与麦—稻轮作体系周年养分收支差异 [J].植物营养与肥料学报，25（1）：64-73.

案例十三

免费供种促进双低油菜产业持续发展

一、武穴油菜生产发展背景沿革

武穴市的前身为广济县，位于长江中游北岸，素有"三省通衢、鄂东门户"之称。全市版图面积 1 246 km²，辖 12 个镇、街道办事处，342 个村（社区），总人口 82.3 万人，现有耕地面积 59.1 万亩，人均耕地面积 0.72 亩，农业生产以粮油为主，复种指数高、种植特色优、科技贡献率高。

武穴市油料生产有史以来是以油菜、花生、芝麻为主，农民种植油料主要的目的是榨油供自己食用，生产方式是油菜和绿肥混种，很少松土、施肥，因此，亩产大多在 20 kg，一般农户年产油菜在 50~100 kg。中华人民共和国成立后，广济县的油菜在油料生产中逐步升到首位，但由于种植模式落后，产量最高的 1964 年平均亩产 38 kg；1961 年油菜平均亩产 13 kg。20 世纪 70 年代初，石佛寺公社陈德云村党支部书记陈大牛从 20 世纪 60 年代中期广济县罗林、宋煜等大队在晚稻田中试种油菜的做法中得到启示，带领农民在晚稻田试种油菜，此举改写了武穴油菜生产的历史。

陈德云大队试种油菜的经验主要有"四改"：改白菜型品种为甘蓝型品种，改传统直播为大壮苗移栽，改宽厢浅沟为窄厢深沟，改粗放型管理为精细型管理。以肥补迟，以管促发，总结出"六七片叶下田，上十片叶过年"的冬前生长好，春后产量高，在技术上"大壮苗"移栽和增施苗肥等冬管促春发高产的经验，使广济县油菜产量连续六年以 1.25 万 kg 的速度增长。以中国农业科学院油料作物研究所赵合句教授为组长的油菜工作组从 1977 年 9 月至 1982 年 6 月，即 5 个年度的油菜生长季节，长期在陈德云大队驻点，调查总结其油菜高产经验，同时试验研究和示范推广油菜"冬发"高产技术，在广济县委、县政府的重视支持下，在县农业局、科技局等业务部门的合作和帮助下，1978 年度县里组织成立了"陈德云大队油菜高产协作组"，在全县示范推广陈德云大队油菜高产经验，并从政策、物资、技术等方面给予支持，使油菜生产由旱地转向水田，面积迅速扩大。到 1979 年达到 11 万亩，产量 8 518 t，居全省各县之首。同年 8 月，在全省秋播会议上，广济县、石佛寺公社和陈德云大队均被评为先进单位，此后南方各省先后来广济县参观水田油菜生产达 12 万多人次，农业部授予广济县为长江中下游地区水田油菜高产栽培技术典型县。从此，武穴市水田三熟制油菜便闻名全国，并被誉为"油菜之乡"，油菜也逐渐成为武穴市传统优势作物。

围绕油菜高产栽培，还孕育了一大批科研成果。1979 年湖北省科委下达"水田三熟油菜高产栽培技术"课题。中国农业科学院油料作物研究所自 20 世纪 70 年代后期至 80 年代前期，围绕油菜冬发高产技术和陈德云大队及广济县油菜高产经验，先后发表论文和科技文章 100 多篇，编著出版书籍 2 本。共获得国家科技进步三等奖、原农业部技术改进一等奖、国家农委推广成果一等奖各一项，获得湖北省科技成果一等奖两项。湖北日报、湖北科技报、湖北广播电视、长江日报、科技信息快报（湖北）、邵阳科技报（湖南）、四川科技报、四川农民报、光明日报、人民日报、中国农业科技学院简讯等众多媒体多次报道武穴市陈德荣油菜高产经验。

20 世纪 90 年代中后期以来，武穴市委、市政府十分注重双低油菜产业发展，始终坚持"村户抓生产、镇处建基地、企业创品牌、产业一条龙"的发展思路，谋划双低油菜产业盘强做大。2003 年被全国优质农产品服务中心授予"全国双低油菜生产大市"称号，2009 年被省政府命名为"油菜大县"。经过多年努力，武穴市双低油菜产业发展平台已搭建、品牌已创建、优势已凸显，呈现出种植规模大、科技水平高、菜籽品质优、菜油品牌响的良好局面。全市双低油菜生产保持了持续稳定发展的强劲势头，油菜综合生产能力越来越强，双低油菜产业已成为武穴市农业增效、农民增收的朝阳产业。

近年来，武穴市常年油菜种植面积 40 万亩左右，总产 6.5 万 t 左右，全产业链综合产值约 10 亿元。2015 年，"武穴双低油菜"被农业部认证为全国首个油菜地理标志农产品，2016 年被列为湖北省双低油菜保护区，2020 年被列为国家油菜产业技术体系"一县一业"科技示范县。油菜"一枝花"又让武穴声名远扬，从 2013 年起，武穴市委、市政府牵头举办的油菜花节不但激活了当地的乡村旅游，而且以花为媒，还带动了许多相关产业落户武穴。

二、免费供种创新优质品种推广模式

从 2003 年开始，武穴市连续 18 年按照"农业定向、政府采购、统一供种、免费发放"的原则实行统一供种，有力推动了油菜产业发展。武穴市油菜生产实现了统一供种率和品种双低率均达 100%，油菜种植面积由 25 万亩扩大到 35 万亩以上，油菜单产由 122 kg 提高到 160 kg 以上，双低油菜籽抽检合格率由不到 1% 提高到 95% 以上，亩均增收 100 元以上。

（一）坚持筛选示范，确立主导品种

按照省油菜办下发的《关于抓好油菜秋播工作的意见》《关于油菜秋播试验示

范的通知》等文件要求，武穴市每年开展全省主推的 30 个以上的油菜品种展示试验，同时结合武穴油菜生产实际，组织 8~10 个常年主推品种进行对比展示，筛选优良品种。每年油菜成熟前组织各镇处分管农业领导和镇处农技中心负责人进行拉练评比，现场评分；每年秋播前 7—8 月，市农业农村局组织各镇处农技中心负责人、种植大户代表召开油菜秋播统一供种品种定向专题会，会议通报全省品种展示品质检测结果和产量情况，对全市主要推广品种的优缺点进行评价和讨论，并从品种抗病性、抗倒性、适应性和丰产性等方面进行综合评分，根据得分情况确定秋播主导品种，并形成会议纪要，作为秋播油菜品种定向的重要依据。近年来，武穴市突出"双低"（低芥酸、低硫苷）"三高"（高油、高油酸、高产），重点推广了阳光 2009、华早 291、浙油 28、中双 11 号、中双 9 号、希望 699、华 919 等油菜品种。

（二）坚持政府采购，阳光规范操作

严格按照政府招标采购程序，市招标中心抽取专家对定向品种进行单一来源采购认定，严格审查投标种子企业资质，种子企业必须提供具备品质检测资质单位提供的品质检测报告和非转基因检验报告，确保油菜品种的品质达到《低芥酸低硫苷油菜种子》（NY 414—2000）质量标准，且不含转基因成分，并将认定结果在网上公示。然后根据招标程序，由业主单位和种子企业进行竞争性谈判，确定供种数量和供种价格。

（三）坚持统一供种，形成一镇一品

严格执行产油大县奖励资金的 30% 以上用于统一供种的油菜生产扶持政策，武穴市近 5 年油菜统一供种资金均在 200 万元以上，每年采购双低油菜种子 16 万 ~18 万斤。兼顾各地种植制度和栽培习惯，实行统一供种和连片规模种植，实现油菜产业区域化布局、规模化种植和标准化生产，形成优质油菜"一镇一品""一村一品"的产业格局。

（四）坚持登记造册，免费发放到户

严格种子发放登记工作，按油菜实际种植面积层层发放登记，市供种部门发放到镇处，镇处发放到村组，村组发放到农户，所有种子发放到户必须由农户签名，杜绝冒领、多领，对发现"人情种"或其他违规用种现象，依法依规追究当事人责任。

（五）建立良繁基地，保障优质种源

多年来，武穴市与华中农业大学、中国农业科学院油料作物研究所、湖北省种子集团公司等单位合作，在大法寺镇和大金镇等地选择隔离条件好、种植水平高的地方，建立了 2 000 亩双低油菜种子繁殖基地。在种子生产过程中，严格按照种子

生产标准，生产操作规程进行田间管理，每年可向市场提供 60 万 kg 优质双低油菜良种，为鄂东地区双低油菜产业发展提供了有力支撑。

（六）创新种植模式，组装集成技术

围绕绿色高产高效，在总结历史经验的基础上，组装配套了以机械化生产为重点的油—稻—稻、油—稻—再、绿肥（饲料）油菜配中稻（再生稻）、一菜两用、油棉套种等高效种植模式；针对制约油菜生产的资源、技术、效益瓶颈，武穴市坚持问题导向，突出关键环节，从品种筛选、农机具改进研发、高产高效技术试验等方面入手，开展科技攻关，集成推广了油菜生产双低品种、机播机栽、稻草全量还田免耕飞机播种、种药肥一体化、一促四防、减损机收、秸秆粉碎还田、机械烘干、订单生产等关键技术，努力实现油菜生产"345"技术模式指标，即亩成本控制在 300 元，亩产 400 斤，亩收入 500 元。

（七）规模连片种植，全程配套服务

为了充分调动新型农业经营主体的种油菜积极性，更好地发挥示范带动作用，促进适度规模经营，确保全市整体种植规模，武穴市规范土地流转市场，鼓励季节性土地流转，结合相关项目实施，加大种子、肥料及机械直播机械开沟补贴力度，支持鼓励各类农业经营主体开展油菜绿色高产高效创建和办点示范。加快了新技术新模式推广步伐，提升了油菜产业融合和组织集约化程度。积极推动油菜耕、种、管、收的全程机械化作业，探索农艺农机融合新途径，推广的油菜"免耕人工直播、机械开沟覆土"技术应用效果明显，该项技术应用面积每年达 30 万亩以上，实现了省工节本、高产高效。

（八）举办高产示范，增强辐射功能

大办油菜高产创建示范区是推广双低油菜轻简高效配套技术的重要途径，是推动油菜产业强势发展的重要举措。武穴市建成了 10 多个万亩高产创建示范畈和绿色食品双低油菜生产基地 20 余万亩。武穴市在高产创建示范畈积极推广机耕机播、免耕直播、棉林套播（栽）种、谷林套（飞机）播等轻简高效栽培技术，油菜种植规模和单产水平稳步提升，综合效益明显提高。多年来，经省级专家验收，武穴市油菜高产创建核心区单产稳定在 210 kg 以上，示范区单产稳定在 175 kg 以上，比全市平均单产增 10% 左右，亩均节本增收 150 元左右。同时，有效辐射带动周边区域油菜生产水平，辐射效果十分突出，多年调查显示，辐射区油菜单产比全市平均水平增 3%~5%，亩均增收 20 元以上。

（九）订单生产，农企双赢

自国家取消油菜托市收购政策后，为提高农民种植双低油菜效益，常年实行

"企业＋基地＋农户"订单生产，目前全市双低油菜订单面积近 40 万亩，凡是达标双低油菜籽由企业加价收购，切实增加农民种植双低油菜效益，企业通过生产，双低菜籽油也能获得很高利润，农企双赢有利于推动双低油菜产业发展。

（十）综合利用，多元开发

武穴市全面推进油菜产业调结构转方式，推进油菜籽用、饲用、菜用、肥用、蜜用、花用的综合化利用和多元化开发，深度挖掘油菜种植的增效潜力。推进油菜一二三产业融合，油菜种植、加工、旅游三位一体，环环相扣。在刊江、武穴、田镇、龙坪等镇处利用城郊优势发展油菜"一菜两用"示范，亩收鲜菜薹 250 kg 以上，菜籽 175 kg，亩产值可达到 1 300 元以上，亩增收 400 元；在花桥、梅川、石佛寺等传统双季稻生产镇处重点发展绿肥油菜，推广应用绿肥油菜面积 5 万余亩，起到了很好的培肥地力、改良土壤的作用；在余川、花桥和万丈湖办事处建立饲料油菜生产示范基地 0.3 万亩，饲用油菜亩收青饲料 3 t 以上，亩产值 1 000 元以上，较籽用油菜亩增收 300 元以上，通过"以养带种、种养结合"，推动了饲用油菜的转化与利用，提升了种油效益；每年吸引了来自全国各地的 100 余名养蜂人前来武穴市放蜂酿蜜，余川龙林蜂业专业合作社所产原生态油菜花蜜享誉市场，深受消费者欢迎；利用武穴市几十万亩油菜花海的规模优势，大力发展油菜花观光旅游，提升了油菜产业的效益附加值。截至 2021 年，武穴市已成功举办了八届"油菜花节"，不断唱响了油菜旅游观光品牌，在大法寺镇干沙畈、崇扬畈、羊毛畈，大金镇刘元渡槽、周干畈，梅川镇塔水畈，万丈湖办事处黄湖畈、龙莲线，余川镇周国、芦河畈、一线畈等重点油菜花海旅游线路，利用黄、白、紫、红等油菜花设计观景图形，搭建观景台，以花为媒，深度挖掘武穴市山水人文资源，提升了武穴农业的影响力。

三、主要成效

（一）油菜生产得到发展

1. 种植面积稳步增长

自全市实施免费统一供种政策以来，由于农民种田不买种，种植的是优质双低油菜，价格提高，产量增加，极大地提高了农民种植油菜的积极性，全市油菜种植面积稳步增长。2002 年秋冬播武穴市油菜种植面积 29.67 万亩，占耕地面积的 50.2%，2003 年开始实施免费统一供种，油菜种植面积达到 32.31 万亩，占耕地面积的 54.7%，同比增长 4.5 个百分点，比上年增加 2.64 万亩，增幅 8.9%；到 2013 年武穴市油菜种植面积达到了 43.96 万亩的高峰，占耕地面积的 74.4%，比 2002 年增加 24.2 个百分点，比 2002 年增加 14.29 万亩，增幅 48.2%。受市场等诸多因素影响，2015—2018 年武穴市油菜种植面积有所下滑，但从 2019 年开始，又表现出稳步恢复性增长态势，2019 年油菜种植面积为 37.23 万亩，2020 年油菜种植面积为 39.8 万亩。

2. 油菜产量逐年提高

在油菜种植上，武穴市选用双低良种，大力推广应用绿色高产高效生产技术，从油菜播种开始，实行统一标准管理，加强专业技术指导，办示范以点带面，促进大面积平衡增产。2002 年秋冬播种的油菜总产 36 180 t，2003 年产量一举突破 5 万 t，达到 52 515 t，同比增长 16 335 t，增幅 45.1%，到 2013 年武穴市油菜总产达到 75 800 t，比未实统一免费供种前增长 39 620 t，增幅 109.5%；2018—2020 年的油菜总产分别为：4.55 万 t、5.14 万 t、6.23 万 t，分别比实行免费统一供种前的 2002 年增 0.93 万 t、1.52 万 t 和 2.61 万 t，增幅分别为 25.7%、42% 和 72.1%。2002 年秋冬播油菜平均单产 121.9 kg，2003 年平均单产 162.5 kg，比上年增加 40.6 kg，增幅 33.3%，2013 年全市平均单产 173 kg，比 2002 年秋冬播油菜单产增加 51.1 kg，增幅 41.9%；2018—2020 年的近三年武穴市油菜单产分别为：161.97 kg、161.35 kg 和 167.34 kg，分别比实行免费统一供种前的 2002 年增 40.07 kg、39.45 kg 和 45.44 kg，增幅分别为：32.9%、32.4% 和 37.3%。

3. 菜籽品质大幅提升

双低油菜进行区域化连片种植，实行一个镇、街道或两个镇、街道一个品种，全市每年推广主导品种 4~5 个，均是选用省厅和黄冈市农业农村局主推，符合要求的达标双低油菜品种。大力推广应用双低油菜保优栽培技术，做到统一品种，统一生产技术，统一平衡施肥，统一病虫防治，统一标准收获，双低油菜籽品质明显提升，在实施统一免费供种前，武穴市油菜籽达到双低标准率不到 1%，自统一免费供种以来，全市双低油菜籽抽检合格率达到 95% 以上。

（二）油菜产业不断壮大

1. 双低菜籽油品牌知名度大增

近年来，随着消费者生活水平的提升，对食用油的选择更加苛刻。由于武穴市实行统一采购，在品种上保证了双低油菜种子，在生产上严把标准生产关，使武穴市的双低油菜籽原料充足，品质有保障。2009 年被列为全国绿色食品生产原料基地县市，面积由 16.3 万亩发展到现在 36 万亩以上，武穴双低油菜是全国首个获得油菜国家地理标志农产品，"接福"牌双低菜籽油是全国最早通过绿色食品认证的产品，武穴市福康油脂有限责任公司生产的"接福"牌双低菜籽油系列产品，先后获得国际 HACCP 认证、中国有机产品认证（截至目前全国唯一有机菜籽油认证的企业）、中国绿色食品发展中心认定中国绿色食品 A 级产品、中国驰名商标、湖北老字号、湖北名牌、湖北著名商标、湖北优质菜籽油、中华民族特色食用油等认证和称号，多次荣获国家、省市绿色食品博览会、农产品博览会金奖等。2018 年和 2019 年实施的油菜产业发展项目着力推进了优质菜籽油品牌创建，"接福"菜籽油在武汉设立商超卖点和电商平台，在地铁公交投放公益广告，开展展示展销和进社区、进校园活动，"接福"系列菜籽油知名度明显提升。

2. 菜籽油加工企业发展壮大

武穴市福康油脂有限公司因双低油菜发展而不断成长壮大，成为全省唯一专门生产加工双低菜籽油企业。企业自 2011 年扩建以来，现已在武穴市农产品加工园区投资 3 亿元以上，新建占地面积 200 多亩现代化油脂大型企业，目前年加工能力可达到 50 万 t。该公司连续多年被省、市各级授予"农业产业化优秀重点龙头企业""价格诚信企业""消费者满意单位""食品质量管理先进单位"等荣誉称号。中央电视台、《农民日报》等新闻媒体先后对该公司及"接福"牌双低菜籽油品牌进行了宣传和推介。

3. 油菜生产效益增加显著

通过全市统一免费供种，选用良种良法，使油菜籽双低率大幅度提升，大幅度增加了农民种植油菜效益。每年投入 150 万 ~200 万元统一购种，亩年增产 40 kg 左右，年增收 2 000 万元至 1.1 亿元；对达标双低油菜籽每斤加价 0.2 元进行订单收购，共为农民增收近 1 亿元，累计为农民增收超过 11 亿元。

四、工作措施

（一）领导重视，奖励先进

武穴市委、市政府对油菜产业的发展予以了高度重视，使武穴市油菜产业发展得到了长足发展。一是成立领导小组和技术小组，确保油菜生产工作有序开展。在2003 年全市实施统一免费供种开始，就成立了领导小组，由市长担任组长，分管农业的副市长担任副组长，市财政局、市农业农村局等部门，12 个镇政府、街道办事处负责人和相关单位为成员，负责各项资金到位，综合协调。成立了技术小组，由农业农村局局长担任组长，分管副局长担任副组长，农业农村局业务骨干担任成员，负责双低油菜品种定向种植，双低油菜生产技术指导。二是把油菜生产工作作为一项政治任务来抓，实行秋冬农业开发工作党政一把手负责制和领导包片负责制，各镇街道、市直涉农单位党政一把手亲自抓，分管领导具体抓。在每年的三级干部会上对油菜生产综合考核前三名镇处、前二十名村、前三十名种植大户和做出突出贡献的人员给予奖励。自实施统一免费供种以来累计奖励资金近 1 000 万元，对秋播工作中出现连片 20 亩空白田所在村的支部书记和镇处住村领导实行诫勉，连片 50 亩空白田所在镇、街道的党政一把手和分管领导实行诫勉，对未完成油菜种植面积计划的镇、街道，从转移支付中扣除未完成部分的种子款。三是成立督导专班，深入镇、街道督促指导油菜生产，实行一个专班干到底、一个地方督到底、一个周期抓到底的"三个到底"督办方法。武穴市在每年的秋冬播工作会上对每个镇、街道油菜种植面积进行量化，并成立 12 个督导小组分赴 12 个镇、街道进行秋冬播督办，督导小组由市委督查室、市政府督查室、市委农办、市农业农村局等相关单位派一名副科级以上干部为组长，市农业农村局为 12 个督导小组配一名技术骨干进行技术指导。

（二）财政支持，免费直供

武穴市将油菜统一免费供种列入年初的政府财政预算，自 2003 年开始实施油菜统一免费供种以来，武穴市财政累计投入 3 000 多万元专项资金用于采购双低油菜良种。在统一免费供种初期，由于触及种子经营单位和个人的利益问题，武穴也遇到了一些阻力，但经过多方协调沟通，种子经营户认识到政府统一免费供种是保障农民增收、提高油菜品质的重要手段，同时政府加强种子市场维护，对种子经营户在其种子销售上给予保护，保障其利益。统一思想认识后，种子经营户助力政府工作顺利开展。为保证政府采购公开透明，每年 8 月由市财政局和市农业农村局组织相关人员到种子生产企业实施询价，及时向市政府上报购种经费，按照正规程序进行统一采购，免费供给农户。

（三）打造品牌，做大产业

武穴市在大力发展双低油菜生产的同时，市委市政府下大力气进行双低菜籽油的品牌建设，采取"一对一"的帮扶政策，由农业农村局直接对口帮扶油脂企业，保障企业的原料达标和原料的有效供给，培育出了省级龙头加工企业武穴市福康油脂公司。市委、市政府在资金、政策上扶持福康油脂有限公司，以菜籽精细加工、培育知名品牌、开拓全国市场为抓手，促进企业做强做大。虽然近几年该公司生产经营效益不理想，但武穴市计划通过大力度宣传打造"接福"牌双低菜籽油品牌，将武穴市油菜产业做大、做强。

案例点评：武穴市是我国最早开始政府统一良种采购的主产县，其成功经验带动了我国绝大部分主产省推动实施良种免费供种模式，对我国油菜产业稳定发展发挥了积极的推动作用。该案例针对低芥酸低硫苷油菜品种推广初期质量不高、品种混杂、无法优质优价的发展困局，在当地油脂加工企业的配合下，由政府在国家油料奖励大县资金中，部分用于采购达到国家双低品质标准的油菜新品种，首先在主要生产基地率先实现了品种统一化生产，在全国率先达到了双低产品质量要求，带动了全县 40 多万亩油菜生产可持续发展。多年来，武穴市建立了品种筛选鉴定、品质抽样、统一招标采购、加工企业优价收购等配套措施，被湖北、四川、湖南、江西等主产省作为重要发展经验进行推广应用。该案例的成功经验在于以市场为导向，积极引进中国农业科学院、华中农业大学等科研院校先进技术，从种子供应、机械化生产种植、收购加工、品牌打造等全产业链角度发挥好组织协调、管理指导、政策参谋、技术培训、创新集成等推广职能，形成全产业链的良性循环发展。

（湖北省武穴市农业农村局：陶玉池　程应德）

主要参考文献

段曼，2017.调整　提质　融合——武穴市农业供给侧结构性改革一瞥［J］.政策（4）：23-24.

冯怡红，2019-08-16.50年前武穴"一枝花"——油菜高产经验红遍全国始末［EB/OL］.https://app.yiai.me/mag/circle/v1/forum/threadWapPage?tid=464354.

李清武，张华，2013-04-12.武穴"双低"油菜实现十连增［N］.中国质量报（5）.

尹华中，申婷婷，2017-08-30.加快油菜产业"三化"进程［N］.黄冈日报（6）.

赵合句，李矩琛，马志勇，1981.广济县发展油菜生产的经验［J］.农业科技通讯（7）：16.

赵合句，马志勇，1979.陈德云大队三熟油菜高产技术［J］.农业科技通讯（9）：8.

赵合句，马志勇，任明镜，等，1979.冬发促春发　双发夺高产——陈德云大队"油—稻—稻"三熟油菜高产经验［J］.湖北农业科学（9）：11-13.

案例十四

荆门市高油酸油菜全产业链开发

高油酸食用油是国际公认的健康食用油。高油酸油菜饱和脂肪酸低，含有适量的多不饱和必需脂肪酸，油酸含量与橄榄油相当，脂肪酸组成更加优异。食用高油酸菜籽油有利于降低人体血液中低密度脂蛋白，预防心脑血管疾病；高油酸菜籽油热稳定比双低菜籽油进一步提高，在高温烹调和食品加工过程不易产生对健康有害的反式脂肪酸，是一种用途广泛、营养健康的食用植物油。2012 年美国 FDA 批准在高油酸植物油（大于 70%）产品标示其健康作用功效。近年来，高油酸食用油在北美、欧洲、日本等地的市场需求不断扩大，市场前景光明。

荆门市是全国重要的商品油菜生产基地，常年种植面积 180 万亩，面积和总产列湖北省第三位。近年来，荆门市油菜生产面临严峻挑战：劳动力成本不断提高，油菜生产比较效益较低，农民生产积极性不高，导致油菜种植面积下滑。要改变这一被动局面，必须多措并举，通过调整优化油菜品种结构，实施"油用为主、多用为辅"集成开发利用，增加油菜生产综合效益来稳定发展油菜产业。就油用菜籽生产本身而言，提高单产、降低生产成本、开发高附加值新产品成为提高油菜生产效益的有效途径。高油酸油菜新品种的推广及高油酸菜籽油新产品开发有利于促进食用植物油产品升级换代，增加国内食用油市场供给，拓展国际贸易市场，提高农民和企业生产经营效益，促进农业提质增效和农业现代化发展。

一、基本情况

（一）规模化推进订单种植

在 2014—2016 年连续多年生产示范的基础上，2017 年荆门市试种高油酸油菜 8 000 亩获得成功。2018 年秋播，以荆门民峰油脂有限责任公司为龙头，采取"公司＋合作社＋农户"订单种植模式，在掇刀区团林镇洪桥等 5 个村实施连片订单种植"华油 2101"面积达 30 010 亩，亩均单产 142 kg，总产量 4 261.4 t。2019 年湖北荆品油脂有限公司与荆门民峰油脂有限责任公司联合在沙洋县、东宝区、掇刀区、漳河新区 4 个县（市、区）的 14 个乡镇实施订单协议连片种植 20 万亩，亩均单产 148.4 kg，总产量 2.97 万 t。2020 年两家公司联合在沙洋县、东宝区、掇刀区、漳河新区 4 个县（市、区）的 16 个乡镇扩大实施订单连片整村推进种植，所有种植合作社和村委会均签订种植回收协议，高油酸品种扩展到三个（华油 2101、H2133、华油 2108），订单播种面积 30 万亩，收获油菜籽 5 万 t。

（二）加工形成较大规模

2019 年荆门民峰油脂公司收购经检验合格的高油酸油菜籽 3 000 t，精炼加工菜籽油 1 080 t，2020 年 6 月底全部营销完成，产品销售产值达到 4 320 万元；2020 年湖北农谷实业集团组建了湖北荆品油料有限公司。该公司和荆门民峰油脂有限责任公司共收购加工高油酸油菜籽数量 5 743.76 t，产出高标准菜籽油 2 100.58 t，创产值 8 405 万元。

（三）品牌逐步响亮

通过在央视、湖北日报、京广高铁、武汉地铁等重要媒体平台投放品牌广告，在武汉农业博览会、中国国际农产品交易会、中国国际油菜产业大会等大型展销会上做专题推介，有效地提升了荆门高油酸油菜的品牌影响力；持续开展进超市、进学校、进社区、进企业"四进"活动，培养了市民健康用油意识，拉动了本地菜籽油，特别是高油酸菜籽油的消费。荆门市农产品区域公共品牌协会全力打造荆门高油酸菜籽油高端知名品牌。

（四）功能逐步拓展

荆门连续十三年举办了以油菜花为主体的油菜花旅游节，一二三产业融合程度进一步增强，在承办首届和第二届湖北省油菜花节的活动中，将高油酸油菜生产与各县（市、区）自然风光相结合，推动"油菜＋旅游"融合发展，以赏花游为主的旅游经济快速发展，不仅让市民出城就能观赏到"看得见山，望得见水，闻得到花香，记得住乡愁"的油菜花美景，还可以体验到菜籽油带来的美味生活，2020 年油菜花旅游收入达到了 13 亿元；菜花蜜产量和产值分别达到了 6 000 t 和 1.2 亿元，居湖北省前列。此外，菜用油菜、饲料油菜和绿肥油菜种植面积也得到了快速的发展。在"油菜＋菜用"上，借助春蓝蔬菜专业合作社完备的物流和销售网络，通过"政府支持、企业订单、农民主体"的方式，开发油菜菜用市场，去冬今春油菜薹分别销售到武汉、深圳两地。

（五）效益逐步提高

荆门市在全省率先将油料大县奖励资金的 50% 以上用于优质油菜统一供种和技术示范，对高油酸油菜种植全部实行免费供种。统筹整合中央油菜轮作试点、大宗油料基地建设、产业强镇、中央支农专项等项目资金1.5亿元，对油菜基地建设、机械作业、种肥药等进行补助，降低农民的生产成本，增加种植收益。市政府出台加价收购政策，高油酸油菜籽收购价格2020年每斤3.5元，按亩均单产150 kg计算，亩产值达1 000元左右，纯利在600元以上，农户种植高油酸油菜比种植普通油菜每亩可增收120多元。2020年，全市龙头企业订单收回高油酸油菜籽5 743.76 t，实现产值4 020.63万元，农民增收1 330万元。全面推行"企业＋基地＋农民"的紧密型利益联结机制，形成共建共享的良性发展格局。油脂加工企业每年以每亩200元的租金季节性流转农民土地，实施规模化生产经营，带动农民每亩增收500元以上。

二、主要措施

（一）构筑"产学研"平台

荆门市委市政府将高油酸油菜纳入重点农业产业"五个一"工程之一，以优质、特色、绿色、品牌为目标，通过与华中农业大学傅廷栋院士专家科研团队合作，构筑"产学研"科技平台。荆门市与华中农业大学联合成立了高油酸油菜产业研发中心，于2019年8月组建了荆门市高油酸油菜产业发展专家委员会，内设繁育栽培推广、产业品牌研究两个专家小组，为荆门油菜顶层设计和科技成果转化提供了智慧大脑和科技支撑。通过组建种业和菜籽油产业化龙头企业，促进了良种繁育、种植、收购、加工、仓储、贸易、旅游全产业链规模化、产业化、品牌化发展进程，推动了油菜产业结构调整和高质量发展。

（二）实行统一供种

荆门市在所辖县（市、区）继续推行并切实加大政府采购和集中统一供种力度，坚持将产油大县奖励资金的50%及中央油菜轮作试点补助专项资金，用于油菜统一供种。沙洋、掇刀、东宝、漳河新区高油酸油菜定点区域集中统一供种率达到100%。

（三）推行连片耕种

高油酸菜籽油加工运营龙头企业全面推行整村短季流转和土地连片流转种植高油酸油菜。农户在获得短季地租的基础上，可外出打工创收或参与田间管理获益。与龙头企业签订收购订单的实体农户，全部实行统一供种、统一供肥、统一机播、统一防治、统一田管、统一机收、统一收购的"七统一"标准化生产模式，从而压减空闲田，降低生产成本，提高生产效率，保障高油酸油菜原料品质。

（四）做实产销对接

荆门市、县（区）两级政府支持龙头企业以高于普通油菜籽市场每斤 1 元的价格收购高油酸油菜籽，承诺订单农户全产全收。高出市场价格的资金主要从龙头企业加工营销利润中解决，市、区财政给予种植户适当补助，倾斜安排政策性专项投入。通过公司与农民签订较高的收购价格协议，形成良性价值链循环效应，农民从种植高油酸油菜中得到实惠，调动了农民种植高油酸油菜的积极性主动性。

（五）实施种源保障

为切实保障高油酸油菜订单种植和产业化长远发展的需要，2019 年秋季新组建了湖北农谷种业有限公司，在东宝区、漳河新区、沙洋县高水平建立了 2 400 亩高油酸油菜亲本繁育和良种繁殖基地，荆门市农技推广中心指派专业技术人员到基地现场给予技术指导和跟踪服务。

（六）强化品牌宣传

2019 年荆门市财政专项投入 2 000 多万元在中央、省、市媒体和商贸领域开展特色农产品品牌宣传。2020 年 4 月，邀请华中农业大学校长李召虎、市长孙兵、省农业农村厅副厅长肖长惜"三长"在高油酸油菜生产基地为荆门高油酸菜籽油做网上带货代言，提升了荆门高油酸菜籽油在省内外的市场知名度和美誉度。2020 年 5 月，邀请中国工程院院士、华中农业大学教授傅廷栋，华中农业大学教授周永明，中国农业科学院油料研究所所长、研究员黄凤洪，中国油脂标准委员会主任、武汉轻工大学教授何东平四位专家进行了"专家侃油——荆门高油酸油菜"电视访谈，对荆门高油酸菜籽油市场推广起到了很好的宣传促动效应。

三、发展计划

（一）打造一个核心品牌

依托"荆品名门"区域公共品牌和"荆门油菜"农产品地理标志品牌，重点培育一个荆门高油酸菜籽油的产品品牌，讲好品牌故事。将"荆品名门"公用品牌、高油酸菜籽油品牌纳入国家级及省级主要媒体公益宣传主题，久久为功，持续培育国民对高油酸菜籽油的认知和消费习惯，精准市场定位，壮大高油酸菜籽油在食用油脂细分市场的占有份额，打造一个全国一流的荆门高油酸菜籽油品牌。

（二）组建一个产业联盟

通过招商引资等多种形式，对荆门现有的油脂加工企业进行兼并重组，打造 1 家现代化的高油酸油菜籽精深加工龙头企业，2~3家浓香型高油酸菜籽油加工企业，形成油脂加工产业集群，建立高油酸油菜产业发展联盟，丰富荆门高油酸菜籽油的产品线，满足不同消费人员。在保留本地高油酸菜籽油品牌的前提下，学习和借助先进的现代企业管理制度和营销渠道，实现荆门市高油酸菜籽油走出去的发展目标。

（三）搭建一个电商平台

与阿里巴巴、淘宝、拼多多等电商平台合作，建立荆门高油酸菜籽油电商平台，线上宣传荆门市高油酸油菜产业发展情况，产业联盟内的企业抱团进行网上产品展示。不定期聘请网络红人开展线上直播带货活动，不断提高荆门高油酸菜籽油产品的知名度和销量。

（四）完善一个标准体系

通过"荆门油菜"农产品地理标志授权使用，荆门高油酸油菜绿色高产栽培操作技术规程的推广与运用、高油酸油菜籽国家标准的推广与运用、高油酸菜籽油团体标准的推广与运作，不断建立和完善荆门市高油酸油菜产前、产中和产后标准化体系及质量可追溯体系，为全国高油酸菜籽油的标准制定发出荆门声音，贡献荆门力量。

（五）加强一揽政策支持

积极争取国家级、省级油菜产业发展专项资金及产业强镇、乡村振兴等项目资金，支持高油酸油菜产业发展。建议市级财政设立荆门高油酸油菜产业发展资金，继续执行高油酸油菜籽财政补贴收购政策。争取金融部门在融资、扩建等方面提供便利条件和优惠政策，积极探索高油酸油菜供应链信贷服务，油菜种植季的经营权预期收益等形式的质押贷款产品，有效满足高油酸油菜产业开发资金需求。加强保险支持，鼓励有条件的经办机构积极探索开展高油酸油菜特色保险试点；市级层面设立高油酸菜籽保险巨灾风险保障保险基金，从产油大县的奖励资金中划拨适当额度建立高油酸油菜巨灾风险保障基金。

案例点评： 高油酸食用油是国际公认的健康食用油。世界油菜看中国，中国油菜看湖北。荆门市是全国油料产业带的核心区、湖北最大的优质油菜生产区和湖北"一壶油"战略的原料区、加工区和油菜新品种、新技术示范展示区。荆门市在湖北省率先试种由华中农业大学选育的高油酸油菜，出台多项政策，科技支持，强力推进高油酸油菜产业高质量发展，促进了油菜产业特色化、品牌化、融合化发展，走出了一条产业转型升级之路，为全国其他地方高质量发展油菜产业提供了经验借鉴。高油酸油菜新品种的推广及高油酸菜籽油新产品开发有利于进一步丰富国内食用油市场，拓展国外市场。对提高油菜生产效益，促进食用植物油产品升级换代和农业生产提质增效有重要作用，符合国家农业供给侧结构改革和农业现代化建设发展方向。

（荆门市农业技术推广中心：刘菊　孙立军　许强　陈伟　周爱蓉　杨雪）

主要参考文献

湖北之声，2020-06-29.抢占高油酸制高点，打造菜籽油黄金产业［EB/OL］.https://www.oilcn.com/article/2020/06/06_72986.html.

齐鲁今日威海，2018-01-31.中国好植物油中最重要的营养物质是什么？［EB/OL］.https://m.sohu.com/a/220179101_674662.

中国植物油行业协会，2018-11-26.高油酸之战再添猛火：美FDA批准油酸健康声称！抓住机遇，中国油业还有十年窗口期［EB/OL］.http://www.chinaoil.org.cn/news/1582.html.

余惠玲，李德银，张银，2020-08-27.打造湖北一壶好油——高油酸油菜 成荆门掇刀区农民致富的"金籽籽"［N］.经济日报（10）.

戴永君，2021-03-11.2021年湖北省油菜花节即将在沙洋启幕［N］.荆门晚报（1）.

新型油料作物油莎豆的推广与应用

一、油莎豆产业发展现状

（一）油莎豆优势特性及国内种植现状

油莎豆（*Cyperus esculentus* L.var. *Sativus*）属被子植物门、单子叶植物纲、莎草目、莎草科、莎草属多年生草本植物，又名油莎草、铁荸荠、地杏仁、地下板栗、地下核桃、人参果、人参豆、油豆、虎坚果、老虎豆等。原产于非洲北部、地中海和尼罗河沿岸地区，属于热带、温带及寒温带地区植物。目前世界上有黄色、棕色、红色和黑色4种颜色的油莎豆，较为常见的是黄色和棕色，主要分布于非洲、欧洲、亚洲、北美洲和拉丁美洲的热带、亚热带及温带地区，在许多国家如埃及、摩洛哥、尼日利亚、刚果、西班牙、意大利、保加利亚、俄罗斯、美国、中国等国均有栽培。油莎豆适应性广，喜阳光、繁殖快、根系发达、生命力强、生长迅速、抗逆性广，具有耐高温、抗旱、耐涝、耐贫瘠、耐盐碱、病虫害少的特点，我国具有丰富的沙化非粮边际土地，均有种植油莎豆的潜力。油莎豆的生育期长短因各地气候条件和播种期而异，一般3—7月均可播种，生长期70~150 d，北方较南方生育期长，春播较夏播生育期长。其生物量巨大，地下块茎（干豆）一般亩产可达500~600 kg，油脂含量平均达25%，淀粉35%，糖分15%，粗蛋白5%左右。油莎豆块茎含油量较高，可加工食用油；茎叶含有较多的脂肪和糖分，是家畜的优良饲料，每亩能生产4亩大豆或2亩油菜的优质食用油和0.6亩玉米相当的饲料饼粕，发展空间可达5 000万亩。目前随着机械化收获技术瓶颈突破，油莎豆生产效益和效率凸显，其综合利用价值高、开发潜力大，具有十分广阔的发展前景，集粮、油、牧、饲于一体，初步具有新油源替代潜力，是未来减少大豆进口的最具竞争力的新型油料作物，被国外列为21世纪超级食品之一。

我国最早是在1952年由中国科学院植物研究所北京植物园从苏联引种，又于1960年由保加利亚引入栽培。1974—1975年，植物研究所北京植物园和中国科学院遗传研究所又分别从朝鲜引进大粒油莎豆。此后经引种、繁育和推广，油莎豆逐渐传播到全国各地，至 20 世纪 70 年代，在政府宣传及鼓励下，国内油莎豆种植热情及推广面积达高潮期。后因种植成本和市场销路问题，从 20 世纪 80 年代至 21 世纪初，农民种植热情减退，全国油莎豆种植进入低迷期。在我国粮食安全的压力下，随着对油莎豆经济价值的深入认识以及栽培和深加工技术的提高与完善，从 2006 年起，全国部分地区又陆续开始引种和扩大种植油莎豆，目前国内许多省区包括新疆、内蒙古、广西、湖南、湖北、河北、北京等已开始小规模种植。

2007 年我国将油莎豆油认证为无公害农产品［农业部、国家认证认可监督管理委员会公告（第 699 号）］，2012 年将油莎豆认证为有机产品（农业部、国家认证认可监督管理委员会 2012 年第 2 号公告）。此后农业部分别于 2015 年 11 月和 2016 年6 月发文《关于"镰刀弯"地区玉米结构调整的指导意见》（农农发〔2015〕号）和《全国种植业结构调整规划（2016—2020 年）》，建议适宜地区示范推广种植油莎豆，以调整种植结构和增加新的食用油来源。2018 年，中国食品和包装机械工业协会成立了油莎豆种植加工及装备技术专业委员（民政部已备案）。2019 年李克强总理也对油莎豆发展做出重要批示。

目前，我国油莎豆生产具有以下特点。

1. 生产规模偏小，区域分布广泛

据油莎豆产业联盟统计，2018 年我国油莎豆种植面积约 25 万亩，因收获损失较大，实际单产 300~400 kg/ 亩，总产约 8.75 万 t，其中 50% 作为种用，50% 作为油用。因地下块茎需要挖掘收获，主要分布东北、西北、黄淮和长江流域土壤沙性较重的地区。其中吉林省农安县约 7 万亩，黑龙江大庆约 5 万亩，河北邢台约3 万亩，新疆昌吉、喀什 2.5 万亩，内蒙古赤峰等约 2 万亩，河南黄河故道约 1 万亩，湖北江汉平原和大别山区约 0.5 万亩，其他地区零星分布 4 万亩。

2. 国外引进品种为主，自主研发品种开始推广

目前我国油莎豆大面积应用的品种主要有 4 种。一是 20 世纪 60 年代从保加利亚引进的圆粒豆（俗称河北豆），主要分布在河北、河南、新疆、内蒙古，占总面积 50%，含油量 25% 左右，单产 400~500 kg/ 亩。二是 2015 年吉林好易收公司从非洲引进的大粒圆豆（俗称东北豆），主要分布于东北地区，占总面积约 30%，含油量 25% 左右，单产 500~600 kg/ 亩。三是长粒型品种，种植面积占 10%，单产比河北豆略高，但不易收获，各地零星种植。四是我国选育的"中油莎"系列新品种。2018 年，我国选育的中油莎系列新品种开始推广，主要分布于河北、湖北等产区，占总面积约 5%，含油量较高，达到 29%~31%，单产可达 600~700 kg/ 亩，其中"中油莎 2 号"在覆膜高产栽培条件下，最高单产达到 1 050 kg。

（二）油莎豆的经济价值及深加工发展现状

油莎豆是一种优质、高产、综合利用价值很高的植物油料资源，具有较高的食用价值，其营养极高，含有丰富的蛋白质、氨基酸、维生素 A、微量元素以及纤维

素等，研究发现，其综合营养成分超过玉米和小麦。以油莎豆为主体，通过工艺优化和升级，对其进行深加工，可得到不同口味的休闲保健食品。

目前，我国油莎豆深加工领域具有以下特点。

1. 加工比例

由于处于产业扩张初期，油莎豆收获后，50% 作为种子进行无性繁殖，生产油莎豆种子，进行扩大生产。另 50% 用于榨油，总量约 5 万 t，每年生产油莎豆油约 1 万 t，饼粕 4 万 t。随着油莎豆种植面积扩大，油用比例将会持续增加，规模稳定后油用比例将达到 95% 以上。

2. 加工方式

油莎豆富含油脂和淀粉，可广泛用于油用和食用加工。油莎豆的含油量一般为 25% 左右，由于富含淀粉和纤维，一般压榨工艺出油率较低，目前有效的加工方式有液压压榨和亚临界萃取。淀粉含量 35%，由 77% 支链淀粉和 23% 的直链淀粉组成，属限制型膨胀淀粉，因此，油莎豆除可生吃、炒食外，还可制成无麸质面粉，以此制作各种食品。

（三）消费渠道及市场现状

虽然油莎豆广泛分布于世界各地，人们种植油莎豆的历史也相当悠久，但因种种原因导致大众对油莎豆的认知度普遍较低，甚至感到陌生。目前国内消费市场规模和需求量较小，油莎豆产品尚未真正进入大众市场。我国油莎豆消费渠道及市场现状如下。

1. 消费对象

油莎豆的主要利用成分为油脂和碳水化合物，直接产品有油莎豆油和饼粕，衍生产品有油莎豆饮料、无麸质面粉和油莎豆小食品等，主要用于城乡居民烹饪和养殖业饲料加工。此外，油莎豆具有较高的食用纤维、多酚化合物和油酸等，国外研究认为油莎豆具有降低血脂和血糖、帮助消化、美容等保健功能，部分亚健康人群也成为新的消费者。

2. 消费量和消费方式

全国油莎豆消费量处于起步阶段，加工量和消费量都很小。年加工油莎豆油约 1 万 t，针对不同消费群体，销售价格 100~200 元 /kg。消费模式以产地零售和网络销售为主，用于居民家庭炒菜、油炸等烹饪用油。榨油后每年生产饼粕约 4 万 t，其中 2 万 t 用于加工油莎豆风味酒，剩余主要作为玉米替代饲料，用于养殖业，消费方式以批发为主，价格比玉米略低。

3. 消费趋势变化情况

2010 年以后，由于油莎豆的营养保健功能，吸引多家基金、企业投资油莎豆种植、加工和销售，消费对象瞄准橄榄油和茶籽油等的高端消费群体。但是，由于机械化收获不成熟，生产成本偏高、消费者认知度不高和同类油脂产品竞争，油莎豆油产品和消费市场反复磨合，消费市场并不理想。近年来，随着油莎豆收获机械、新品种和新技术投入使用，大幅度降低了生产成本，未来油莎豆可能成为新的优质大宗植物油，作为进口替代，逐步走向百姓餐桌，生产和消费量将会进一步增加。

二、油莎豆产业发展优势与存在问题

（一）发展优势

1. 油莎豆单产优势较传统油料作物较为突出

高产栽培条件下，油莎豆亩产干豆可达 500~600 kg，含油量 20%~30%，亩产油量 120 kg 以上，单位面积产油量是大豆的 4.5 倍、油菜的 2 倍、花生的 1.5 倍。饼粕含淀粉 40%、糖分 20%、粗蛋白 8%，营养与玉米相当，每亩可折合 0.65 亩的玉米产量，可用于饲料和酒精生产等；地上茎叶是草食动物优质饲草，亩产干草可达 500 kg 左右。

目前，虽然油莎豆单产较高，但国内种植总体偏少。油莎豆大规模发展后，按照普通食用油批发价（10 元/kg）和饲料产值（参考玉米 1.8 元/kg）测算，每千克油莎豆干豆的收购价约为 3 元（目前为 5~6 元/kg），油莎豆亩产值达 1 500 元，超过其他作物。全程机械化作业情况下，每亩生产净利润为 700 元，超过花生（630 元）、玉米（110 元）、大豆（184 元）（表 1）。

表 1 油莎豆与主要同季作物生产效益比较分析

主要经济指标	油莎豆	大豆	玉米	花生
单产（kg/亩）	500	180	500	250
单价（元/kg）	3	3.8	1.8	5.6
亩产值（元/亩）	1 500	684	900	1 400
成本（元/亩）	800	500	790	770
耕播	100	80	100	100
种子	40	30	40	150
化肥	120	80	150	80
农药	30	50	60	50
灌溉	70	100	100	100
灌溉	80	80	120	80
收获	300	60	120	150
干燥	60	20	100	60
净利润（元/亩）	700	184	110	630

注：生产条件均为干旱沙化地区正常灌溉。

2. 油莎豆综合开发利用价值高

由于油莎豆富含油脂和淀粉，可用来榨油，油莎豆油颜色透明，味道香醇，脂肪酸含量与橄榄油较为相似，具有合理的脂肪酸组成，其不饱和脂肪酸含量达

80% 以上，其中油酸 68%、亚油酸 12%，稳定性好，具有防治心血管病、降血脂和抗癌等独特的保健功能，是保健食用油的潜在来源。油莎豆榨油后的饼粕含糖15%～20%，含淀粉25%～30%，除制作成糕点外，还可通过一定的物理化学工艺提取其中的糖类和淀粉等成分作为食品加工原料使用。另外，油莎豆还具有一定的医用价值，据《新华本草纲要》记载，油莎豆块茎性辛、甘、温，有疏肝行气、健脾胃的功效，主治肝郁气滞所致的胸闷、胁痛；脾胃气滞所致的脘腹胀满、食积停滞、消化不良、脾虚食少等症。油莎豆茎叶细长柔软且无茎秆，营养成分丰富，含7.6%～8.9%粗脂肪、5%～10%粗蛋白和8%～10%粗纤维，是优良的饲料来源，羊、兔、牛和鹅等家畜非常喜食。茎叶除可作绿肥和青饲料外，又是造纸、包装填充及编织的好材料。油莎豆根系可以富集重金属，其可用作重金属污染土壤的植物修复；油莎豆油除了食用外，作为一种不干性油，还可做油脂化工产品的原料油或工业用油，如精密机械防锈油、润滑油等。总之，油莎豆作为油料作物在食品工业、医药业、畜牧业等都有着广阔的开发前景，其进一步开发价值有待于进行深入的基础研究。

（二）存在问题

1. 缺乏优良品种和标准化生产技术体系

油莎豆为非主要农作物，尚未列入登记作物目录，缺乏区域试验和油莎豆种子标准。生产上品种少，多数还是采用20世纪50年代和21世纪引进的欧洲、非洲品种，这些品种在当地是饮料和食用用途，含油量偏低，品种混杂退化现象严重，影响产量和品质，部分亩产仅300 kg。另外，我国油莎豆种质资源匮乏，有性杂交技术尚未突破，缺乏完善的良种繁育技术体系。适合于不同地域的高产栽培技术尚未形成规范，缺乏机械化标准化生产规程，实际生产单产偏低，收获损失率较大，农民种植效益偏低。

2. 机械化生产装备较为落后

油莎豆的块茎分布在地下10 cm 土层，块茎颗粒大小及形态不一，叶、根、豆、土分离困难，清洗和干燥费时费工，人工收获每亩投入用工30个以上，收获成本很高，是制约油莎豆产业发展的一大瓶颈。长期以来，由于没有财政投入，好易收、欧博美、地隆农机、卓力农机等自行投入研发经费，仿造了西班牙的油莎豆收获机，初步研制了一批油莎豆收获机具，但是单机作业效率小、损失率大、稳定性差、价格高，全国收获机的生产量和保有量都很少，难以满足大规模的高效低成本收获要求。由于油莎豆地下块茎有大量泥沙混杂，还缺乏清洗、分选、干燥、仓储的技术与设施装备，导致干燥效率偏低和成本偏高。

3. 加工技术和设备研发基础薄弱

油莎豆形态不规则、种皮坚厚粗糙，清洗去皮效率低、损失高。高油脂、高淀粉、高糖分原料特性下的高得率油脂提炼工程化技术与装备无直接经验可借鉴，目前加工生产线的生产规模小，生产效率低，成本高，急需加强规模化的产业化压榨及浸出制油关键技术装备研究和配套。油莎豆制糖与制粉、饮料、配方食品、休闲食品等产业链延伸的副产品深加工技术与装备亟须研发配套，饲料利用方面也缺乏相应的深入研究。

4.流通渠道欠缺

油莎豆的流通渠道建设相对落后，目前国内还没有成熟的批发零售市场。除了油莎豆产业联盟内部企业相互少量流通外，普通市场和网络市场均没有规模以上的流通行为。目前以油莎豆企业订单收购方式进行流通，也有小型企业自己流转土地生产自用，通过订单在新疆、内蒙古、大庆等沙性土壤丰富的区域种植，收购后运回华北、东北和华中进行加工，运输成本较高，企业的资金压力和风险较大。

5.产业发展缺乏整体规划布局

当前，油莎豆是各地企业主导形成的一个新兴产业，没有调研数据的情况下一拥而上，产业呈现出无序发展的特点，种植区域分布散乱、生产与市场脱节、流通渠道不畅等问题突出。缺乏前期全局性的土壤气候和经济等资源禀赋分析，导致种植区域不合理，甚至挤占粮食面积。产业分工不明确，很多地区一二三产业无法融合或不分工，无法产销对接。因此亟须开展深入调查研究，科学编制产业发展规划，保障油莎豆产业健康有序发展。

6.国家产业政策支持亟待加强

油莎豆产业尚无国家财政资金的研发投入和产业扶持，尤其是新品种选育、机械化收获装备、加工等方面还处于财政投入空白。虽然农业部门已经认可油莎豆种植，但相关产品如油莎豆食用油、面粉、饼粕等产品尚未列入食品目录，市场准入还需有关部门进一步批准，造成销售困难。在产业扶持政策方面，国家有关油莎豆的发展政策、农机补贴、种植补贴等缺乏。由于不属于主要粮食作物，缺乏国家贴息收购政策，企业贷款融资困难，地方推广部门推广积极性不高。

三、油莎豆推广应用的成功案例及点评

案例1 湖北欧博美在随州市打造油莎豆全产业链

欧博美生态食品股份有限公司是2009年成立的有限责任公司，是一家专业从事油莎豆良种选育繁殖、推广、生产销售为一体的新型非粮农作物绿色企业。公司在油莎豆产业化种植、繁育及油莎豆食用油、油莎豆饮料等方面取得较好成绩。

全力打造油莎豆良种选育和繁殖基地。2013年，湖北欧博美生态食品有限公司与中国农业科学院油料作物研究所签订协议，共同培育油莎豆品种；2017年，审定了油莎豆新品种"中油莎1号"，该品种为我国审定的第一个油莎豆品种，平均产量为950 kg/亩，含油量为31.34%。结合随州市"十三五"农业发展空间布局，公司与随州市全力合作在湖北省随州市淅河镇建设了2 000多亩的国家级油莎豆良种繁育及种植基地，初步建立了油莎豆品种选育、良种繁殖、示范基地推广的育繁推一体化育种体系。

努力建立了"公司＋合作社＋基地＋农户"的经营模式。公司把规模化、特色化、产业化作为开拓油莎豆产品市场的基础，积极引导农民发展"订单农业"，并

通过"公司＋合作社＋基地＋农户"的经营模式，构成了市场牵企业、企业带基地、基地连农户的产业组织形式，实现了农社对接、农超对接、农企对接。近年来，欧博美公司自筹资金1.5亿元，发展油莎豆种植4 000多亩，加工企业1家，年加工生产油莎豆食用油4 800 t、饮料8 500 t、白酒1 300 t。年油莎豆产业的经济收入总值突破5 000万元，解决当地剩余劳动力就业400余人，带动800余名村民致富。公司还在曾都区万店镇和高新区淅河镇建立了油莎豆标准化示范基地，实现了公司与种植户捆绑发展、信息沟通、资源共享和利益共得。

倾力打造油莎豆全产业链。2014年，欧博美在随州投资2亿元，成功建立了10万t的低温萃取生产线、100万t油莎豆奶生产线和30万t油莎豆面粉生产线。2018年开始试验生产，具备了10亿元的年产值的能力，初步形成了高产高效油莎豆产业化发展模式，包括种植、油料加工、食品加工、专车、专机生产等全产业覆盖均有基础。

欧博美公司通过不断努力，取得了几个"国内唯一"的成绩：成为国内唯一实现油莎豆种子繁育、种植、加工、销售完整产业链的企业；成为国内唯一自主研发、生产油莎豆机械化作业设备，并获得机械设备专利证书的企业；成为国内唯一油莎豆食用油、油莎豆植物蛋白饮料等9个产品企业标准的起草单位及拥有者；成为国内唯一采用最新专利技术——亚临界萃取工艺的企业。

案例点评：油莎豆富含优质脂肪酸、糖和淀粉，粗纤维含量高，具有较高的营养价值和保健功能，通过系列加工能形成高附加值的食用油、蛋白饮料、白酒等产品，充分挖掘油莎豆的营养价值、保健价值，开发形成市场价值是发展的关键。企业与种植户建立产品收购供给的利益共享、风险共担的契约关系，龙头企业通过订单、产品利润返还等形式与油莎豆种植户确立稳定的产品收购和产前、产中、产后技术服务关系，示范带动种植户规范生产，确保加工产品原料的稳定供给。

案例2　新疆生产建设兵团油莎豆油饲兼用治沙

新疆生产建设兵团五十四团所在地莎车县地处偏远，土地盐碱化严重，生态环境恶劣，经济发展滞后，一直制约着团场的发展。引进的新职工、大学毕业生不少离开了团场，一直是团场历届党委的一块"心病"。

五十四团党委践行"绿水青山就是金山银山"的发展理念，决定将沙漠治理与经济发展有机结合，形成从外到内的一整套防风固沙体系：草方格沙障—防风林—特色经济作物种植区—特色林果区，逐步改善团场气候和生态条件。经对玉米、棉花和油莎豆等作物的抵抗风沙能力比较发现，油莎豆在春季风沙灾害下，仍能正常生长获得较高的经济产量，比玉米棉花具有更强的种植优势。

2017年，该团引进抗风耐沙性的油莎豆试种，油莎豆干豆亩产可达300 kg左右，此外油莎豆草的产量较高，可作为当地牛羊饲草，每亩仅饲草就可以收入800元。油莎豆种植不仅为农户带来经济效益，而且保护沙地、减轻风沙灾害有显著的生态效益，同时对土壤改良、增加土壤有机质有明显的效果。

2019 年，五十四团党委邀请中国农业科学院、北京农林科学院、石河子大学专家多次到当地实地考察，经多方论证后选择油莎豆这种高产耐旱、兼具生态效益和经济效益，集粮、油、牧、饲于一体的经济作物作为团镇主导产业，2019 年试种1.5 万亩，发现种植油莎豆明显改善土质。2020 年，五十四团党委决定将油莎豆种植规模扩大到 2 万亩，预计年底将收获干豆 3 000 t 左右、油莎草 1.4 万 t 左右。种植油莎豆，起到了防风固沙的作用，并带来了可观的经济效益，使以往的茫茫戈壁变成了郁郁葱葱的良田。

案例点评：在西北沙化土地地区，充分发挥油莎豆抗旱能力强、沙生植物抗风沙突出等优势，实现粮油饲与风沙防治有机结合，是种植业结构调整的新的尝试，也是挖掘西部丰富沙化土地资源、保障粮油供给和环境治理的新途径。油莎豆叶片细长，能抵御当地每年开春的大风天气，在当地比棉花、玉米对风沙的抵抗力突出，在棉花和玉米都没有收成的情况下，实现环保治沙和经济收入的双丰收，种植油莎豆可进一步开拓防护林，将扩大绿地面积和天然草地植被覆盖度，其植被覆盖度较自然生长有较大提高，可逐步改善项目区气候和生态条件，有利于项目区生物多样性，从而有效改善项目区的生态环境。

（长江大学：谢伶俐　许本波　张学昆；北京市农林科学院：陈兆波）

主要参考文献

江苏省植物研究所，中国医学科学院药用植物资源开发研究所，中国科学院昆明植物研究所，等．1993. 新华本草纲要（第三册）［M］．上海：上海科学技术出版社．

路战远，刘和，张建中，等，2019. 油莎豆产业发展现状、问题与建议［J］．现代农业（6）：11-13.

瞿萍梅，程治英，龙春林，等，2007. 油莎豆资源的综合开发利用［J］．中国油脂，32（9）：61-63.

王瑞元，王晓松，相海，2019. 一种多用途的新兴油料作物——油莎豆［J］．中国油脂，44（1）：1-4.

阳振乐，2017. 油莎豆的特性及研究进展［J］．北方园艺（17）：192-201.

张学昆，2019. 我国油莎豆产业研发进展报告［J］．产业兴农（287）：67-69.

CHADRA R，YADAV S，2011. Phytoremediation of Cd，Cr，Cu，Mn，Fe，Ni，Pb and Zn from aqueous solution using Phragmites Cummunis，Typha Angustifolia and Cyperus Esculentus［J］．International Journal of Phytoremediation，13（6）：580-591.

案例十六

西南丘陵山区马铃薯生产全程机械化模式推广与应用——以四川省为例

一、我国马铃薯生产现状

马铃薯从漂洋过海登陆华夏，到遍布中华大地，历经400多年。其不与五谷争地、瘠卤沙冈皆可生长，粮蔬饲能兼用，不仅仅是我国第四大主粮作物，更是巩固脱贫成果振兴乡村、改善国人膳食与营养结构的重要产业，并在新时代我国农业农村现代化及经济社会发展中，发挥着不可替代的作用。

（一）面积和总产居世界第一

我国是马铃薯大国，种植面积及总产量居世界第一。2019年，全国种植面积7 009.5万亩，总产8 889.5万 t，2020年与2019年基本持平。市场价格总体运行平稳，四大种植区域依产出季节、品种不同而上下浮动。

在四大种植区域中，北方一季作区种植面积约占全国的42%，总产量占全国的41%左右，主要用于种用、加工和鲜食；中原二季作区种植面积约占14%，总产约占14%，主要用于鲜食；西南一二季混作区种植面积约占40%，总产约占41%，主要用于鲜食、加工和种用；南方冬作区种植面积约占4%，总产约占4%，主要用于鲜食。

（二）区域主栽技术模式基本成熟

进入绿色发展新阶段，区域主栽技术模式基本成熟。以技术集成为主线、机械化作业为关键，增产增效并重、良种良法良田配套、农机农艺融合、生产生态协调，形成六大集成模式。

1. 东北一季作区机械化综合技术集成模式

深松耕整地、精量播种、中耕追肥、高效植保防控、杀秧和收获多位一体。

2. 华北一季作区节水高效生产技术集成模式

优质品种、水肥一体化、病虫害综合防控、全程机械化生产。

3. 西北一季作区全产业链提质增效技术集成模式

广适耐旱优良品种、水肥药一体化、保墒种植、病害综合防控、全程机械化、安全储藏减损和加工。

4. 西南一二季混作区多样化间套作套种技术集成模式

抗晚疫病品种、土壤调理、肥料集中施用、合理间套作、病虫害绿色防控、中小型农机为主。

5. 中原二季作区优质早熟技术集成模式

早熟品种、播前催壮芽、多膜覆盖拱棚种植、水肥一体化、适度机械化。

6. 南方冬作区优质高效技术集成模式

光照不敏感耐寒品种、种薯催芽、高垄双行、合理密植、适度深播、地膜覆盖、平衡施肥、适度机械化、病虫草害防控。

（三）综合机械化率稳步提高

马铃薯耕种收综合机械化率不断提高，但区域发展不均衡，薄弱环节问题有待解决。2015 年为 35.72%（机耕率 53.82%、机播率 24.13%、机收率 23.17%）；2018 年为 42.61%（机耕率 68.99%、机播率 25.07%、机收率 24.99%）；2020 年，根据马铃薯机械市场销售情况，估计综合机械化率超过 46%，机耕率约 75%，机播和机收率预计比 2019 年增加 3 个百分点左右，分别接近 29% 和 28%。从上述数据看，2020 年与 2015 年末相比，综合机械化率提升 10 个百分点以上，其中，机耕率增长 21 个百分点、机播、机收率增长 5 个百分点以上。同时可看出，机播、机收率增长幅度缓慢，主要原因是从 2018 年开始，北方一季作区适机化规模发展速度放缓，西南混作及南方冬作区面积增加，而机播、机收发展不足。

播种、收获仍是马铃薯全程机械化生产的最薄弱环节。特别是西南一二季混作区和南方冬作区。需要加快解决丘陵山地中小型种收机具"供不适需"和"供不足需"问题，多措并举解决机械收获效率不高和破损问题，解决高速精量播种、漏播重播及膜上播种难题。

需要加快形成西南丘陵山区马铃薯生产全程机械化解决方案。西南一二季混作区，是种植面积和产量贡献最大的区域，总产量占全国的 41% 左右，但以丘陵山区为主，限制了马铃薯机械化水平发展。据 2020 年马铃薯生产全程机械化摸底调查数据显示，西南一二季混作区监测县平均机耕率 92.43%、机播率 10.87%、机收率 9.13%，耕种收综合机械化率 42.97%。机耕基本实现，种植、收获机械化率较低。需要发挥宜机化种植的面积，机器替人。

四川绵阳盐亭县、广元朝天区等典型丘陵山区，高厢起垄、双行密植播种、黑膜覆盖、分段收获等农机农艺融合，形成"良种、良法、良机、良地、良制"五良融合全程机械化模式，适合丘陵山区借鉴。

二、四川马铃薯生产现状及问题

四川马铃薯种植面积和产量位居全国前列，但机械化水平较低。自然条件优越，一年四季均有马铃薯种植，以春、秋、冬三季为主，周年生产格局明显，是中国马铃薯主产区，发展马铃薯对贫困山区扶贫增收具有重要意义。马铃薯种植主要分布在丘陵山区，以梯田、坡耕地为主，地块小，种植分散。受经济技术基础、自然条件限制等影响，四川省马铃薯生产作业仍以人畜力为主，机械化水平较低，马铃薯机播率和机收率均不到 5%。

（一）四川马铃薯优势区域的种植制度

四川为马铃薯一二季混作区，马铃薯春、秋、冬作全面发展。依不同的海拔高度，一二季作交互出现，一年四季均有马铃薯收获。高原山区一般种植一季春马铃薯，平坝丘陵区一般种植秋、冬二季马铃薯。

（二）四川马铃薯机械化生产及装备现状

1. 马铃薯机械化生产现状

高原大地块马铃薯生产主要采用大型和中型马铃薯机具，从耕整地到收获环节均配置了相应的机具。受价格因素、机具利用率低和业主投资不足影响，收获机基本没有配置装车输送装置，且无配套拖车和马铃薯清洗设备，收获需要人工捡拾、分选，也无切种薯设备。综合机械化程度相对较高。

二半山区平坝及河谷地区受地形和地块中等的影响，主要采用中型和小型机具。其中小型机具无配套的中耕设备和植保设备。综合机械化程度一般。

平原和丘陵地区马铃薯生产受单位种植规模限制，丘陵地区还受地形和地块小的影响，主要采用中小型机具。目前以小型机具为主，部分采用中型机具，少量采用微型机具。丘陵地区机械化程度相对最低。

2. 马铃薯机械化装备种类及水平

四川马铃薯生产过程中采用的机械装备主要有轮拖配套的大中型成套设备，以及轮拖配套的小型设备和手拖配套的部分微型设备。

其中大型成套设备（四垄）主要有中机美诺、德沃、希森等国产品牌，主要的机具有耕整地机、播种机、中耕机、喷药机、杀秧机、收获机。中型（两垄）成套设备主要有中机美诺、德沃、希森等主要品牌，洪珠也介入了部分中型设备领域，以上大、中型成套设备广泛采用先进技术和关键零部件，设备配套性好，可靠性有一定保障；小型设备（一垄）以洪珠为主，主要有播种机、杀秧机、收获机，设备配套性一般，可靠性一般；微型设备主要有手拖带动的播种、收获机具，应用少，设备配套性、适应性、可靠性仍需努力完善。

3. 生产作业环节应用

大中型成套设备涵盖耕整地、播种、中耕、植保、杀秧、收获环节。适应大地块、中等地块 90 cm 垄距的连片种植模式，机艺融合程度较好，以高原和部分二半山区平坝为主要推广区域。设备投资大，利用率低，适宜单位种植规模 600~1 500 亩的经营主体，目前推广数量不多。

小型成套设备涵盖播种、杀秧、收获环节，机艺融合程度一般。适应中小地块 100 cm 垄距、有一定规模的种植模式，以二半山区平坝和河谷地为主要推广区域。设备投资不高，适宜单位种植规模 10~15 hm² 的经营主体，虽然设备利用率低，但推广数量较多。

微型设备只涵盖播种、收获环节，应用少，适应山丘区和平原小地块零星种植。设备投资低，利用率低，推广数量少。

（三）四川马铃薯机械化生产存在的问题

四川马铃薯种植面积和产量位居全国前列，但机械化水平较低。主要受地形地貌、气候和土壤，经济发展水平、劳动力及投入产出，单位种植规模，种植模式不统一，机械适应性和配套性，机具利用率低价格差异大，农机企业对产品开发效益的预期等因素的影响。

一是农机农艺不协调矛盾突出。马铃薯生产种植模式多，以间套种为主，以提高产量和提高复种指数为主要目标，种植技术千变万化，与机械化严重脱节。马铃薯人工生产各个环节的农艺要求均存在与机械化不协调的问题，垄距不统一，从 60 cm、70 cm、80 cm 到 100 cm，导致与拖拉机的轮距不配套，平作或稀大窝种植，导致机收困难、无法实施。

二是小农户生产模式与机械化规模化生产矛盾突出。四川马铃薯生产以小农户种植为主，种植面积小，70% 以上的种植规模不超过 3 hm²/户，种植大户以 6.67~33.33 hm² 为主，超过 66.67 hm² 的占比不超过 10%。

三是缺乏适宜机具与大力提高机械化生产水平矛盾突出。目前我国马铃薯机具生产厂家主要集中在北方，以大中型机具为主，机具主要技术参数是按照北方农艺要求设置。这类机具在四川的适应性差，主要体现在三个方面：一是机具偏大，紧凑性不够，而四川田块小，下地难，转弯半径过大；二是播种密度不够，北方播种密度为 52 500~60 000 株/hm²，四川为 67 500~97 500 株/hm²；三是小型机具的可靠性差。

三、"五良"融合探索马铃薯机械化生产新途径

针对四川马铃薯发展的问题和瓶颈，近年来四川以良种、良法、良制、良田、良机"五良"融合为引领，破解丘陵山区马铃薯机械化生产水平低的难题。

（一）引育结合，良种先行

针对马铃薯种植大户机械化生产的需求，以宜机化品种为导向，要求选用脱毒种薯，推广以直立或半直立型为主，匍匐茎短、结薯集中，适宜机械化中耕、植保和收获的宜机化品种。自贡市先后引进中薯2号、费乌瑞它、宣薯二号、希森3号、希森6号等品种，开展品比试验研究和示范应用，筛选出品质优、抗性强、产量高、商品性好的秋冬马铃薯新品种"希森3号""希森6号"作为主推品种，全市主产区良种覆盖率达100%。绵阳市冬马铃薯种植基本采用费乌瑞它一级种薯，广元市曾家山已成为四川省马铃薯良种繁育基地。

（二）机艺融合，推广良法

自贡市针对马铃薯机械生产的需求，开展品种筛选、合理轮作、配方施肥、种薯处理、适期播种、合理密植、垄作栽培、病虫综防8项关键技术攻关，创新集成了一套"秋冬马铃薯绿色高质高效种植技术"，并在全市大面积推广应用。绵阳市邀请绵阳市农业科学院和四川省薯类创新团队的农机农艺专家，编制了《绵阳市冬马铃薯机械化生产手册》，集成了播种、施肥、铺设滴灌带、铺膜、机防、机械杀秧与机收等为一体的双膜覆盖冬马铃薯综合机械化生产模式，主要技术如下。

1. 品种选择与处理

品种：品种为费乌瑞它一级种薯。

种薯处理：将种薯堆放于仓库，温度保持在10~15℃，有散射光线照射。经过一段时间，当芽眼刚刚萌动见到小白芽锥时，切芽播种。

切块：每个切块30~50 g，保证每块两个芽眼以上，切块时做好切刀消毒工作。切刀用75%的酒精浸蘸消毒，每个种薯切块时必须换刀消毒。切块的种薯用适快石＋农用链霉素＋凯普克进行药剂拌种。

2. 播种时间

12月中旬。

3. 机械化生产环节

播种机械：选用青岛洪珠2MB-1/2型滴灌型大垄双行马铃薯覆膜施肥播种机或自制自走型大垄双行播种机，播种后选用小型覆膜机覆膜铺滴灌带。垄距为100 cm，株距为30 cm，亩密度4 450株。底肥施用复合肥130 kg/亩。

大棚搭架：马铃薯播种覆膜完成后，以6垄为单位搭建拱棚，棚宽5.8~6.0 m，棚中间高1.6~1.7 m，一般在12月进行。

培土机械：选用青岛洪珠机具进行培土，在出苗后未顶破地膜前用手扶式田园管理机（3TG-5.5型）在垄上覆盖3~5 cm土层。

晚疫病防控与植保机械：选用背负式机动喷雾机，在马铃薯株高25 cm左右时用丙森锌进行第一次预防，过10~15 d选用杜邦抑快净进行第二次预防，再过10~15 d选用增威赢绿进行第三次预防，再过10~15 d选用代森锰锌进行第四次预防。

水肥一体化：自制提灌型马铃薯滴灌施肥一体机，进行全生育期马铃薯水分与肥料的补充。生育期施用 10 次，出苗后 40 d 以内，2~3 次 / 周，40 d 之后 5~8 d 施用 1 次。肥料用量：每亩每次使用硫酸钾或硝酸钾 5 kg+ 尿素 1 kg。

杀秧机械：采用青岛洪珠机具进行杀秧，一次完成垄顶和垄沟的秧秆粉碎清理。

收获机械：采用青岛洪珠 110 型大垄双行马铃薯收获机具进行马铃薯收获。

（三）宜机先行，建设良田

为了提高马铃薯机械化生产水平，广元市深入开展基地农田、道路、灌溉设施等基础设施标准化建设和宜机化改造，整合各类涉农资金，提升马铃薯产业基础设施现代化水平，推动耕地地块小并大、短并长、陡变平、弯变直和互联互通，已建成高标准农田 21 万亩，硬化道路 187 km，实现良机良田相辅相成。宜机化农田建成后，当地引进马铃薯机械化生产机具 15 台套，建成马铃薯全程机械化示范基地 1 000 亩，辐射带动 5 000 亩。

（四）装备优化，配套良机

自贡市秋马铃薯生产采用"稻—薯"轮作模式，土壤墒情重，机具配套以中小型机具为主。一是引进青岛洪珠的大垄双行播种机以及与之配套的中耕、杀秧和收获机，为了便于下稻田，优化播种机配置，只保留播种、起垄两大功能，减轻机具作业重量，有效降低了转弯半径，提高了生产效率；二是选用 40 马力窄轮距拖拉机，实现了轮距、垄距和机具作业幅宽的三统一，提升了作业质量；三是在小地块配套田园管理机、手拖配微型杀秧和收获机，因地制宜采用半机械化生产模式。

绵阳市机械化生产水平在全省一直处于领先地位，旭升家庭农场拥有各类农业机械 25 台（套），马铃薯耕种防收已实现全程机械化。农场主宋仕俊是当地的农机土专家。根据绵阳市冬马铃薯生产的特点，他自行设计了两套机具，一是提灌型马铃薯滴灌施肥一体机，进行全生育期马铃薯水分与肥料的补充；二是研制了马铃薯自走型双垄四行播种机，该机与传统的三点式悬挂播种机不同，机具的底盘、行走机构和播种装置集成在一起，机身全长 4 m，宽 2.4 m，动力配置 35 马力，与传统的轮式拖拉机配大垄双行播种机相比，机身整体长度减少了 3 m 以上，具有生产率高、转弯半径小和节油等特点。

广元市春马铃薯生产与秋、冬马铃薯生产不同，播种密度相对较低，选用青岛璞盛的成套设备，针对山区田块石头多严重影响机播机收质量的问题，引进 4US-130 小型捡石机，已经完成了近 500 亩的捡石作业，有效提升了马铃薯机械化生产的作业质量。

（五）创新机制，推行良制

长期以来，丘陵山区马铃薯生产规模小、标准化程度低已成为严重制约马铃薯机械化发展的瓶颈，如何破解这一难题，四川通过创新机制，推动马铃薯的集约化生产。

一是以土地托管为纽带，建立规模化生产机制。建立以土地托管为纽带的产业机制，将种植户、贫困户引导到马铃薯产业链上，推动马铃薯规模化种植、标准化生产。引导合作社对接川渝等地的鲜薯市场经销商，签订"订单生产＋保底优价"产销协议，确保销售渠道畅通，销售价格稳步提高，实现了合作社、种植户、贫困户各方互利共赢，共促产业高质量发展。

二是培育新型经营主体，建立利益联结机制。通过合作社、企业建设产业基地，带动农户土地入股或托管，建立利益联结机制，让农民通过土地租金、基地务工和入股分红获得收益，把农业生产资料、技术培训、市场信息通过农机专业合作社进行聚集，合作社或企业通过规模化生产，打通产品销售渠道，或对外提供农机作业服务获得收益，从而发展壮大。

四、推广应用效果

通过"五良"融合丘陵山区马铃薯全程机械化生产，取得较好成效。

一是提升了机械化发展水平。自贡、绵阳、广元市三市，马铃薯全程机械化生产基地综合机械化率均超过 60%。

二是实现了农户稳定增收。农户通过土地流转金、务工收入、土地入股分红、村集体经济分红及收益二次分红等方式实现稳定增收。广元市曾家山 2019 年临溪乡马铃薯产业基地，农户人均可支配收入达 14 502 元，超过全区平均水平的 12.6%。

三是提高了马铃薯生产经济效益。以绵阳市旭升家庭农场的投入产出为例，亩成本 2 400 元，包括种薯 400 元、肥料 270 元、农药 130 元、大棚薄膜和钢管费用 700 元、人工费 300 元，租地费 500 元，燃油动力费约 100 元。亩产出：亩产量 2 500～3 000 kg，综合售价约 3.4 元/kg，亩收入 8 500～10 200 元。

五、推广实施建议

一是强化培训与宣贯。四川一些地区薯农长期认为机械化作业质量不如人工、四川农村人力资源丰富无须机械化，这些传统观念导致马铃薯生产机械化一些技术推广困难重重。因此在丘陵山区持续宣贯农机农艺融合，"良种、良法、良机、良地、良制"五良融合全程机械化生产模式至关重要。

二是做好重点环节技术分解。宜机改造难度较大的丘陵山地，重点环节要进行技术分解分步实现机械参与，如播种环节能否把开沟、落种、施肥、覆土等环节分步进行解决，对机具进行轻简化设计。

三是协同推进宜机化改造。一些自然条件具备宜机化改造条件的地区，但因投资过大，种植户无法承担，政府应起主导作用，发挥种植户的积极性共同参与。统筹考虑政府、种植户共同参与推进产区农业基础设施建设用地改造，为马铃薯等作物生产机械化创造条件。

案例点评：一是以四川省马铃薯生产为例比较恰当，该区域属于典型的马铃薯种植区域，种植面积大，是机械化生产水平滞后的重点产区。重点解决四川马铃薯生产机械化问题迫在眉睫。二是指出了四川马铃薯生产机械化发展的主要矛盾，符合四川马铃薯的生产现实。即农机农艺不协调、小农户生产模式与机械化规模化生产、缺乏适宜机具与大力提高机械化生产水平等矛盾突出。三是建设性提出了破解矛盾的实施路径，如引育结合，良种先行、机艺融合，推广良法、装备优化，配套良机、创新机制，推行良制等措施。

（四川省农机化技术推广总站：任丹华；四川省农业机械研究设计院：刘小谭；
绵阳市农业科学研究院：邹雪　丁凡；
北京市农林科学院：陈兆波；
中国农业机械化科学研究院：杨炳南　李道义；
中机美诺科技股份有限公司：杨德秋）

主要参考文献

陈萌山，孙君茂，郭燕枝，等，2020.马铃薯简史——中国主粮［M］.北京：中国农业出版社.

崔刚，杨德秋，2019.马铃薯块茎生物力学与机械特性研究概况［J］.农业工程（11）：13-14.

黄钢，沈学善，王平，等，2020.供给侧改革与现代绿色薯业技术创新［M］.北京：科学出版社.

刘汉武，杨德秋，贾晶霞，2010.马铃薯全程机械化生产技术［M］.北京：中国科学技术出版社.

罗锡文，2019.我国农业全程全面机械化发展面临的新挑战和应对策略［M］.北京：中国农业出版社.

吕金庆，王鹏榕，2019.马铃薯收获机薯秧分离装置设计与试验［J］.农业机械学报（6）：101-102.

案例十七

恩施土豆受欢迎

一、恩施土豆产业发展现状

恩施土家族苗族自治州（以下简称恩施州）是南方山区，受山地环境和气候限制，粮食生产面积十分紧张，粮食作物种植面积仅 37.56 万 hm^2。山区坡地和冷凉气候却适宜土豆生产，自明清以来，逐渐形成了以玉米、土豆为主的粮食生产格局，其中土豆占粮食种植面积占 1/3，是恩施历史上粮菜兼用的农作物。土豆在全州均有种植，其中低山区约分布 1/4，二高山区分布 1/2，高山区分布 1/4。恩施土豆品种为南方特有资源，与北方土豆相比，个头较小，产量偏低，随着我国社会经济发展和人民生活水平不断提高，其作为主粮的竞争优势逐渐丧失。但是恩施土豆个头小，外观却很可爱，口感软糯甘甜，富含硒元素和其他矿物质等，做成煎炸土豆小吃风味十足，与腊肉炖煮后香甜可口，逐渐成为恩施的一大特色旅游农产品，大受游客欢迎，在省内外销售市场开始打开局面，迅速成为恩施的一张名片。近年来，恩施州土豆年均产值近 10 亿元，约占全州农业生产总值的 5%，成为当地推进农业产品结构调整和实现冬季农业综合发展的重要粮经兼用型农作物，在推动恩施州实现脱贫和增收中发挥了积极的作用。

二、恩施土豆产业发展存在的问题

（一）市场青睐的早熟品种少

低海拔地区适宜种植早熟高产品种（生育期 60~70 d），可充分利用温光条件，抢抓上市时间，市场收购价值高，用地周期短，能显著提高生产效益，但适宜本地种植的早熟品种繁种困难，近年来恩施州低海拔地区种植的马铃薯品种多为外引品种或本地中晚熟品种，未能充分发挥低海拔地区资源优势，增大生产投入，因此，选育和推广适宜地方种植和市场青睐的早熟品种显得迫在眉睫。

（二）抗性品种匮乏

晚疫病是影响恩施州马铃薯生产的主要病害之一，从外地引进的马铃薯品种大多对晚疫病抗性差，生产过程中病害防控成本增高，马铃薯丰产性、稳产性难以保障，制约了马铃薯特别是早熟马铃薯生产的发展。

（三）种薯质量控制矛盾

制约马铃薯产业大力发展的关键在于马铃薯种薯生产中种薯脱毒程度，马铃薯种质质量控制显得尤为重要。恩施州种薯质量检测机构和检测能力缺乏，外引品种种薯质量监测难度大，外引品种带病易引入外地病害，增加本地区病害大爆发风险。

（四）生产效益下滑

恩施土壤较为黏重，不适宜机械化作业，生产过程人工投入加大。随着劳动力成本和化肥成本不断上涨，要在保持小土豆风味的前提下，产量难以提高，生产效益下滑。

（五）高产栽培模式需进一步完善

近年来马铃薯高产栽培模式得到快速发展，低海拔地区马铃薯产量基本稳定到 2 500~4 000 kg/hm^2，但各类栽培模式易受产地环境和马铃薯品种差异的影响，因此需要进一步完善高产栽培模式，以适应不同产地环境和品种。

（六）生产规范化不够

恩施州的农村生产硒马铃薯食材，存在着产品中硒元素含量价格高低不等、品质良莠不齐的情况，缺乏统一的安全生产检测和监督机制，龙头企业的检测能力和标准化程度不高。恩施硒土豆生产技术和产品质量标准有待修订完善，检验技术有待提升，"恩施土豆""恩施马铃薯"农产品地理标志授权、保护及管理有待加强。

（七）市场化能力不足

恩施州的马铃薯生产和经营相对分散，生产的组织化与规模化水平程度低，规模较大的马铃薯生产加工企业的数量相对较少，辐射带动性能比较弱。恩施州硒土豆商品化水平低，资源优势未能转化为商品的竞争优势恩施州主要的华硒等马铃薯批发市场、"小猪拱拱"电商平台、各马铃薯仓储服务中心等为销售渠道，批量销售"恩施马铃薯""恩施硒土豆"等马铃薯知名品牌。

三、恩施土豆产业发展对策

（一）挖掘恩施硒优势，增强恩施硒土豆的健康功能

恩施是迄今为止"全球唯一探明独立硒矿床"所在地，境内硒矿蕴藏量丰富，硒土豆种植条件得天独厚。恩施土豆的富硒特性，有利于增强人体对癌症等疾病的抵抗力，有利于人体健康。恩施州政府持续关注州内硒产业发展，为硒产业发展创造许多有利条件，马铃薯等硒食品加工业被列入恩施州主导产业，《恩施硒土豆生产技术规程》（DB422800T 006—2017）作为恩施州第一套硒产品生产技术规程由恩施州技术监督局发布实施。"恩施硒土豆"相继在 2016 年中国国际薯业博览会、中国绿色马铃薯产业大会、全国绿色马铃薯产品主食加工产业装备加工会、中国（湖北武汉）农业博览会、中国（浙江上海）国际绿博会、中国（恩施）国际硒产品博览交易会等国家级展会平台上成功亮相。恩施峡谷硒源绿色农业生物科技、七里峡谷优选土豆供应链等国内多家土豆电商服务企业平均最高售卖土豆价格 16 元/kg，内陆最高平均售卖（盒装）33.6 元/kg，香港最低平均售卖价格已达到 76 港元/kg，现已迅速发展壮大成为国内最大的绿色土豆营销帝国中的"奢侈品"。"恩施土豆"已进入良品铺子并在很多卖场开设专柜。

（二）发挥恩施季节、区位和山区立体优势，提高恩施硒土豆市场的"鲜"优势

新鲜上市的土豆口感好，甜度高，市场竞争力较强。恩施低山区冬季气候温润，积温比长江中下游平原地区偏高，马铃薯的稳产性好、病虫害少。尤其是上市时间较早，一般是 3 月开始收获，比平原地区提早 40 d 左右，比内蒙古等北方地区提早 6 个月。相比重庆、四川的类似冬种马铃薯，运输到武汉等主销区具有距离短、运输方便等区位优势。恩施山区的立体优势也十分突出，有利于延长产品新鲜上市时间，低海拔地区马铃薯 3 月下旬至 5 月初收获，二高山地区 6 月中旬收获，随着播期、保温措施和收获时间的调整，低海拔地区鲜薯供应期还可适当提早和延长，鲜薯消费量大，仓储压力小，便于增值增效。

（三）打造地方公共品牌，提升市场竞争力

"恩施土豆"是经农业农村部登记的农产品地理标志保护农产品和国家知识产权局登记的地理标志证明商标，先后荣获"我最喜爱的湖北品牌""湖北地理标志名片""最受消费者喜爱的中国农产品区域公用品牌"和"全国绿色农业十大最具影响力地标品牌"。"恩施炕土豆"荣登武汉东湖国事活动接待食谱和外交部全球推介湖北的 25 道风味菜品之一，入选湖北十大楚菜名点和"湖北特色好食材"，并以第二名成绩荣获湖北省首届全国品牌文化创新与产业培育主题活动展示大赛全国评委会产品金奖。"恩施土豆"在贝店网上平台销售，获得吉尼斯世界纪录。

四、恩施土豆产业的发展成效

经过多年的努力，恩施硒土豆形成了完整的富硒土豆技术产业链。湖北清江种业、巴东农丰科技等种薯繁育企业，引进马铃薯脱毒技术，发展脱毒种薯生产基地，面积多达 400 hm²。恩施硒源农业科技、七里优选供应链、湖北佳媛生态农业、湖北百顺农业、恩施农博生态农业、恩施泰康生态农业、恩施州平安农业、巴东县巴山公社等规模较大的农产品直销企业，积极建设恩施土豆绿色生产基地，建立企业标准，扩大生产种植面积。

恩施土豆品牌成功创建，恩施小土豆发挥硒优势，在省内外消费市场得到认可，2019 年恩施土豆销售量超过 200 万 kg。"恩施土豆"成了全国知名的网红土豆，并迅速得到广大客商的青睐，北京、上海、广州、江苏、杭州、重庆、武汉等大中城市的众多营销企业陆续订单。如"小猪拱拱"品牌进入上海、广州等全国多个一线大中城市，并迅速发展成了线上网红和线下热销的有机土豆，2019 年 8 月23 日，"恩施硒土豆"通过电商平台海购百货连锁门店 24 h 就售卖 29.83 万 kg，成功打破了单一网上平台在全国市场销售的吉尼斯世界纪录，并获得了吉尼斯世界纪录认证。

五、成功案例——"小猪拱拱"的成功之道

在 2017 年 9 月，作为"恩施硒土豆"有限公司旗下的第一个中国创意生活企业创新品牌"小猪拱拱"的超级产品 IP 正式挂牌问世，在中国北京市场首次正式挂牌登陆"盒马鲜生"，以 19.8 元 /kg 的产品优惠价格迅速成功引爆了中国市场，引发广大中国消费者高度的关注。销售市场发展到上海、广州等全国多个一线大中城市，并迅速发展成了线上网红和线下热销的有机土豆。

（一）突出产品"小"特点

恩施州境内种植的土豆优良品种多达几十个，"小猪拱拱"只选取"马尔科"这个小土豆类型作为其高端品牌推广营销。"马尔科"外形特点鲜明，个头小，皮黄肉黄，芽的花眼比较多，视觉效果圆滚滚的，淀粉成分含量高，风味浓郁，口感柔软、糯、香、绵，为品牌信息的传递及对商业网络信息的识别奠定了良好的基础。

（二）突出环境"硒"亮点

恩施州作为到目前为止发现的"全球唯一探明的独立硒矿床"所在地，被誉为"世界第一天然富硒生物圈"，恩施土豆天然富含硒元素。"小猪拱拱"牢牢把握并抓住这一经济地区含硒产品的独特优势，确定以"天生硒有，活力满满"为宣传语，突出恩施小土豆营养全面、自然健康、有青春活力元素。

（三）融入地方"民"风

"小猪拱拱"在其整体品牌形象的设计构思上，充分融入了当地土家族、苗族的文化元素及其民族色彩，品牌形象与小土豆的特点、产地完美相互融合，充满活泼、可爱、淘气，为其新的市场营销战略注入了巨大的市场吸引力和新鲜的市场生命力。

（四）瞄准"健"人群

细分消费人群，重点以宝妈、健身达人、职业白领和热衷于追剧的青少年作为其核心和主要的目标客户人群，并通过选择相应渠道，例如盒马鲜生、宝宝树等多个渠道平台之间的合作，促进广大消费者对自己的品牌及其产品的理解和认知。

（五）制定"严"标准

为进一步不断增强广大国内消费者对"小猪拱拱"这个知名品牌的高度认可和信赖，建立了严格的"小猪"产品质量标准分级和产品标准管理体系，以 ±5g 为产品质量标准执行线，产品质量等级控制在 40~80 g，形成了质量竞争优势。

案例点评：恩施地处山区，过去交通闭塞，运输困难，由于贫困，土豆长期作为当地主粮和蔬菜，价值无法提升，产业发展十分困难。与北方、云贵高原相比，恩施土豆个头小、产量偏低、效益低等导致缺乏竞争优势。随着恩施高速公路和高速铁路的贯通，社会经济发展，当地政府分析恩施土豆富硒健康优势、上市季节早优势、山区立体优势和交通区位优势，将当地土豆从主粮菜用的定位转化为健康消费食品，提升了产品的价值定位。通过多种"政府＋企业＋农民"的有机融合措施，如编制富硒土豆产业化发展规划、积极开展地理标志认证和公共品牌创建、制定恩施土豆地方标准、提升脱毒马铃薯繁育技术能力、争取各种机会向省内外推荐恩施土豆、创新市场营销模式等，发挥了恩施土豆的"小"特点、"硒"优势，让小土豆插上"硒"望的翅膀，促进了当地土豆产业的转型升级，在恩施州整体脱贫攻坚中发挥了积极的作用。

（长江大学：贺继奎　张学昆；北京市农林科学院：陈兆波）

主要参考文献

陈火云，李求文，沈艳芬，等，2020.恩施州低山早熟马铃薯产业发展调研现状、问题与对策［C］//马铃薯产业与美丽乡村（2020）.定西：中国作物学会马铃薯专业委员会.

陈家吉，高剑华，闫雷，等，2019.恩施州精品高质的硒土豆生产高效标准化的种植工艺技术［C］//马铃薯产业与健康消费（2019）.恩施：中国作物学会马铃薯专业委员会.

胡瑞洋，谭洁，2020.恩施富硒土豆产业发展的基本状况与对策——以"小猪拱拱"为例［J］.边疆经济与文化（9）：35-37.

黄思勇，2017.原子荧光光谱法测定恩施硒土豆中硒元素［J］.浙江农业科学，58（5）：847-849.

乐明凯，2019.富硒沃土迎来新"薯"光——湖北省恩施土家族苗族自治州马铃薯产业发展纪实［J］.农产品市场（11）：33-35.

文黎明，高剑华，于斌武，2019."恩施土豆"产业发展的SWOT分析［C］//马铃薯产业与健康消费（2019）.恩施：中国作物学会马铃薯专业委员会.

于斌武，高剑华，李雪晴，等，2020.恩施州马铃薯产业高质量发展的理性思考［C］//马铃薯产业与美丽乡村（2020）.定西：中国作物学会马铃薯专业委员会.

于斌武，高敬源，郭开英，等，2019."恩施硒土豆"农业地区大型公用企业品牌管理建设的基本理论与工作实践案例探索——以"小猪拱拱"地区企业公用品牌的管理创立建设工作经验为主要代表案［C］//马铃薯产业与健康消费（2019）.恩施：中国作物学会马铃薯专业委员会.

于斌武，向来，李求文，等，2019.树立健康的消费观为中国打造粮食增长极"恩施硒土豆"特色产品研究开发的启示和探索［C］//马铃薯产业与健康消费（2019）.恩施：中国作物学会马铃薯专业委员会.

案例十八

蔬菜集约化育苗技术创新与推广

一、我国蔬菜集约化育苗概述

（一）发展背景

近 10 年来，全国蔬菜产业稳定发展，蔬菜种植面积和总产量均呈稳定上升趋势。近年来，蔬菜种植面积保持在 2 000 万 hm²（3 亿亩）以上，产量 7 亿 t 以上，蔬菜种植面积由 2010 年的 1 743 万 hm²（26 147 万亩）增长至 2019 年的 2 086 万 hm²（31 294 万亩），年均增长 2.02%；蔬菜总产量由 2010 年的 57 265 万 t 增长至 2019 年的 72 103 万 t，年均增长 2.59%，人均占有量 515 kg。蔬菜总量上已经彻底摆脱供需短缺，达到平衡有余的阶段。

但是，在新形势下蔬菜产业也面临关键性内涵不足的问题，如科技支撑能力较弱、投资水平较低、组织化程度较差、产地到市场物流链接不畅等，直接表现为抗灾能力差、供应量和质量的不稳定、生产效益提升缓慢和市场价格的波动，为此，2010 年一年之内国务院连续下发《关于统筹推进新一轮菜篮子工程建设的意见》（国办发〔2010〕18 号）、《关于进一步促进蔬菜生产保障市场供应和价格基本稳定的通知》（国发〔2010〕26 号）和《国务院关于稳定消费价格总水平保障群众基本生活的通知》（国发〔2010〕40 号）3 个文件部署稳定蔬菜生产、保障市场供应工作。

育苗是蔬菜生产的关键环节。要想实现蔬菜产业现代化，种苗产业必须首先现代化。21 世纪初，我国蔬菜育苗存在的 3 个突出问题，一是蔬菜育苗极为分散。有关资料显示，我国有 4 000 万以上的蔬菜种植户，绝大多数采用自育自用方式，育苗成本高，秧苗素质差。二是育苗设施简陋。一家一户的育苗设施简陋，防寒保温和遮阳降温效果差，影响幼苗生长发育。特别是在有限的育苗设施里，同时培育喜温、喜凉完全不同类型的菜苗，很难培育出高质量的秧苗。三是育苗方式方法滞后。蔬菜育苗方式以传统的床土、营养钵育苗为主。传统的蔬菜育苗基质为营养土，选用的原料为田园土、有机肥等，存在营养土配比难以掌握、病虫草害发生蔓延难以控制、育苗工序难以简化等问题。

为此，农业农村部大力提倡发展蔬菜集约化育苗，通过种子工程、农机购置补贴、农业综合开发等项目加大支持力度，并要求各地也要多方筹措资金，加快蔬菜集约化育苗场建设，提高优质种苗供应能力，"十二五"末，全国设施蔬菜集约化育苗比例达到50%，露地蔬菜达到30%左右。

（二）主要技术内容

1. 育苗容器选择

蔬菜集约化育苗主要以多孔连体式穴盘为育苗容器。目前，市场上销售的穴盘有两种材质，PS材质为美式规格（54 cm×28 cm），泡沫塑料材质为欧式规格（60 cm×40 cm），其中，PS材质穴盘应用较为广泛。

穴盘依照孔穴形状可区分为圆形、方形、星形、倒角锥形等类型。不同孔穴形状对穴盘苗生长发育亦有所影响。一般而言，圆形较易产生盘根的现象，而方形可装载较多的介质，导水效果佳，星形的根系较不会盘根，且倾出方便。

孔穴深度2.3~6 cm，孔穴越深，排水能力越好，排除盐类累积的能力越强；反之孔穴越浅，排水越慢，容器中的空气含量也是越低。除此之外，孔穴壁倾斜角度增加有利于降低孔穴中心温度，利于根系生长。

蔬菜集约化育苗穴盘选择，主要考虑以下4个因素。

①经济因素：PS材质的穴盘比泡沫塑料材质的穴盘价格便宜且收藏方便；穴格数目越多，单位面积育苗株数越多；孔穴越小且浅，基质用量较少。

②蔬菜种类：依照蔬菜种类，选择适宜规格的穴盘，如西瓜、甜瓜、苦瓜等多选择50~72孔穴盘，甘蓝、花椰菜、结球白菜、番茄、甜椒等可选择72~128孔穴盘。

③销售因素：孔穴容积越大，成苗贮存时间可适当延长。穴孔越小，可装载苗量越大。

④环保因素：随着各地区蔬菜集约化育苗推广应用，穴盘的使用量增加，未来也应考虑穴盘的回收利用问题。

2. 基质配制技术

基质的作用不仅在于固定幼苗，还为幼苗生长发育提供适宜的水分、氧气、养分，同时，轻型基质在减轻劳动强度、便于机械化操作方面也有积极作用。为此，蔬菜集约化育苗常采用人工混配基质，组分有草炭、蛭石、珍珠岩、碳化稻壳、椰子壳纤维、锯末、糠醛渣、食用菌栽培下脚料、花生壳纤维、芦苇末、树皮粉碎物、沼渣、甘蔗渣、中成药制造剩余残渣，甚至农作物秸秆、畜禽粪便的堆制发酵产物，这些物料尽管来源各异，混配时比例也不相同，但最终混配产物必须具有良好的物理性状（如粒径、容重、通气孔隙度、持水孔隙度、持水力、阳离子交换量）、化学性状（如pH值、EC值、有机质含量、大量元素、中量元素和微量元素含量）和生物学性状（如微生物多样性、无病虫草害），否则，就不能实现预期的效果。

目前，蔬菜育苗基质国内外均有商业化生产，如美国的Speedling有限责任公司、丹麦的 Pindstrup 公司、德国的 Floragard 基质公司、我国山东鲁青种苗有限公司、宁夏天缘园艺高新技术开发有限公司、浙江杭州锦海农业科技有限公司等。

3. 种子处理技术

种传病害是引发蔬菜苗期发病的一个重要原因，其中特别是细菌性病害。种传病原菌在蔬菜种子萌发初始就接触蔬菜，对发育影响很大。因此，种子消毒显得非常重要。种子可以通过热水处理和氯处理杀灭种子表面或内部的细菌。但是，如果处理方法不当，将降低种子活力，在实际使用时，建议先用小部分种子试验，然后再处理大批量种子。

热水或氯处理的种子，一般都是未经丸粒化或包衣的种子，因为热水或氯处理将破坏种子丸粒以及表面的杀菌剂。种子处理后，可以结合福美双拌种，这样可有效预防由各种病原菌引起的苗期猝倒病。

4. 环境制御技术

环境因子，包括温度、湿度、光照、CO_2 浓度、养分等，对蔬菜幼苗生长发育的影响是多方面的（如株高、叶面积、花芽分化等）、长期的（现时幼苗株型到后期果实形成）、综合性的（多种因子间存在相互作用）。蔬菜种类繁多，包括耐热性蔬菜、喜温性蔬菜、喜冷凉性蔬菜、耐寒性蔬菜等；蔬菜幼苗发育阶段，也可分为萌芽期、子叶伸展期、真叶生长期、炼苗期等。

在蔬菜苗期环境制御时，至少要遵循以下几个原则。

①与蔬菜种类相结合：如对耐热性蔬菜，温度可以适当高些，如西瓜萌芽期可达到32℃。对于果菜类蔬菜，苗期持续低温可能导致结果节位下降，对绿体春化型蔬菜持续过低的温度可能导致先期抽薹。

②与幼苗发育阶段相结合：对同一种蔬菜，通常采用变温式和养分递进式管理，如萌芽期温度较高，出苗后降低温度，真叶出现后适当上调温度，炼苗期温度再降低；养分则是随着幼苗发育进程，根据生长发育需要和幼苗表现逐步增加施肥次数和肥料溶液浓度。

③多因素综合制御：如子叶伸展期最大的考虑是下胚轴的徒长控制，此时在降低温度的同时，还应增加光照强度、降低基质含水量和空气湿度，否则难以达到预期效果。

④与节能降耗相结合：增温能源消耗一直在育苗成本支出中占有较高的比例，因此，在温室设计、增温方式、保温措施、温度控制等方面必须坚持节能降耗。此外，还应当考虑肥料、农药施用的节约。

近年来，人们已开始将 UV 或蓝色光照射、根际低渗处理、机械刺激等引入蔬菜集约化育苗，在控制幼苗徒长方面展现出一定应用效果。

5. 病虫害控制技术

蔬菜集约化育苗规模一般都在200万株以上，且选用的种子大多为高价优质种子，又是订单销售，一旦发生病虫害，损失可想而知。因此，在育苗期间要严密监控病虫害的发生情况。首先，要做好育苗设施、基质、种子、用具乃至水源的消毒处理。如利用太阳能或 80℃ 热蒸汽进行基质消毒，进行种子处理，采用季铵溶液进行穴盘消毒等，杜绝病虫害的来源。其次，要养成良好的操作规范，如基质混配时切忌接触土壤，操作人员进入育苗设施要消毒，通风时不能损坏防虫网，消毒时一定要保证消毒强度和持续时间等。第三，要提前做好物理防治措施，如覆盖防虫网、张挂黄板和蓝板，有条件时还可以增加臭氧消毒装置等。第四，通过环境制御培育壮苗，提高幼苗自身的抗病性，同时，创造不利于病原菌繁殖的环境，避免生理病害诱发病理学病害。第五，根据实际情况，适时喷施一定浓度的化学药剂，预防病虫害发生。

目前，国外基质制造公司将植物促生菌引入蔬菜育苗基质，利用植物促生菌如丛枝菌根菌、芽孢杆菌、假单孢杆菌等对病原菌的拮抗作用，改善幼苗根际微生态环境，抑制苗期病害发生。也有人尝试将植物诱抗分子（如苯丙噻二唑、水杨酸）和植物生长调节剂（如矮壮素、多效唑）复合用于蔬菜苗期处理，在防治蔬菜苗期病害方面获得了较好效果。

6. 成苗质量标准与贮运技术

蔬菜成苗应茎秆粗壮、子叶完整、叶色浓绿、生长健壮，根系将基质紧紧缠绕，根系嫩白密集，根毛浓密，应形成完整根坨，不散坨；无黄叶，无病虫害；整盘秧苗整齐一致，定植后不萎蔫。

当幼苗已经达到成苗标准，但由于气候等原因，无法及时出圃，需要在圃存放，此时，应适当降低育苗设施温度至 12~15℃，施用少量硝酸钙或硝酸钾，光照控制在 2.5 万 lx 左右，灌水以保证幼苗不萎蔫为宜。目的是既可以延缓幼苗生长，又不至于造成幼苗老化。

成苗的运输可以采取标准瓦楞纸箱、塑料筐或穴盘架等包装运输形式，但必须标明幼苗品种名称、产地、育苗单位、苗龄等基本信息。长途运输时，进行间歇式通风。幼苗到达定植地后，应即时定植。

二、当前我国蔬菜集约化育苗存在问题及措施

（一）蔬菜集约化育苗企业科技创新能力不足

培养新型农民，集成应用优质农资、良好装备、规范管理技术是蔬菜集约化育苗效益保证。蔬菜集约化育苗企业应加大产、学、研合作创新力度，建立广泛、多种形式的合作平台，培育蔬菜育苗职业技术农民，引进新技术、新装备，建立育苗基质选配、种子处理、嫁接技术、苗期生长调控、质量管理和出厂检测等全程质量监管体系；立足蔬菜集约化育苗企业生产管理、质量控制、生产规范操作和市场预测等要求，创新育苗企业管理机制，生产过程实行制度化管理，明确各部门的职责、权力和利益，提高管理人员的积极性和责任意识，进一步加强和完善育苗企业

在订单、设备、人事、销售、采购、物流运输、育苗生产指导和质量追溯等方面的管理，使育苗企业管理在生产计划、生产管理和质量控制等方面真正制度化，建立现代企业管理制度；问题所在，也是创新所在。蔬菜集约化育苗生产一线，会面临各种实际问题，应激发员工创新的欲望，培养自主创新的能力。如面对新技术、新设备、新资材，应全面熟悉，并掌握融汇应用技术；面对育苗问题，应善于分析、梳理和总结，形成具有企业特色的技术资料；面对销售市场，应培养应变能力。

（二）蔬菜集约化育苗标准体系尚不健全

目前，我国仅颁布《蔬菜育苗基质》（NY/T 2118—2012）、《蔬菜穴盘育苗通则》（NY/T 2119—2012）、《蔬菜集约化育苗场建设标准》（NY/T 2442—2013）、《茄果类蔬菜穴盘育苗技术规程》（NY/T 2312—2013）4 个农业行业标准，根本无法满足蔬菜集约化育苗快速发展需求，亟须系统地研究和制定相关标准，建立蔬菜集约化育苗标准体系，如蔬菜育苗基质质量检测等检测标准、蔬菜集约化育苗灌溉施肥等操作规范、蔬菜嫁接育苗技术等操作规程、蔬菜成苗质量等，推动蔬菜集约化育苗标准化。

（三）蔬菜集约化育苗行业监管亟待加强

农业部门应高度重视蔬菜育苗产业的发展方向和进程，采取有效措施对育苗企业和育苗市场进行监管、扶持和规范。按照《中华人民共和国种子法》相关规定要求，严格落实种子经营许可制度和蔬菜育苗标签制度，加强对蔬菜育苗企业经营行为的管理，有效保障蔬菜育苗企业与菜农的合法权益。建立统一的蔬菜育苗生产经营档案，落实蔬菜育苗检疫制度，加强蔬菜育苗可追溯制度建设，减少蔬菜育苗质量纠纷。建立蔬菜种苗质量纠纷处理机制，形成统一、公平、有序和健康的育苗产、供、销环境，保障育苗产业的健康发展。

（四）加大资金扶持力度，促进蔬菜育苗产业发展

蔬菜集约化育苗属于高技术、高风险产业，各级政府应继续加强蔬菜集约化育苗政策倾斜和资金扶持。农业行业、省市县管理部门可以根据蔬菜育苗产业发展现状，引导农业综合开发、农业产业化和扶贫等专项资金向蔬菜集约化倾斜，出台蔬菜集约化扶持政策和资金支持政策，打造蔬菜集约化育苗基地。扩大招商引资，吸引社会资本，拓宽资金来源，改善育苗设施，尽力打造一批基础设施好、技术水平高、经济效益有保障、市场前景好的蔬菜育苗场，进一步推动蔬菜集约化育苗产业持续稳定发展。

三、我国蔬菜集约化育苗成功案例

案例 1 河北省曲周县蔬菜集约化育苗

曲周县位于太行山东麓海河平原的黑龙港流域，地处河北南部、邯郸东北部，

县域面积 676 km²。境内地势平坦，平均海拔 39.6 m，属温带半湿润大陆性季风气候，年平均气温 13.4 ℃，年平均降水量 791.7 mm，全年无霜期平均 212 d。邯临线、定魏线两条省道在县城交会，东有大广高速、南有青兰高速、北有邢临高速、西有邯黄铁路，路网发达，交通便利，区位优势较好。

曲周是全国蔬菜产业发展重点县、全国农产品加工示范基地、中国天然色素产业基地。2013 年开始大力发展蔬菜集约化育苗，集约化育苗企业由 12 家增加到目前 30 家，建成众鑫、金满园、金农、诚信、农丰、丰华、硕丰、华农和众业等年育苗能力达 1 000 万株以上的集约化育苗企业 10 余个，年育苗 4~5 茬，年育苗能力达到 8.3 亿株，年育苗产值超过 7 亿元，带动县内及周边设施蔬菜种植 18 万亩，形成"基地初具规模、产能迅速发展、产业增收明显和产品市场良好"的产业化格局。

蔬菜集约化育苗技术创新与推广应用，使蔬菜育苗由蔬菜生产中的一个关键环节转变为一个颇具特色的独立产业，实现了由供种向供苗，由分散自育向集约化育商品苗、由手工操作向机械化生产等一系列转变，完成了蔬菜育苗方式整体革新和转型升级。曲周育苗产业发展，带动河北省百万株以上的育苗场数量发展到 175 家，其中年育苗量 1 000 万株以上的 50 家，年育苗总量达到 100 亿株，覆盖面积 410 万亩，占河北省的 30% 以上，成为蔬菜优良品种和配套技术推广重要途径，有力地支撑和引领了现代蔬菜产业发展。

案例 2　山东伟丽种苗有限公司

山东伟丽种苗有限公司成立于 2009 年，下辖济南金农夫农业科技有限公司、山东省伟丽种苗科学研究院，是一家集科研、生产、经营、示范推广、技术服务和科技培训于一体的农业产业化龙头企业。年集约化繁育各类蔬菜种苗 8 000 万株以上，其中嫁接苗占 70%，是目前国内规模最大的蔬菜嫁接育苗企业。

现有正式员工 52 人，其中高级职称 15 人，硕士以上学位 8 人，大专以上学历占 80%。

公司是国家蔬菜产业创新创业联盟副理事长单位和山东省蔬菜协会副理事长单位，先后被授予"全国蔬菜集约化育苗技术集成与推广模式创新示范基地""山东省院士工作站""山东省引进国外智力成果示范推广基地""济南市种苗科创中心"等称号。2020 年 3 月，"伟丽"牌种苗荣获"山东省知名农产品企业产品品牌"，是山东省首家被认定的种苗企业。

案例点评：蔬菜集约化育苗技术，基于中国农业形势的总体长期判断和蔬菜产业自身发展需求而提出。一方面，农业资源数量和质量制约了农产品持续增量供应，是中国农业未来发展面临的严峻挑战和艰巨任务。我国人均耕地资源和淡水资源非常有限，且耕地与淡水分布极度不匹配，即有耕地的地方往往缺水，而有水的地方又缺少耕地；我国气候资源多样，从寒带、寒温带、温带、亚热带等，广大的北方冬季乃至早春、晚秋无法进行农业生产，也制约了我国农业总产量；近年来，农业劳动力资源日趋紧张，我国从事第一产业的劳动力占劳动力总量的比例一直呈下降趋势，劳动力在向第二产业和第三产业转移。发展现代农业，是中国农业战略选择，也是中国农业必然要求。另一方面，中国蔬菜产业不仅提供蔬菜产品，还肩负着农民增收、活跃市场、平衡外贸、生态观光、技术展示、家庭园艺等多样化功能。蔬菜产业必须持续稳定发展。但是，长期以来蔬菜产业存在以规模换取总量的问题，即占用大量的耕地，已出现了与粮争地的问题。蔬菜产业必须要有质的转变，从规模扩展向集约发展转变。

蔬菜集约化育苗，采用现代企业经营模式，运用机械化手段，节约耕地、用种、水肥、劳动用工等条件下批量培育标准化秧苗，充分体现"集约、集中、节约"三大特征，一是集约，即通过人员、技术、装备、资金高度集约化，将以往烦琐的育苗环节和复杂的秧苗管理技术整合起来，实行规范化工艺流程管理；二是集中，即加大资金投入，改分散育苗为集中育苗；三是节约，即能够体现省工、省药、省种，从而实现增产、增收、增效。蔬菜集约化育苗完全符合现代农业理念，对蔬菜产业"质"的转变提供了强有力技术支撑。

（中国农业科学院蔬菜花卉研究所：尚庆茂；北京市农林科学院：陈兆波）

主要参考文献

尚庆茂，2009.蔬菜集约化育苗关键技术集成与应用 [J].中国果菜（9）：4-6.

尚庆茂，2011.尚庆茂博士"蔬菜集约化穴盘育苗技术"系列讲座.第一讲概述 [J].中国蔬菜（1）：46-47.

尚庆茂，2011.创新与发展——中国蔬菜集约化育苗 [J].蔬菜（9）：1-3.

薛亮，张真和，柴立平，等，2021.关于"十四五"期间我国蔬菜产业发展的若干问题 [J].中国蔬菜（4）：5-11.

案例十九

高山蔬菜助力山区脱贫

一、高山蔬菜发展现状

高山蔬菜是指海拔 800 m 以上利用夏季自然冷凉气候条件生产的天然错季节商品蔬菜。因此高山蔬菜生产就是利用高山夏季冷凉气候条件，生产夏秋季上市的蔬菜，补充平原地区夏季高温不利于某些蔬菜生长的不足，从而满足市场的需求。

高山蔬菜从 1985 年开始起步，以宜昌市火烧坪乡为原点向外辐射扩展至湖北省乃至全国的高山、二高山地区，实现了从小菜园到大基地、从小菜篮到大市场、从小生产到大产业的飞跃发展，形成了完善的产业生产体系、加工体系和经营流通体系，高山蔬菜产业已成为高山高原区域农业经济发展的优势产业和山区农民脱贫致富奔小康的支柱产业。

目前全国高山高原蔬菜已达 2 400 万亩，中部长江流域高山蔬菜达 800 万亩，湖北省 300 万亩。主要分为黄土高原夏秋蔬菜区和云贵高原夏秋蔬菜区。

黄土高原夏秋蔬菜重点区域包括河北、山西、内蒙古、陕西、甘肃、宁夏、青海等地的 88 个基地县，该区域有光照强、温差大、生态环境好、生产成本低的优势。主攻市场为华北地区、长江下游、华南夏秋淡季市场，出口东亚、西亚及俄罗斯、蒙古等国家。主栽品种有洋葱、甘蓝、胡萝卜、白菜、芹菜、生菜、胡萝卜及喜温的茄果类、瓜类、豆类等，7—9 月上市。

云贵高原夏秋蔬菜重点区域包括云南、贵州、湖南、湖北、重庆等省市的 65 个基地县。主攻市场是长江中下游、珠江中下游、港澳地区、东南亚及日韩等国夏秋淡季市场。主栽品种有大白菜、甘蓝、花椰菜、萝卜、胡萝卜、芹菜、莴笋、食荚豌豆等及喜温的茄果类、瓜类、豆类、西甜瓜等，7—9 月淡季供应市场。

二、高山蔬菜发展优势与存在问题

（一）发展优势

高山蔬菜海拔差异悬殊，气候垂直分布明显，气候类型多样，区域差异较大，具有典型的立体气候特征，利用不同海拔生态类型，瞄准全国蔬菜淡季市场，打时间差发展多类错季蔬菜，具有很强竞争力和发展潜力，对促进农业产业调整，加快农村经济发展，实现农业增效、农民增收，助力山区脱贫攻坚，实现乡村振兴具有重大而深远的意义。

高山地区夏季气候凉爽，蔬菜病虫害少且较易防治，具有大规模生产绿色、有机蔬菜的良好生态环境优势。在适宜种植区内仅需辅助简易设施即可生产优质蔬菜产品，地租、灌溉水源和劳动力成本相对较低，构成了高山蔬菜生产的较低成本优势。

（二）存在问题

1. 种植品种单一，市场风险大

种植品种种类相对单一、茬口集中，市场风险大，生产效益风险随面积的不断扩大而增大，增效潜力未得到充分发挥。目前品种多数是甘蓝、白菜、萝卜、番茄、辣椒，其他精细品种比例过小，不能满足淡季市场的多样化需求，由于品种和茬口过于集中，市场风险增大，价格波动幅度加大，间断性的"菜贱伤农"现象偶有发生。

2. 高山蔬菜安全生产技术规范缺乏

缺乏针对性的高山蔬菜安全生产技术规范，病虫害绿色防控技术薄弱，生产效率逐年下降。基地多年连作，大量使用化肥，土壤酸化、缺素，有机质下降，连作性病害日益增多（根肿病）；防控难度加大，病虫害绿色防控技术薄弱，生产效率逐年下降，食品质量安全存在隐患。

3. 采后处理技术滞后

尽管开始普及采后商品化整理和产地预冷，但高山蔬菜销售季节正值高温时段，缺乏针对性的采后处理技术，缺乏冷链环节，储运能力差，制约高山蔬菜的市场半径和品种多样化选择，是目前高山蔬菜产业发展中的"瓶颈"，使高山蔬菜的市场潜力得不到充分拓展。

4. 生态问题显现，影响可持续健康发展

由于高山可耕地资源有限，且高山区域自身生态相对脆弱，土地利用与生态还原矛盾；菜往山上爬，土往山下流，水土流失；山地淋溶，石漠化，尾菜废弃物未处理，污染环境。

三、高山蔬菜发展各地成功案例

湖北省宜昌市境内地形复杂多样，山地、丘陵和平原均有分布，立体的气候特征为各类蔬菜生产提供了有利条件。20世纪80年代中期，宜昌市政府高瞻远瞩率先在高山地区发展蔬菜，建立二三线蔬菜基地，解决了城市蔬菜"秋淡"供应问题，1989年宜昌市"多层次立体蔬菜基地开发"项目通过省级验收。此为湖北省首

创，当属国内领先，获国家"七五"星火计划金奖。经过多年的发展，高山蔬菜总面积占全市蔬菜总面积的60%以上，高山蔬菜总播种面积100万亩，总产量300万t，销售总量在200万t以上，总产值达到60亿元，是我国中部及南部地区重要的"秋淡菜"供应基地。宜昌高山蔬菜产业发展历史悠长，名震全国。为促进蔬菜产业健康发展，宜昌市重点围绕高山蔬菜，开展了新品种引进与筛选、生态保护、避雨延秋试验示范、病虫害发生规律研究与预测预报和防治技术等方面的研究，取得高山蔬菜基地生态保护技术、高山蔬菜避雨延秋栽培技术、生物防治技术、物理防控以及减肥减药技术等一批技术成果并在全市范围内得到广泛推广应用。近年来，高山蔬菜"避雨延秋大棚＋节水灌溉"标准化生产模式等成为蔬菜产业发展的亮点。主要体现在以下几个方面。

（一）实现了规模化、专业化生产

宜昌市高山蔬菜基地面积从2015年开始至今保持基本稳定，约60万亩。其中，长阳县30万亩，兴山县7万亩，五峰县8万亩，秭归10万亩，夷陵区、宜都市、远安、点军等地合计5万亩。基地面积过5万亩的蔬菜大乡大镇有7个，即长阳火烧坪乡、榔坪镇、贺家坪、资丘镇，兴山榛子乡，秭归杨林桥镇，五峰长乐坪镇。高山蔬菜总面积占全市蔬菜总面积的60%以上，高山蔬菜总播种面积100万亩，总产量300万t，销售总量在200万t以上，总产值达到60亿元，是我国中部及南部地区重要的"秋淡菜"供应基地。

（二）构建了相对完善的市场营销网络

高山蔬菜的主要销售季节在5—11月，其中主销期在6—10月；本市销售约占5%，外销占95%，产品覆盖全国近100个大中城市，同时远销新加坡、日本、韩国等国家。在火烧坪主产区，已初步形成了产地批发市场，辐射恩施等周边地区。全市专业从事蔬菜销售的企业或合作社近80家，营销经纪人5 000人以上；互联网的发展为产区与国内外蔬菜市场搭起了信息交流的平台，加快了蔬菜产销一体化发展步伐。全市每年转移农村剩余劳动力和吸纳贫困户就业2万多人，可从事加工、运输、劳务及第三产业，年实现收入达8 000万元，社会总产值达到30亿元。

（三）冷链物流及加工能力初步形成

目前，长阳县已有冷库64家，128台冷藏机组，284间库房，总库容量48 867 m³，日预冷量可达1 200 t；五峰县有冷库28家，93座，库容量34 150 m³，另外秭归也有超过15家建有冷库、日预冷量达500 t等。高山蔬菜主产区均基本实现了冷链运输；辣椒、萝卜、大白菜、番茄、结球甘蓝、菜豆以及精细蔬菜等全部实现了冷藏和包装销售。高山蔬菜的深加工能力进一步提升，高山蔬菜产区拥有蔬菜深加工企业超过12家，加工种类也比较丰富，酱制、水煮、速冻、脱水、鲜切、仿生制品远销港澳、东南亚、日韩、欧洲等地。

（四）创建了一批全国知名的高山蔬菜品牌

宜昌市蔬菜"三品一标"认证134个，其中，高山蔬菜无公害食品认证32个、绿色食品认证41个，地理标识产品4个，占全市蔬菜"三品一标"认证数的57.5%。全市高山蔬菜获得中国驰名商标2个（火烧坪、一致魔芋），另外，"火烧坪"白萝卜荣获湖北省"十大名菜"称号，"憨哥"牌番茄、"清江秀龙"牌辣椒被评为全国知名品牌。还有"火烧坪"牌结球甘蓝、"大清江"牌白萝卜、"柳松坪"牌大白菜等，在全国拥有较高知名度和美誉度。

（五）产业服务体系更加健全

围绕生产技术指导、质量安全监管、园区建设、生资供应信息服务建立了完善的服务体系，这些服务主体做了大量的服务工作。以长阳为例，一是加大了科技服务力度。长阳高山蔬菜研究所每年申请并实施国家、省、市科技项目，同时聘请院校蔬菜专家，组织县内蔬菜、植保、土壤肥料等专业技术人员，对蔬菜产业发展瓶颈问题展开联合攻关，制定了40个主要品种的生产技术规程，其中，省级地方标准10个。开发了"乡镇级农资技物信息化管理系统"，进行低毒药物提前防病、生物物理技术灭虫试验示范。不断加强无公害生产的宣传和技术培训，利用广播、电视、印发宣传资料、设立宣传牌等多种形式加大宣传力度，利用多种形式和途径积极组织并开展无公害生产技术培训，增强农民发展无公害生产的意识，真正做到每户农民有一个技术明白人，提高农民无公害蔬菜生产的自觉性。二是加大了园区服务力度。整合龙头公司、专业协会合作社、运输物流企业、冷藏初加工企业、深加工企业、商贸企业等60多家企业，形成火烧坪乡高山蔬菜加工物流园，成为鄂西最大的高山蔬菜集散中心。三是加大了信息服务力度。长阳电子交易信息平台，被农业部纳入"全国蔬菜生产信息监测网点"，通过在网上发布产地销售行情、国内外大中型批发市场价格走势，促进了产品销售。四是加大了生态环境保护力度。通过世行贷款、水保工程等项目对火烧坪等地蔬菜产地生态环境进行了退耕还林还草、栽植生物埂（植物篱）、修建聚雨灌溉池、修造"U"形槽，建水土过滤池、田间作业道等硬件建设，同时大力推广根际生态修复技术、病虫草绿色防控技术、大棚避雨延秋＋节水灌溉技术、测土配方施肥和减肥增效技术、轮作换茬和深耕改土技术等，生态环境得到了进一步改善。五是加大了农产品质量安全监管力度。通过推行运输登记承诺卡制度、农药经营处方制等制度，加强对质量安全的监管。近几年来，部、省、市农业部门抽检的农产品总体合格率达到99%以上，持续保持全省领先地位。

案例点评： 高山蔬菜海拔差异悬殊，气候垂直分布明显，气候类型多样，区域差异较大，具有典型的立体气候特征，利用不同海拔生态类型，瞄准全国蔬菜淡季市场，打时间差发展多类错季蔬菜，具有很强的竞争力和发展潜力。宜昌市政府高瞻远瞩率先在高山地区发展蔬菜，经过 30 多年的发展，形成了完善的产业生产体系，给各地发展高山蔬菜产业提供了很好的借鉴经验。

（宜昌市农业科学研究院：韩玉萍　谭澍　林建新）

主要参考文献

胡英，2012.关于我国高山蔬菜产业发展优势及其现实意义的研究［J］.科技促进发展（s1）：9-10.

李钦华，2016.宜昌高山蔬菜产业发展冷链物流对策研究［J］.物流科技，39（1）：70-72.

刘婷，张丽琴，山娜，等，2016.高山蔬菜之火，燎燃长阳一县——话长阳高山蔬菜产业发展［J］.长江蔬菜（23）：1-3.

邱正明，2017.我国高山蔬菜产业发展现状与产业技术需求［J］.中国蔬菜（7）：9-12.

案例二十

舌尖上的洪湖莲藕

一、莲产业现状与特点

莲藕（*Nelumbo nucifera*）属木兰亚纲，山龙眼目，与水杉、银杏等冰川子遗植物一样，都是古老的活化石植物，在新石器时代早期，原始人类就大量采集食用莲。大约 7 000 年前，人类开始莲的种植，经过了漫长的栽培驯化。莲藕是我国种植面积最大的传统水生蔬菜经济作物，2016 年，全国主产区莲藕种植面积达 35.3 万 hm^2，总产达 1 068.8 万 t，分布于湖北、河南、江苏、四川、广西、湖南、山东、安徽、重庆等 15 个省市。其中湖北面积最大，达到 6.58 万 hm^2，其次是江苏为 6.26 万 hm^2，山东 5.333 万 hm^2。

莲藕的用途十分广泛，可食部分主要为茎和莲子。其肥大的茎富含淀粉，每 100 g 藕的热量为 293 kJ，蛋白质 1.9 g，脂肪很低，富含纤维素、维生素、矿物质等，口感清甜，与肉食等炖煮十分鲜美，是我国冬季传统的烹饪食材。新鲜莲子口感脆甜，现在已经发展成为夏季新型鲜食水果，产量高，经济效益好。成熟的莲子也是我国传统煲粥的重要食材，能清热降火。近年来，莲藕的荷叶还被开发成为荷叶茶，具有清火平肝利尿功效，用来作为肥胖人群的减脂瘦身饮品，非常受市场欢迎。

湖北省莲种植面积、规模和产量在全国排名第一。2019 年湖北省莲种植面积达到 9.63 万 hm^2（其中藕莲 6.06 万 hm^2、子莲 2.16 万 hm^2、藕带 1.41 万 hm^2），初加工莲产品的产量可达 170 余万吨，产值近 60 亿元，种植面积约占全国莲种植总面积的 1/4，占湖北省蔬菜播种面积的 6.7%。洪湖、汉川、应城、武汉、监利等地区莲藕的种植面积最大，是湖北省莲藕优势主产区。

二、洪湖莲藕产业发展优势

洪湖地处湖北中南部，与湖南岳阳接壤，在夏商时期为古云梦地，历史上长江和汉水泥沙沉积形成洪湖，形成沼泽—湖泊—平原的地貌。洪湖土壤、水资源和气候非常适宜莲藕种植，洪湖莲藕已经有 2 300 多年的历史，具有十分独特的优势。首先是沼泽性湖泊众多，毗邻长江，为长湖、三湖、白露湖和洪湖回归之地，被称为"百湖之市"和"水乡泽国"，拥有河渠 113 条，千亩以上湖泊 21 个，湖泊以浅水湖为主，水深非常适合莲藕生长。其次是光热资源丰富，全年降水日数可达 135.7 d，降水量 1 060.5~1 331.1 mm，夏季降水占全年七成以上，有利于莲藕生长。三是土壤肥沃，为沉积性土壤，有机质丰富。发展面积潜力大，农用地达 248.7 万亩，适宜莲藕种植的农用地（坑塘和水面）近 50 万亩，湖泊面积 58 万亩。

洪湖莲藕历史悠久，相传在元代中叶开始大量种植莲藕，长期栽培形成了洪湖莲藕这一优良品种。清道光十九年（公元 1839 年），洪湖青泥巴莲藕作为贡品进贡道光皇帝，得到广泛赞誉。洪湖莲藕还是我国革命的红色文化财富。土地革命战争时期，贺龙等在洪湖建立了湘鄂西革命根据地，洪湖赤卫队在洪湖开展了艰苦卓绝的革命斗争，描述了"四处野鸭和菱藕啊，秋收满畈稻谷香，人人都说天堂美，怎比我洪湖鱼米乡"的革命乐观主义情怀，影片充分展示了"湖中荷叶弥盖，荷塘深处却是欢声笑语，莲荷的海洋，荷香阵阵沁人心脾"的洪湖莲藕。

中华人民共和国成立以后，洪湖加快莲藕科技创新和产业化开发进程，先后开发探索出莲藕顶芽繁殖等先进生产实用技术，打造了诸多莲产业知名品牌。发展至今，洪湖已经涌现出更多知名莲品牌和产品，其中包括 1 个中国驰名商标，1 个湖北国家名牌产品，4 个有机食品，3 个绿色食品，4 个具有国家一级地理标志保护产品（洪湖莲子、洪湖莲藕、洪湖菱角、洪湖藕带）等，还有 1 个国家野莲原生境自然保护点。洪湖加工企业聚集，现有 30 多个莲藕水生蔬菜加工生产企业，其中省级 5 家（湖北华贵食品有限公司、洪湖市莲都生态农业有限公司、洪湖市晨光实业有限公司、洪湖市井力水产食品股份有限公司、洪湖市天然野生食品开发有限公司），荆州市级 3 家（洪湖市忆荷塘生态农业有限公司、洪湖市老曹家水产食品股份有限公司、洪湖市莲叶水产有限公司），还有 1 家洪湖莲藕生态旅游型生产企业等，洪湖水生蔬菜莲藕加工生产企业数量及规模均居湖北乃至华中地区第一。

2019 年，洪湖市水生蔬菜种植面积 1.5 万 hm²，其中藕莲 8 000 hm²、子莲 3 000 hm²、藕带 3 000 hm²，其他 1 000 hm²，总产量 35 万 t（藕莲 30 万 t、子莲 0.5 万 t、藕带 2 万 t、其他 2.5 万 t），25 亿元的年生产总值，19 亿元的年加工产值，现有 30 多家水生蔬菜加工企业，70% 的藕带加工量、15% 的藕莲加工量、32% 的子莲加工量，茭白、芡实、菱角不加工。"洪湖莲藕"在 2019 年被评为区域重点公用农业品牌，在 2 年内都被评为湖北省省级特色优势农产品产业优势品牌创建区，在 2019 年成功入选国家优势农产品优势区。洪湖如今的莲藕种植面积、总产量、加工产值达到了全国县市第一名。

三、洪湖莲藕产业发展中存在的问题

（一）标准化程度不高，带动效果不明显

近几年，随着政府项目扶持力度的增加，在新滩镇、峰口镇、汊河镇、乌林镇和大沙湖等乡镇均建设了一些标准化的种植基地，但是规模不大，带头作用不显著。再加上缺乏专业的技术指导，莲藕种植户喜欢按传统方式种植莲藕，跟风种植现象十分严重。

（二）精深加工产业落后，产品增值率低

目前，洪湖莲藕产业加工技术不成熟，洪湖当地企业湖业华贵食品有限公司的泡藕带系列产品的深加工技术最好；藕莲和子莲的深加工技术还处于空白阶段，藕莲一般把新鲜产品直接出售，对藕粉的深加工也不多，子莲也是去皮后直接出售。洪湖莲藕产品附加值很低，导致市场销路不畅，没有很大的产品增值空间。

（三）经营主体各自为政，抱团发展差

虽然湖北华贵食品有限公司起着带头作用，负责提供好种子、专业技术、完善的回收合同，莲藕产业相对来说有好的发展，但是藕莲和子莲都还是粗放经营，不能形成一个良性发展的整体。

（四）政策扶持力度不够，管理跟不上

与洪湖水产相比，洪湖莲藕在面积和产值方面都不尽如人意。近 2 年来，市政府大力支持洪湖水生绿色蔬菜种植项目的开发，把它作为精准扶贫重点产业项目予以政策扶持，给正在种植水生绿色蔬菜的农村贫困户每年至少 200 元/亩的财政资助，忽略了对家庭农场、合作社、种植大户的扶持，洪湖水生蔬菜的发展被限制。而且许多农技人员是兼职，多数农技人员技术和思想跟不上，导致洪湖莲藕产量较低。

（五）品牌重视程度不够，品牌效益低

中央电视台对"洪湖莲藕"品牌进行了两轮市场推广，洪湖莲藕在全国的知名度得到提升，但品牌保护与利用没有得到重视，有些不良商家冒用"洪湖莲藕"品牌，极大地损害了洪湖莲藕的品牌形象，品牌效益不能得到体现。

（六）忽视莲文化培育

莲藕文化十分丰富多彩，多散布于民间口口相传，没有把与莲相关的文化进行归纳整理，不能把莲文化与莲产品相结合，莲产业的市场价值不能得到体现。

四、莲藕产业发展对策与建议

随着农业供给侧结构性改革的实施，应该积极推进创建特色农产品优势区。在此契机下，随着中国消费结构逐渐多元化，洪湖莲藕更应抓住这个重大机会。

（一）推行标准化生产

建立一个全程有效可追溯的水生蔬菜质量安全保障体系，对肥、水、药剂量进行严格控制，确立一系列病虫害防治标准，建设一批国家高标准的水生绿色蔬菜专业种植生产基地，通过标准化生产，建设出一套统一的莲藕社会化服务体系。与大专院校和企业科研单位保持密切合作，大胆引入简便的藕莲、子莲、藕带、芡实采摘技术，以及安全、优质、高效、生态、环保的生产加工技术。

（二）突出产品精深加工

可以依靠特色优质农产品优势区来建立湖北省莲产业集团，创建一批国家省级现代农业产业园。建设一批一二三产业相融合、产加销为一体、产业发展链条完整的省级现代特色莲藕加工产业园。打造一批有特色的莲藕产业小镇，把特色小商品主体融入广大市场、小微型农户主体融入大产业、小微型企业主体融入大集群。与加工龙头企业合作，加大对初级加工龙头企业新工艺技术的推广运用、生产线技术改良、设备技术更新的政策扶持力度，引导和支持龙头企业进行兼并和资产重组、市场集资融资，组建一系列莲藕养殖、加工、销售综合化产业发展经营模式，增强国内莲藕种植产业和加工龙头企业的综合实力。

（三）完善利益联结机制

种植加工龙头企业可与当地农民企业合作，建立一种契约型、分红型、股权型特色农业发展经营模式。把"龙头企业＋合作社＋农户""龙头企业＋基地＋农户"等循环模式大力推广，打通融合结点。龙头企业主要负责为当地农户提供新品种、新技术和产品运营管理，对农民种植的农产品统一进行收购。合作社主要负责把莲藕生产种植的专业农户、小微型农户企业联合组织起来，一起合作种植，形成一个规模化、现代化的新型莲藕生产经营格局，构建大型莲藕产业合作联合体，让广大农户及时分享莲藕溢价经济效益。

（四）加大政策支持力度

政府部门继续加大对水生蔬菜莲藕产业的政策支持，设立水生蔬菜莲藕产业持续发展专项扶持基金，实行地方各级政府专项奖励制度。整合各地产业项目建设资金，帮助各地建设标准化、规模化水生蔬菜基地，给予产业特色鲜明、示范带头能力强的莲产品企业充足的奖励或政策支持；继续加大对新型水生蔬菜经营主体在农业信贷、税收、出口以及退税等各个方面的政策扶持力度；对刚评为"三品一标"的新型水生蔬菜经营主体企业给予政策奖励；完善水生蔬菜产业的政策保险制度，为水生蔬菜产业持续稳定发展提供政策保障。

（五）充分发挥品牌效益

对"洪湖莲藕"区域公用品牌和莲藕企业品牌而言，要以整体公用品牌为核心，区域重点公用企业品牌和莲藕产业特色综合品牌为主体，构建洪湖莲藕产业品牌体系。对水生蔬菜品牌产业目录和行业标准进行统一制定，在莲产品的宣传营运、产品发布、管理、动态管理等方面应逐步完善，还要深挖品牌文化，优化产品的包装设计，追求更高的产品质量，找到品牌的核心价值，在做大做强中也要保护品牌利益。推进"互联网＋现代农业"电商模式，扶持各大电商物流企业，在各大电商物流平台逐步建立新型绿色优质水生蔬菜农产品的专属营销服务渠道。

（六）大力培育莲产业文化

建立"洪湖市莲藕产业研究院"，对莲文化和洪湖莲藕的红色记忆进行挖掘与宣传，发动广大群众的智慧推出具有洪湖地域特色、通俗易懂的优秀莲文化宣传作品。把莲文化挖掘整理的成果充分运用，清楚地认识文化品牌在促进地方经济发展中发挥着重大的作用，把洪湖莲文化与旅游产业相结合。组织举办社区季节性莲藕文化宣传活动，在学校、社区举办莲文化宣传，结合摄影、绘画、诗歌、散文等与莲文化相关的比赛来促进传播，组织开展生态旅游，大力推广宣传洪湖莲藕，提高莲藕生产综合经济效益。

五、典型案例

（一）带着泥土的洪湖莲藕成功营销

青泥巴莲藕是洪湖地区特有的产品，相传为清代贡品。洪湖青泥巴是一种特别的稀有土壤，有机质高，土壤肥力好，土壤质地细软，有利于莲藕根茎的生长膨大后后期收获，根茎肥厚，表面光洁，损伤较小，也更加清甜，用于煲汤口感特别粉嫩，深受广大消群众的喜爱。传统莲藕为了外观，需要清洗，但清洗干净后莲藕反而容易褐变腐烂，不利于长途运输和保鲜。"80后"藕农杨晶是一位返乡创业的大学生，2008年，在销售过程中发现传统的方法有利于保鲜，带泥运输可以防治莲藕腐烂变质，保持原始鲜甜味道和粉嫩口感，还能节省成本。为此，杨晶建立了青泥巴莲藕的生产标准和质量检验制度，当天9时挖出莲藕，立刻用透气保鲜膜带泥包装，再整个打包发货。为了努力塑造品牌形象，还将产品送到国家专业产品检测检验机构实地进行产品质检，加强广告宣传，在"第十一届中国国际农交会暨中国武汉农业博览会"上获得金奖农产品称号,创建了"洪湖青泥巴"农业品牌。通过电商平台,杨晶创造出单月卖掉几十万斤洪湖莲藕的销售成绩,被称作"洪湖藕王"。目前,该品牌将洪湖莲藕产品扩展到了莲藕、莲子、藕粉、荷叶茶等产品,被新华社、中央电视台、人民日报等数百家新闻媒体报道。

(二)科技创新留住莲藕家乡味

"我在全国各地吃过无数次莲藕,却再也没有找到家乡的味道"。2012年,惦记着家乡莲藕味道的洪湖人赵道华,回到家乡创立了华贵食品集团,立志要把洪湖莲藕产业作为毕生事业来做。

华贵集团从莲藕的全产业链角度顶层布局,全方位构建多视角、大产业的莲产业集群体系,即包括种植、养殖、加工、储运、销售于一体的大产业集团,还包括一二三产业融合,文化、旅游等许多深层次的开发与配套发展,构建多点、多面纵横交织,相互协调的新型水生农产品综合体,成为国家级区域特色重点优势区,用创新和科技加快食品的全产业链综合发展,围绕食品"零添加"、养生食品和饮品、药食同源产品、水生植物萃取技术等方面,研发满足未来消费者所期望的食品和饮品,用科技与创新将传统中国莲产业提质增效。

用了6年时间,华贵食品集团现已发展成为集水生蔬菜(淡水鱼类)研发、种养、加工、储运、销售及服务于一体的省级重点龙头企业,湖北省水生蔬菜保鲜加工工程中心也落户华贵,作为国家高新技术企业、《湖北泡藕带》(DBS 42/009—2021)食品安全地方标准起草的唯一企业、湖北省两化融合试点示范企业,华贵食品集团已经成为全国水生蔬菜加工行业的领军者,把一根小藕带做成行业第一,7年来积累国内外经销商2 000多家,成为盒马鲜生和海底捞的全国门店鲜藕、藕带等莲藕产品的核心供应商。

案例点评:莲藕特色产业的发展在洪湖地区农业增效、农民增收中一直发挥着重要引导作用,当地以丰富的地理环境资源为产业优势,以"洪湖莲藕"这个区域公用莲藕品牌为经营载体,以安全和高品质服务为经营核心,以消费者实际需求为市场导向,形成了洪湖莲藕这个有区域特色、有产业规模、有公用品牌、有文化品位、有产业文化、有市场竞争力的莲藕特色产业。通过莲藕等水生蔬菜产业的发展,来调整乡村农业产业结构和增加农民收入,充分发挥返乡创业主体的市场主导性,依托莲藕资源优势,挖掘青泥巴历史文化品牌,根据市场开发多种莲藕新产品,扩大产品线,实现经济、生态、社会三大效益快速增长。

(长江大学:叶鹏 张学昆)

主要参考文献

郭凤领，吴金平，周洁，等，2020.湖北省水生蔬菜产业调研报告及对策建议［J］.中国瓜菜，33（8）：80-84.

郭宏波，柯卫东，2009.莲属分类与遗传资源多样性及其应用［J］.黑龙江农业科学（4）：106-109.

李峰，周雄祥，柯卫东，等，2020.湖北省莲产业发展调研报告［J］.湖北农业科学，59（23）：101-106，109.

王瑞红，2015.杨晶：大学生回乡卖藕成就"洪湖藕王"［J］.农村青年（3）：33-36.

王文辉，王国平，田路明，等，2019.新中国果树科学研究70年——梨［J］.果树学报，36（10）：1273-1282.

王章青，2015.洪湖藕王的成长记［J］.农家顾问（17）：27.

吴茜，刘智勇，李国文，等，2020.莲藕的功能特性及其产品开发前景分析［J］.食品与发酵科技，56（6）：108-112.

张献忠，代柏春，2016.洪湖水生蔬菜产业发展模式与思路［J］.长江蔬菜（4）：27-29.

张献忠，龙果，游宇泽，2020.洪湖地区莲藕产业发展现状、存在问题及对策建议［J］.长江蔬菜（23）：1-3.

BARTHLOTT W，NEINHUIS C，1997. Purity of the sacred lotus，orescape from contamination in biological surfaces［J］.Planta，202（1）：1-8.

HSU J，1983. Late cretaceous and cenozoic vegetation in China，emphasizing their connections with North America［J］.Annals of the Missouri Botanical Garden，70（3）：490.

LI Y，SVETLANA P，YAO J，et al，2014. A Review on the taxonomic，evolutionary and phytogeographic studies of the lotus plant（Nelumbonaceae：Nelumbo）［J］.Acta Geologica Sinica，88（4）：1 252-1 261.

横县茉莉花香飘世界

茉莉花为木樨科素馨属直立或攀缘的常绿灌木，花属两性花，为顶生聚伞花序，一般不结实。在生产实践中，长期采用扦插繁殖，故无明显主根，属须根系。茉莉花原产于印度、巴基斯坦、阿拉伯等地，在汉代时期传入中国，可用于观赏、熏香、食用、药用等，茉莉花窨制的花茶，清香爽口，产品畅销国内外。目前中国生产的茉莉花主要用于窨茶，部分用于生产精油，另外进行园林应用和盆栽观赏，并且创造出具有艺术价值的茉莉盆景。

现今，我国主要有福建福州、广西横县、云南元江、四川犍为4个茉莉花产区。从茉莉花的引进和发展历史来看，中国茉莉花产区的分布随着社会经济的发展而不断变迁，尤其是近30年来变化剧烈，原有的老产区在萎缩、衰退、消失，新的产区在迅速崛起，全国茉莉花产业重心已由中国的东南向西南转移。广西横县自从20世纪80年代引进外地技术发展种植茉莉花，加工茉莉花茶，仅用20年时间，便取代了福建福州百年茉莉花茶产业的地位，成为目前我国茉莉花面积和产量最大的县，且经过多年的发展，已经形成具有地方特色的茉莉花产业，成为横县现代农业的支柱产业。茉莉花产业已成为横县在全国具有垄断性资源的产业，已成为横县人民的致富花、幸福花。

一、横县茉莉花产业发展概况

横县目前是中国最大的茉莉花生产基地和茉莉花茶加工基地，茉莉花茶加工基本实现了规模化生产。2018年，横县茉莉花种植面积达10.8万亩，花农约33万人，年产茉莉鲜花9万t，产值超过20亿元。从事茉莉花产业加工企业和个体经营户达177家（企业130家，个体经营户47家），其中，规模以上（年销售额2 000万元以上）的花茶企业有25家，亿元茶企业有18家。横县年产茉莉花茶7万t，完成工业总产值65亿元。其中，25家规模以上企业完成工业总产值50.16亿元，占总产值77.17%；152家规模以下茉莉花产业加工企业与个体经营户完成工业总产值14.84亿元，占总产值22.83%。到2019年，横县已经成功举办了11届全国茉莉花茶交易博览会和9届中国（横县）茉莉花文化节，提高了横县茉莉花茶的知名度和影响力。"2019中国品牌价值评价信息发布"发布了598个全国知名品牌价值，其中横县茉莉花茶和横县茉莉花分别得到排名第23位和第53位、品牌强度890和832、品牌价值149.7亿元和53.27亿元的好成绩。2019年横县茉莉花茶和茉莉花综合品牌价值达202.97亿元，是广西最具价值的农产品品牌（表1）。

表1　2014—2019年横县茉莉花生产规模与效益

生产规模及效益	年份					
	2014年	2015年	2016年	2017年	2018年	2019年
种植面积（万亩）	10	10.2	10.3	10.3	10.8	11.3
鲜花产量（万t）	5.8	8	8.2	8.2	9	9
花茶产量（万t）	6.3	6.4	6.6	6.5	7.5	7.8
花茶产值（亿元）	30	35	38	53	65	122

数据来源：中国茶叶流通协会。

（一）产业规模

横县茉莉花茶在全国占有主导地位，全县有花茶加工企业130多家，其中规模以上（年销售额2 000万元以上）企业有25家，18家为亿元茶企。此外，横县2018年度的六堡茶、红茶产值合计达到6.63亿元，同比2017年有较大增长。元江县是国内开花最早、花期最长、产量最高的茉莉花主产区，品种自1998年开始从广西横县引种的双瓣茉莉花；凭借独特的自然和资源优势，通过多年的发展，吸引了福建、四川、浙江等地茶商到元江投资建厂；2016年，全县10家茉莉花茶加工企业整合为元江县万蕊茉莉花产业发展有限公司，年花茶加工量达5 000 t以上，产品销往华北、东北各地。

（二）销售情况

国内形势：2018年中国茉莉花茶内销量约为9.42万t，占茶叶内销总量4.93%；内销额为156.67亿元人民币，占全茶类内销总额的5.9%；内销均价166.32元/kg，比国内茶叶均价高约19.38%。

出口形势：2018年，中国茉莉花茶出口量6 917 t，比增12.3%，占2018年茶叶出口总量的1.9%；出口金额6 621万美元，比增30.1%，占总额的3.7%；出口单价9.57美元/kg，比增15.9%，成为2018年中国出口均价最高的茶类（2018年中国茶叶出口均价为4.78美元/kg）。作为中国传统的特种茶之一，海外市场相对稳定，茉莉花茶长年远销日本、摩洛哥、美国、俄罗斯、中国香港、德国、马来西亚、新加坡等国家和地区，并在当地市场享有良好声誉。

二、横县茉莉花产业发展优势与存在问题

（一）发展优势

1. 自然条件得天独厚

广西横县位于北纬 22°08′~23°30′、东经 108°48′~109°37′，北回归线 ±3° 地带，该地带被科学家称为"生物优生带"，是动植物的乐土、北回归线上的"绿洲"，属南亚热带季风气候，年平均气温 21.4℃，年平均降水量 1 310.9 mm，年平均日照 1 778.3 h，气候温暖湿润。横县适宜的气候和富含有机质的土壤为茉莉花提供了最佳生长环境，全世界 60% 的茉莉花长在这里。全中国 80% 的茉莉花在横县，且产花早、花期长、花蕾大、香气浓。

2. 地理标志商标品牌效应明显

2006 年 4 月，"横县茉莉花茶"获国家工商行政管理总局批准为国家地理标志证明商标，同年 7 月，原国家质检总局批准对"横县茉莉花"实施地理标志产品保护。2013 年 12 月，"横县茉莉花茶"获得国家质量监督检验检疫总局批准为实施地理标志产品保护。2017 年，"横县茉莉花茶"入选中国—欧盟互认互保的"100+100"地理标志保护产品清单。2019 年，横县茉莉花和茉莉花茶均上榜中国品牌价值榜，品牌价值达 202.97 亿元，是广西目前最具价值的农产品品牌。

3. 产业规模全国领先

横县具有得天独厚的气候条件和土壤资源，成为最适合茉莉花生长的地方，所产的茉莉花以花期早、花期长、花蕾大、产量高、质量好、香味浓而著名。2018 年，横县茉莉花种植面积 10.8 万亩，花农约 33 万人，年产鲜花 9 万 t，占全国产量 75%左右，产值 20 亿元。年产茉莉花茶 7 万 t，占全国茉莉花茶总产量的 67.7%，产值 65 亿元。茉莉花产业所带来的旅游和商务物流年产值超过 20 亿元。茉莉花（茶）产业综合年产值达 105 亿元；2020 年，全县茉莉花种植面积达 12 万亩，茉莉鲜花总产量达到 10 万 t 以上、茉莉花茶总产量达到 8 万 t 以上，培育更多年产值亿元、10 亿元级的茉莉花产业龙头企业，新增 1~3 个茉莉花（茶）名牌产品，横县茉莉花产业综合产值达到 130 亿元以上，国家现代农业产业园创建顺利通过国家评审验收，全国特色小镇建设取得明显成效，横县茉莉花的影响力不断扩大，茉莉花和茉莉花茶综合品牌价值突破 300 亿元，成为兴村强县的重要产业。广西横县国家级现代农业产业园基本建成，产业园产出效益水平、科技装备水平、经营管理水平、可持续发展水平等明显提升，农业质量效益和竞争力大幅提高，农民持续增收机制基本建立。

4. 产业平台优势显著

全国最大花茶市场西南茶城位于广西横县县城横州镇城北，由茉莉花交易市场、茶叶交易市场和成品茶批发市场组成。茶城是国家农业农村部的定点市场，是中国四大茶市之一，被中国茶叶流通协会授予全国重点茶市称号。同时，横县已经成功举办了 11 届全国茉莉花茶交易博览会和 9 届中国（横县）茉莉花文化节，以

及首届世界茉莉花大会，提高了横县茉莉花茶的知名度和影响力，拥有来自全国及世界各地的无限潜在商机。

（二）发展目标

到 2025 年，新建成高产优质生产基地 1.6 万亩，鲜花每亩单产达到 1 000 kg 以上。创建 8 个茉莉花标准示范园，总面积达到 1 万亩，带动茉莉花种植标准化水平提升。每年改造 5 个 200 亩以上的规模化基地，整合基地 40 个。培育国家级产业化龙头企业 1~2 家、省级龙头企业 4 家以上、市级龙头企业 10 家以上；培育年销售额达 5 亿元的龙头企业 1 家，上亿元的加工企业 3 家以上。广西横县国家级现代农业产业园高效运行，成为产业优势突出、要素高度聚集、设施装备先进、生产方式绿色、经济效益显著、辐射带动有力的全国茉莉花产业核心区。

到 2030 年年底，通过茉莉花加工技术研发创新能力不断提升，大数据等新一代信息技术在研发、生产、流通等环节得到应用，企业全面实现绿色生产，资源全面实现无废弃利用，拥有 2~3 个中国驰名商标，产品品牌在国内影响力进一步扩大，将横县建设成为以茉莉花产业城为动力源，以横县茉莉小镇为增长极，以茉莉花标准化种植区和生态涵养发展区为基底，以茉莉花生态综合示范轴和"茉莉之旅"休闲旅游网为纽带，形成茉莉花规模生产、加工转化、品牌营销、科技示范、文化旅游的互动融合发展、相互关联配套、资源高效共享的茉莉花产业新格局。

（三）存在的问题

1. 特色品牌的影响力不大

虽然全国总量 80% 以上的茉莉花均来自横县，占世界比重约 60%，享誉为"中国茉莉花之乡"，却未能广为人知，横县茉莉花品牌知名度不大，全国市场并没有完全打开，大多茉莉花企业缺乏现代品牌营销管理能力，自主品牌塑造、市场开发力度不足，对其走向国际有一定阻碍。

2. 自主塑造产业链的价值较短

长期以来料加工茉莉花茶为主，精深加工产品少，衍生产品研发开发不足，缺少带动力强的龙头企业，茉莉花与旅游、健康等产业融合深度不够，产业总体增值不高。

3. 国际化的进程较慢

对外开放平台建设滞后，企业和产品"走出去"力度不足，出口渠道依然不多、不畅，横县作为世界茉莉花都，在城市建设上与其他经济发达的城镇相比仍有较大差距。

4. 产业化经营程度低

目前，横县茉莉花种植 98% 是花农自主种植管理，土地流转不畅，达不到规模化、集约化种植的要求，难于培育高标准、高质量的种植基地。目前横县基地效应、联营规模效应不明显，主要表现在如下几方面：第一，标准化生产方式尚未得到普及。大多数花农由于没有合理使用化肥、农药，造成茉莉花香气减退、抗病虫力减弱，产量和品质下降。第二，分散经营不利于基础设施建设和维护，茉莉花抵御自然灾害的能力脆弱。

5. 种植品种单一、老化、退化现象较为严重

横县大面积种植茉莉花已有40多年的历史，由于单一品种长期连作，造成土壤板结，通透性差，导致植株和根系老化，土壤养分消耗大，植株生理功能减退，导致花朵小，香气浓度低，加之化肥使用不合理、病虫害、农药残留问题没有从根本上得到有效解决，造成茉莉花香气减退，抗病虫害能力减弱，农业生态系统失衡，致使茉莉花茶的产量和品质受到较大影响。

三、横县茉莉花产业发展的经验

横县茉莉花目前规划出"1+9"产业发展格局，1就是茉莉花，这是战略引擎，通过标准化、品牌化和国际化，实现横县茉莉花从花茶原料生产中心向世界茉莉花中心升级。9指九大产业，是以横县茉莉花为主体，涵盖"茉莉盆栽、茉莉花茶、茉莉食品、茉莉用品、茉莉药用、茉莉康养、茉莉旅游、茉莉餐饮、茉莉体育"多维产业延伸组合格局，将横县茉莉花的价值发挥到极致，从根本上解决横县茉莉花产业不成链、增值环节少的痛点。要以产业为载体，以文化为灵魂，以品牌为抓手，一二三产业融合，农业与文化旅养结合，建设东方特色茉莉主题乐园，打造东方茉莉城，培育横县经济发展新动能，助推乡村振兴和农民增收致富，推动横县茉莉花产业更高质量地发展。

（一）茉莉盆栽

茉莉花盆栽电商走红、市场销售再增收。在横县，茉莉花作为产业链的一环，茉莉花盆栽也掀起了扦插种植热潮。校椅、横州、莲塘、那阳、马岭、云表等乡镇，许多农户纷纷进行茉莉花盆栽种植当季盆景，花卉消费呈爆发式增长。横县茉莉花产业服务中心副主任罗华珍介绍，2019年横县茉莉花盆栽销售在500万盆左右，2020年的茉莉花盆栽比2019年增长15%~20%。快速发展的茉莉花盆栽企业——广西横县莉妃花圃农业科技有限公司，还与校椅镇督汶村委达成合作关系，以"公司＋村民合作社＋贫困户"的模式，在督汶村发展茉莉花盆栽扶贫产业园，助力脱贫攻坚。目前该产业园年产茉莉花盆栽超过40万盆，每年向督汶村委以及贫困户提供分红和劳务工资超过10万元，惠及贫困户78户以上。相关产品由专业营销团队通过"直播带货"的方式在电商平台销售，2019年销售额达8 000多万元，2020年销售额突破1亿元。

（二）茉莉花茶

一直以来，横县县委、县政府高度重视茉莉花（茶）产业发展，秉承"标准

化、国际化"的发展战略，历经40年的接力打造、倾力发展，横县茉莉花（茶）产业成为在全国占据主导地位的农业产业，2017年，以中华茉莉园为核心区域的横县现代农业产业园，建立了茉莉花专家大院、茉莉花标准化生产基地、茉莉花茶标准化加工基地、中国茉莉花（茶）产品质量监督检验中心、中华茉莉花产业核心示范区、茉莉花茶电子商务中心和全国四大茶叶市场之一的西南茶城及中国茉莉花茶交易中心市场。全县共有27个茉莉花茶品牌，其中有3个荣获中国茉莉花茶十大品牌，12家企业被评为"全国优秀花茶加工企业"，横县茉莉花和茉莉花茶成为中国与欧盟互认的地理标志产品，品牌综合价值达180多亿元，横县成为世界花茶加工厂。

"大森"茉莉花茶作为横县茉莉花茶是重要品牌茶业之一，也是茉莉花茶十大知名品牌。大森在横县南山建设有机生态茶园基地公司以整村推进为平台，有效改善整村推进村基本生产生活条件，提高农民的生活质量。通过"公司＋基地＋农户"的形式，使种植、生产、加工及销售结为一个体系，打造生态爱心茶园3 000多亩，解决多个就业岗位，新增就业300人以上。以茶产业为核心走多元经济发展的道路，最终实现脱贫致富的梦想。2018年起，"大森"品牌横县茉莉花茶成为中国—东盟博览会专用国宾礼茶；2019年，"大森"品牌横县茉莉花茶获全国茉莉花茶质量推选活动特别金奖。大森茶业企业通过产业扶贫、创岗就业等形式帮扶自治区级贫困村横县那阳镇政华村的贫困人员，企业吸收了60名当地贫困人员就业，带动超过600户贫困人员脱贫，在当地传为佳话。大森品牌的茉莉花茶通过郁江内河航运把广西茶叶、瓷器等货物运往世界各地，与外界建立了广泛的贸易关系，形成了历史积淀深厚的"茶船古道"。"茶船古道"把广西茶的名气推向世界。作为广西横县的一个有责任和使命感的茉莉花茶企业，大森团队将继承发扬茶船古道的精神，与时俱进的开拓进取，让广西横县茉莉花茶飘香世界，为建设美好的家乡而努力。

（三）茉莉旅游

茉莉有"人间第一香"的雅称，可观其花、闻其香、食其材、品其茶、听其曲，满足人类五大感官享受，最重要的是其知名度高，人文内涵丰富，是发展花卉旅游的良好素材。茉莉花花期长达六个月，华南地区露天栽培适宜，可以在城市园林绿化中当中应用，可广泛用于观光休闲旅游项目产品的研发。横州镇拥有大面积的茉莉花种植基地，在全国范围内当属第一，根据相关调查显示，在横州镇所属的横县区域内，包含有5 000 hm²以上的茉莉花种植基地。横州镇全年空气湿润，每到夏季环境优美，有不少游客前往横州镇度假。在盛夏时分，茉莉花会大面积盛开，形成一片茉莉花的海洋，风景优美，极具特色。游者可通过茉莉花花园、盆景等方式观赏茉莉花，也可以通过在茉莉花种植基地实地采摘的方式实时观赏。趣味性较高，为吸引源源不断的游客打下坚实的基础。2018年，横县政府打造"一个中心，两个基本点"，即以中华茉莉园为中心，建设茉莉小镇，创建全国农业茉莉花旅游示范区，目前已建成中华茉莉园、广西南山白毛茶圣种生态茶博园、广西金花茶业有限公司圣山茶谷等生态茶旅基地，每年都有五湖四海的游客慕名而来；以西津国家湿地公园、宝华山风景区为基本点，完善横县旅游基础设施。

同时打造精品茶旅游线路，建设茉莉茶加工园区，建设茉莉主题庄园活动，形成闻花香、看花海、听花曲、品花茶、尝花宴、沐花浴、庆花会的横县茉莉花产业生态圈。通过招商引资和资金整合，加速推动茉莉科普观光、花茶加工体验、茉莉滨湖休闲、茉莉风情体验四大功能区内重点旅游项目建设，努力把中华茉莉园打造成国家级 4A 旅游景区。推进校椅镇石井村"茉莉花"主题风情小镇建设，将乡村风貌改造、休闲旅游和茉莉花产业发展相结合，打造集生产发展、生活宜居、生态保护、文化旅游和创新创业高度融合的田园综合体。"每到周末，我们一家就在景区周边卖手工制作的茉莉花球、茉莉花链、茉莉花干、茉莉香包，生意一天比一天好，好多外地游客都是带着满满一大包茉莉花产品离开的。"横县校椅镇石井村花农雷水平说，靠卖茉莉花产品，他们家的收入每月能增加一两千元。逐步推进村庄升级改造，建立生态农庄，完善旅游和生活基础设施。拓展茉莉花工业旅游，鼓励园内加工企业建立茉莉花及制品的参观走廊、科普展厅、展览馆、博物馆、文化馆、交流厅、产品团购厅等，拓展工业旅游产品，助力横县茉莉花文化旅游的发展。2019 年，全县茉莉主题旅游达 502.21 万人次，旅游总收入 52.16 亿元。

案例点评：横县有"中国茉莉之乡""世界茉莉花都"之誉，茉莉鲜花和茉莉花茶产量均占全国 80% 以上、全球 60% 以上，号称"全球每 10 朵茉莉花，6 朵产自横县"。近年来，横县依托创建国家现代农业产业园，坚持茉莉花"标准化、品牌化、国际化"产业发展方向，打造茉莉花产业链，将给种植农户和相关加工企业以及当地经济发展带来巨大效益。横县茉莉花产业发展主体涉及政府、企业、专家和花茶种植农户和经销商等，大力发展"茉莉＋花茶"、盆栽、食品、旅游、用品、餐饮、药用、体育、康养等茉莉花"1+9"产业模式，推动一二三产业融合，提高茉莉花产业的自我发展能力，走出了一条独具横县特色的现代农业兴旺之路。该模式的成功推广，说明了政府各职能部门要善于关注农业产业发展动态，从整个产业链的角度发挥好组织引导、调节、管理指导、制定相应政策、技术培训等职能，在保护生态环境和自然资源的基础上，政府和企业同时驱动，让茉莉产业走得更稳、更远、更有价值，这是最符合中国国情的农产品区域品牌发展模式。

（长江大学：周建利　黄芬肖；横县人民政府：黄海槟；

广西大学：钟川；马山县园林所：韦冬梅；

融安县园林局：黄晓玲）

主要参考文献

董文斌，黄雪群，黄志君，等，2019.广西横县茉莉花种植现状与建议［J］.中国热带
　　作物（3）：14-16.

胡明宝，2020.好一朵美丽的茉莉花——记广西横县现代农业产业园［J］.中国农垦
　　（5）：60.

黄慧冰，2020.浅谈茉莉花特色生态旅游在横州镇的开发研究［J］.农业经济与科技
　　（4）：39-40.

黎海霞，黄永新，韦昌银，等，2019.社群经济视角下横县茉莉花茶特色文化旅游品牌
　　提升策略研究［J］.现代农业科技（6）：216-218.

刘祖生，1993.茶用香花栽培学［M］.北京：农业出版社.

娄向鹏，2019.广西横县：如何从茉莉花产业配角到世界花都［J］.农经（8）：46-49.

吴峰，2017.促进横县茉莉花产业健康发展的存在问题与对策［J］.现代园艺（4）：14.

中国茶叶流通协会，2020.古韵飘香，聚焦世界茉莉花都［J］.茶世界（5）：53-55.

案例二十二

红心猕猴桃的推广

一、红心猕猴桃基本情况

猕猴桃（*Actinidia chinensis* Planch），又名藤梨、杨（阳）桃、奇异果等，为藤本状灌木，果实为卵圆形、椭圆形或近球形浆果，果皮黄褐绿色，传统果肉绿色，新西兰引进后培育出黄色果肉，我国通过选育获得了红心果肉的品种。我国是猕猴桃的原产地，最早《诗经》记载了"隰有苌楚（猕猴桃的古名），猗傩其枝"，明代《本草纲目》中记载："其形如梨，其色如桃，而猕猴喜食，故有诸名。"但我国的猕猴桃人工栽培和育种较晚，直到中华人民共和国成立后浙江省丽水林业学校王景祥等才开始研究选种繁殖和人工栽培技术，并在《生物学通报》上发表相应论文。

猕猴桃富含维生素 C，半个猕猴桃就能满足一个人一天的维生素 C 的需求量，被誉为"水果之王"。但传统中华猕猴桃（绿心）偏酸，果品外观粗糙，口感欠佳，市场欢迎度不高。1904 年，新西兰从我国宜昌雾渡河引进猕猴桃后，成功育成黄心猕猴桃，其果品外观得到改良，糖度有所提高，口感改善，从偏酸变成酸甜可口，并改名为奇异果，摇身变成新西兰最负盛名的水果之一，得到国际市场认可，生产面积迅速扩大，并被引进到意大利等欧洲地中海国家种植。

由于欧洲人和亚洲人对果品酸度的敏感性不同，我国消费者更喜好酸度低的水果，之前一段时期发展的绿心、黄心中华猕猴桃和美味猕猴桃并不能打动消费者。如何将猕猴桃酸度降得更低，成为打开市场的关键。1978 年，中国农业科学院果树研究所刘效义首次报道了红心猕猴桃，原代号曹营 5 号，发现于陕西南部秦岭山区，"果实成熟时，心皮由黄绿色逐渐变为粉红色，横切面呈现放射状粉红色条纹数十条，色泽妍丽，色调柔和……果汁中多，酸甜适口，品质上等"。1982 年，湖南省桑植县农业局也报道从野生中华猕猴桃中发现了红心猕猴桃，果心紫红，肉软味浓，总糖 6.86%，总酸 1.95%。1986 年，苍溪县技术人员在猕猴桃品比试验中，发现了 3 株红肉猕猴桃，之后成功选育出世界上首个红心猕猴桃新品种——红阳，后又培育出红华、红美、红昇等一大批红心猕猴桃新品种。

红心猕猴桃新资源的发现和品种选育，使猕猴桃口味更适宜我国消费者，突破了猕猴桃总酸偏高的品质瓶颈，糖酸比更大，口感更加甘甜细腻，品质超过新西兰的黄心猕猴桃和我国传统的绿心猕猴桃品种。各地加快新品种选育和引进，很快育成了适宜各地气候土壤的红心猕猴桃新品种，如四川的红阳、湖北的楚红等。品质的改善带来市场迅速发展，2007 年，苍溪县政协率先建言发展大力苍溪县红心猕猴桃，红心猕猴桃从四川苍溪县、蒲江县，陕西周至县、眉县等，迅速扩大到全国南方各地。截至 2019 年年底，我国猕猴桃栽培面积 436 万亩，总产量 300 万 t，挂果面积和产量稳居世界第一。

二、红心猕猴桃产业发展的市场竞争力和存在的问题

（一）市场前景

1. 红心猕猴桃的品质竞争优势强

红心猕猴桃的果品口感彻底扭转了传统美味猕猴桃和黄心猕猴桃偏酸的缺点，作为是我国本土传统水果，深受我国广大消费者的青睐。如红阳品种的总糖高达 14.37 g/100 g，总酸仅 1.16 g/100 g，糖酸比高达 12.37，口感较好，糖酸比为 8~20，风味为纯甜。而传统的中华猕猴桃和美味猕猴桃的糖酸比平均为 7~8，风味为酸甜或甜酸。

2. 红心猕猴桃的生产资源优势突出

我国南方是猕猴桃的原产地，气候温暖湿润，从秦岭以南到云南等都适合猕猴桃种植。我国南方山多地少，丘陵山区发展猕猴桃具有十分巨大的土地资源和气候资源潜力。猕猴桃种植是劳动密集型产业，作业劳动强度不高，适合我国丰富的老龄化劳动力资源利用。相比新西兰和意大利，低廉的劳动力和丰富的发展潜力赋予我国具备未来的国际竞争力。

3. 红心猕猴桃的种植效益高

我国南方气候温暖，但降雨偏多，导致苹果、梨、葡萄等病虫害较多，生产效益不高。而猕猴桃是原产物种，非常适合南方气候条件。一般红心猕猴桃盛产期亩产可达 2 000 kg 以上，效益可达 10 000~40 000 元。产地市场价格绿心猕猴桃 1~3 元 / 斤，黄心猕猴桃 5 元 / 斤左右，红心猕猴桃 8~12/ 斤，相比之下，红心种植效益最好（图 1）。

4. 红心猕猴桃加工产业链长

红心猕猴桃既可以鲜食，也可以根据它不同的营养功效进行精深加工。红心猕猴桃可以做饮料、桃派、果脯，还可以进行红心猕猴桃色拉、沙司、奶油、果酱等多种产品开发。猕猴桃还是制作果酒的好原料，中华人民共和国成立前就有记载青城山道士有利用猕猴桃酿制的青城酒，气味香醇，十分有名。此外，猕猴桃具有减脂功能，可开发成为高档营养保健食品。

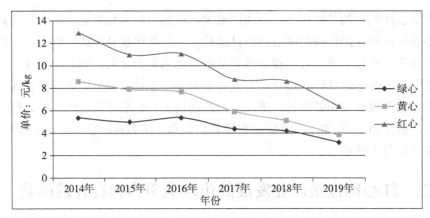

图 1 2014—2019 年猕猴桃主产区收购价格

（资料来源：何鹏，刘强，郭耀辉，我国猕猴桃市场与产业调查分析报告）

（二）存在问题

1. 科技支撑能力不强

科技支撑能力不足，品种较单一、优良品种少，良种良法不配套，机械化程度不高，生产效率低，生产过程标准化程度低，产品科技含量低，采后商品化技术研发滞后。猕猴桃溃疡病时有发生，严重时可毁坏整片果园，目前没有有效的治疗方法，只能靠截枝，一般采取的措施为预防。2016 年，因猕猴桃溃疡病，四川省巴中市通江县空山乡龙池村 30 多户种植户全部绝收，投入资金全部亏损，亏损额达 100 多万元，有的贫困户因此亏光了多年的积蓄。

2. 生产较盲目

生产盲目跟风，缺乏计划性和科学性。红心猕猴桃的种植有一定的技术要求，但是大多数农户在种植过程中，仅凭经验，随意性较大，对品种的种植适应性、配套种植技术等方面掌握不到位，造成成活率不高、病虫害得不到及时有效的防治、产品质量差等问题。在市场价格的利益驱动下，农户盲目扩张种植红心猕猴桃，缺乏市场风险防控意识，导致市场供过于求，产销不能有效对接，产品价格不断下降，农民增产不增收。

3. 基础配套设施不完善

与新西兰等发达国家相比，我国猕猴桃种植园区基础设施资金投入不足，道路系统、排灌系统等不配套，导致平地排水不通畅，山地则缺乏蓄水、保水设施等。机械化作业装备相对落后，病虫害防控技术不到位，导致我国猕猴桃生产单产偏低。冷藏储运设施落后，导致采后和贮藏的损失率大，集中上市导致价格波动较大。

4. 国际市场竞争力不足

我国猕猴桃产量跃居世界第一，但是大而不强，国际竞争力十分缺乏。2018 年我国猕猴桃出口仅为 960 万美元，而进口则达到 4.113 亿美元。我国猕猴桃出口仅占世界贸易总额的 0.17%。主要原因是猕猴桃种植和加工企业多以中小型企业为主，规模小，开拓市场、引导消费、研发能力不强，产品同质化现象明显，高端产品缺乏。

三、我国红心猕猴桃成功推广的经验

红心猕猴桃资源的发现，在猕猴桃健康价值的基础上，极大提升了消费市场竞争力。各地通过加快苗木繁育基地建设，配套高效栽培技术，生产面积得到迅速扩大，成为我国消费者喜爱的新一代水果，并远销欧洲、东南亚等国家。由于我国是猕猴桃的原产国，生态气候适宜猕猴桃生长，在科技创新、市场效益和政策的驱动下，我国猕猴桃产业发展迅速，目前面积和产量均居世界第一，成为世界猕猴桃生产大国。以红心猕猴桃为主要原料，开发了红心猕猴桃派、脆片、果脯、糖水罐头等多种产品，不断延长红心猕猴桃产业链和价值链。如四川苍溪县对红心猕猴桃进行精深加工，开发出猕猴桃酵素、含片、果酒、饮料、口服液保健品等 36 种产品，年产值达到 8 亿元。

案例 1   四川省苍溪县红心猕猴桃的推广

四川省苍溪县作为世界红心猕猴桃原产地，"苍溪红心猕猴桃"被当地打造为"中国驰名商标"，品牌价值目前高达 80 多亿元，荣登中国品牌价值百强榜，多次获得国内外各类金奖。苍溪红心猕猴桃鲜果单价高于全国同类产品价格的 2~5 倍，出口远销美国、欧盟、东南亚等 21 个国家和地区。苍溪红心猕猴桃产量占四川省红心猕猴桃的 65.49%，年综合产值 60.66 亿元。苍溪红心猕猴桃的成功推广，得益于以下经验做法。

1. 政府高度重视

县政府积极采纳县政协发展红心猕猴桃的建言，从政策、资金等方面大力支持，专门成立苍溪县猕猴桃产业局，主导全县猕猴桃产业的发展，设置猕猴桃研究所，给产业提供科技支撑。设立猕猴桃产业发展专项基金，通过对符合条件的农户、合作社、企业等给予一定金额的补助，"以奖代补"，激励农户、合作社、企业等大力发展猕猴桃产业。

2. 大力推进产学研相结合

以中国红心猕猴桃工程技术中心为基础，逐步构筑产学研联盟。对外吸引以新西兰皇家园艺食品研究所和意大利巴西里卡塔大学为代表的国际食品研究前沿机构，对内联系中国科学院和四川本地科研院所及高校，在接收高水准技术的基础上完善本土化应用。建立野生猕猴桃资源保护区和产地保护档案。

3. 注重品牌建设和品牌保护

充分利用苍溪县红心猕猴桃原产地资源优势，先后获得苍溪县红心猕猴桃国家地理标志和欧盟地理标志保护。积极培育绿色有机猕猴桃产品品牌，推动猕猴桃高质量发展。实施红心猕猴桃区域公用品牌与企业品牌相结合的"母子"品牌战略，注册"红阳"猕猴桃系列商标 36 个。

4. 建立营销网络，延长产业链

建成全国首个红心猕猴桃交易中心，建成"京东苍溪特产馆"和 100 多个乡村电商服务站，搭建电商交易平台，推行产品期货交易。建成红心猕猴桃加工园区、主题旅游园区，举办红心猕猴桃研讨会和采摘节等，通过农旅融合等方式，不断拓展猕猴桃产新功能，延伸产业链和价值链。

案例 2　贵州六盘水"凉都弥你红""甜蜜"奔向全国

贵州省六盘水号称凉都，有中国野生猕猴桃之乡之誉，当地环境适宜猕猴桃种植。贵州省六盘水打造了"凉都弥你红"红心猕猴桃品牌，出口远销俄罗斯、加拿大、中东等国家和地区。2019 年红心猕猴桃鲜果产值 5.4 亿元，加工产值 1.8 亿元。年带动就业人数 100 万人次，总收入 1 亿元以上。红心猕猴桃成为六盘水市助农增收的富民产业。2020 年冠名"凉都弥你红"号的高铁专列首发，带着"凉都弥你红"红心猕猴桃奔向全国，为"凉都弥你红"红心猕猴桃品牌造势。六盘水"凉都弥你红"成功推广的经验具体如下。

1. 严格标准化生产和管理

建立健全各类标准体系，编制了猕猴桃产业管护技术手册，发布了《六盘水市猕猴桃生产技术标准体系》。严格制订采摘标准，统一果品成熟度、统一安排采摘，确保红心猕猴桃口感和品质最佳。

2. 产学研相结合

与相关科研机构进行产学研合作，建成产学研基地、新品种对比试验示范基地、国家果蔬检测重点实验室（六盘水）、农业园区物联网示范试点等。攻克红心猕猴桃保鲜存储不超过 120 d 的技术难题，实现长达 270 d 的保鲜存储，保鲜期提高 50%。

3. 不断延伸产业链

加大对红心猕猴桃系列果饮、食品及生物萃取、美容产品等深加工关键技术的研发力度，不断延长猕猴桃产业链，提高其综合效益。目前，"凉都弥你红"果酒已通过 FDA 认证，获准进入美国市场。

4. 品牌化运作

通过系列运作，打造"凉都弥你红"品牌，提出品牌口号，突出强调其特性。

5. 拓展营销新渠道

建立西南、华北、华东、华南、华中区域 18 个省市级市场的销售网络，进入华润、家乐福、大商集团等全国知名水果连锁终端渠道，加入京东、天猫、顺丰优选等电商，融入抖音、快手等新型社群营销模式。

案例点评： 红心猕猴桃药食兼用，属于营养保健型水果，但由于传统猕猴桃酸度高，我国消费者接受度不高，在国内市场发展缓慢。20 世纪 70 年代，我国科学家开展了全国猕猴桃普查，发现了红心猕猴桃资源，其酸度低，糖度高，色泽好，突破了猕猴桃的品质制约瓶颈，为猕猴桃的市场开拓奠定了有利基础。四川省苍溪县等及时抓住猕猴桃从绿心、黄心品种向红心品种升级转型的有利机会，县政协建言推动红心猕猴桃产业发展，并提出了政策、科技创新、绿色生产、产业链建设和招商策略。县政府在产业发展中积极发挥主导作用，主打"世界红心猕猴桃原产地"牌，科学规划、科技创新驱动产业发展、实施品牌战略、创新"四保＋三分红"利益连接机制、企业和专业合作社解决生产销售问题、"以奖代补"、农旅融合发展的做法，覆盖了红心猕猴桃由田间到餐桌全过程，也使农户得以参与价值链中，有效提升了农户种植积极性以及生产标准化，不断推进产业升级改造。贵州六盘水"凉都弥你红"红心猕猴桃利用其优良的品质和特性，大力打造品牌，快速在国内市场打开销路和知名度，并出口远销国外。两个农产品成功推广的案例的核心关键是政府部门要善于抓住适合当地发展的优势产业，通过规划引领、科技驱动、利益分配改革促生产，通过知名品牌创建占领消费市场，将当地特色产品变为促进地方经济发展的支柱产业和农民增收致富的主导产业，为其他省市发展地方特色农产品产业积累了经验，提供了借鉴。

（长江大学：殷艳；北京工商大学：张婵）

主要参考文献

郑晨，2021-02-02. 2020 年中国猕猴桃产业发展现状与区域格局分析 世界"看"中国、中国"看"陕西［EB/OL］. http://finance.eastmoney.com/a/202102021798844660.html.

刘效义，1979. 粉红肉猕猴桃［J］. 中国果树（2）：39.

薛广兴，2015. 种植红心猕猴桃 轻松把金"淘"[J]. 农村百事通（3）：22-23.

农业农村部发展规划司，2020. 四川省苍溪县 三园联动"联"出百亿产业［J］. 农村工作通讯（23）：50-51.

王玉玺，2019. 苍溪县猕猴桃产业融合发展路径研究［D］. 绵阳：西南科技大学.

邱优辉，2020. 浅谈红心猕猴桃的栽培种植技术［J］. 农业技术与装备（8）：141-142，144.

佚名，2015. 种养特色品种，走致富之路［J］. 农村百事通（22）：78-80.

袁雪飞，2017. 蒲江县猕猴桃产业发展对策研究［D］. 雅安：四川农业大学.

祝义伟，冯璨费，华熙，等，2014. 重庆四区县不同猕猴桃品种营养成分检测与比较［J］. 中国食物与营养（4）：73-75.

黄星，2020. 猕猴桃产业助推四川扶贫探析［J］. 农村经济与科技，31（9）：216-217，220.

王森培，郭耀辉，2020.中国猕猴桃国际贸易竞争力分析［J］.农学学报，10（8）：83-88.

张鑫，2020-09-02.从各产区看我国猕猴桃产业市场现状分析，高端化、多元化产品需求逐步增加［EB/OL］.https://www.huaon.com/channel/trend/645827.html.

陈仕敏，胡彦佩，赵平，2021.苍溪县歧坪镇猕猴桃产业发展探析［J］.现代农业科技（4）：81-82，86.

何鹏，刘强，郭耀辉，2021-01-20.我国猕猴桃市场与产业调查分析报告［EB/OL］.http://news.foodmate.net/2021/01/583130.html.

中国扶贫，2020-08-25.［产业扶贫巡礼之十六］四川苍溪：红心猕猴桃　致富金元宝［EB/OL］.https://www.thepaper.cn/newsDetail_forward_8887846.

佚名，2017.苍溪红心猕猴桃［J］.农村百事通（10）：10.

郭耀辉，刘强，何鹏，2020.我国猕猴桃产业现状、问题及对策建议［J］.贵州农业科学，48（7）：69-73.

iFresh 亚果会，2019-07-26."凉都弥你红"红心猕猴桃凭借4大核心优势即将抢占全国市场！［EB/OL］.https://www.sohu.com/a/329588882_283674.

涂美艳，江国良，陈栋，2012.四川省猕猴桃产业发展现状及对策［J］.湖北农业科学，51（10）：1945-1949.

六盘水市发展改革委，2020-10-19.我市猕猴桃全产业链项目获国家发改委等五部委通报表扬［EB/OL］.http://www.gzlps.gov.cn/ywdt/bmdt/202010/t20201019.

蔡媛宁，2014.杨凌猕猴桃产业发展思路［J］.农技服务，31（3）：157.

苏春英，王凤君，叶文龙，2013.猕猴桃无公害种植技术［J］.农民致富之友（2）：119.

湖北的鳝鱼是如何发展成全国第一的？

黄鳝属亚热带鱼类，广泛分布于亚洲东部及南部的中国、朝鲜、日本、泰国、越南、缅甸、印度尼西亚、马来西亚、菲律宾等国。我国除青藏高原以外，全国各水系都有出产，但以长江流域的四川、湖南、湖北、江西、安徽、江苏、浙江、上海及珠江流域的广东、广西资源最为丰富。由于黄鳝具有较高的营养、药用和开发利用价值，在国内外市场供不应求，各产区大量捕捉，一些地区甚至发展到使用剧毒农药进行毁灭性捕捉，加之农田大量使用化肥、农药，使我国的黄鳝野生资源由 20 世纪 60 年代的每亩年产量 6 kg 下降到不足 0.5 kg。

黄鳝是深受国内外消费者喜爱的美味佳肴和滋补保健食品，在国内外市场上十分畅销。据调查，目前国内市场年需求量近 300 万 t，日本、韩国每年需进口 20 万 t，中国香港、澳门地区的需求也呈增长趋势。同时，由于黄鳝体内富含 DHA、EPA 和其他药用成分，因而在深加工和保健品开发上具有极大的发展潜力。目前，供应黄鳝市场的主要货源来自野生捕捞和一定数量的野生鳝反季节囤养。野生鳝的资源国内除四川、湖南、湖北还有一定数量分布外，其他地区已被大量破坏，野生资源奇缺，主要只能依靠人工养殖供应市场。随着需求的增长和资源的减少，黄鳝市场供应日趋紧张，价格稳步提高。目前，日本市场黄鳝的价格比鳗还高。在冬季，上海、南京、杭州一带日供需缺口达 100 t 以上，规格在 100 g 以上的黄鳝批发价为每千克 80~100 元，50 g 以上每千克 60~80 元，50 g 以下每千克 50~60 元。诸多因素表明，人工养殖黄鳝具有广阔的利润空间。

一、仙桃黄鳝养殖发展历程

1997 年，湖北省仙桃市陈场、张沟等镇率先试行稻田网箱掩土进行黄鳝人工养殖，经过两年的试行养殖，由于受养殖技术、管理水平的限制，加上对黄鳝生态习性的认识不足，养殖效益不佳。同期还有庭院水泥池养殖、池塘粗放养殖等模式。

2000 年，张沟镇先锋村支部书记陈江启带领党员干部在本村养殖池塘中悬挂网箱 60 口，试行无土网箱养殖。到年底，养殖效果明显，黄鳝增长了 2 倍，取得较好的经济效益。2001年该村网箱养殖黄鳝面积扩大到200亩，网箱2 000口。

2004年，仙桃市水产技术推广中心在长江大学杨代勤教授的指导下，进行黄鳝人工繁育实验。

2009年，该村养鳝面积达到3 000亩，养鳝网箱3.5万口，参与农户达98%以上。年产黄鳝1 400 t，产值7 280万元，纯利润2 100万元，人均纯收入11 670元，每口网箱（6 m²）平均纯收入600元。近几年来，该村先后被评为全省村级经济综合实力500强明星村、全市村级党组织十面红旗、农产品流通先进单位、全市信用村、全国小康示范村等。

2012年网箱养殖黄鳝开始推广全市，网箱养殖面积逐年增加，养殖规模不断扩大，逐渐覆盖到全市22个乡、镇及国营渔场。

2014年，仙桃市黄鳝人工繁育采取"两条腿走路，多点开花"模式，有土、无土模式共同发展，大户、散户齐力研究。在2015年获得突破性进展，掌握了几个关键技术点技术，获得了专家教授的肯定与赞赏。现已建成四个大型繁育基地，部分解决了自繁自养、自给自足的问题。

2020年，仙桃市水产精养水面53.8万亩，水产品年产量28.38万t，渔业产值60亿元，水产业已成为"三农经济"的支柱产业，其中黄鳝养殖业已然成为城市的亮丽名片。

经过20年的发展，目前全市黄鳝养殖面积10.24万亩，养殖网箱约200万口，年可产成鳝5万t左右，产值过30亿元。主要分布在张沟镇、西流河镇、杨林尾镇、陈场镇、郭河镇，其中张沟有"全国养鳝第一镇"之称。全市黄鳝养殖户1.1万户，从业人员2.67万人。已成立78家黄鳝专业养殖合作社，注册资金9 930万元。建有1个国家级黄鳝种质资源保护区、12个黄鳝专业交易市场、2个黄鳝出口备案基地、8个黄鳝苗种繁育基地，形成了苗种繁育、成鳝养殖、黄鳝加工、销售、黄鳝渔药、饲料加工等较为完整的产业链。年繁育苗种1亿尾、成鳝产量5万t，黄鳝成品加工已开始起步，黄鳝销售已出口到多个国家和地区，先锋、三同、强农、八台等5个黄鳝交易市场年交易量3万t，交易额17亿元，有爆炒鳝丝、泡蒸黄鳝、盘鳝等特色菜肴30多种。

二、仙桃黄鳝产业发展的优势及存在问题

（一）仙桃市黄鳝产业发展优势

1.规模化、集约化养殖程度高

全市养殖规模达10万亩，主要以网箱养殖为主，其他养殖方式并存。网箱养殖规模大，集约化程度高，以这种方式养殖的黄鳝产量占年产量的80%以上。

2.深加工产业初现端倪

黄鳝养殖业的发展，推动了其产品加工的发展，目前除活鲜鳝出口外，已出现加工产业。同时，黄鳝体内富含DHA、EPA和其他药用成分，国内外已在深加工

和保健品开发上进行研究开发，黄鳝产业链条向纵深发展。深加工大大提升了黄鳝的经济价值，越来越受到食品加工企业的重视。

3. 产业科技受到重视

仙桃市人工黄鳝养殖的历史较短，近年来政府加大了对黄鳝产业的政策支持，黄鳝养殖、繁殖、营养等方面的研究力度也在逐步加强，洪渊泽合作社与上海农业科学院周文宗博士合作，建立了黄鳝温棚立体式四季滚动孵化繁育基地；卫祥合作社聘请长江大学杨代勤教授常年作为技术指导顾问，建立了全国最大的黄鳝仿生态有土繁育基地；忠善合作社聘请中国水产科学研究院长江水产研究所李忠博士进行技术指导，建立了黄鳝苗种工厂化人工催产繁育基地。新成果、新经验、相关项目的实施大为增加，通过成果推广和应用，将黄鳝的科技成果、技术专利直接与生产相结合，直接转化为生产力，黄鳝养殖业科技含量大为提高，有力地促进了养鳝业的快速发展。

（二）池塘网箱养鳝的优势

网箱黄鳝养殖具有网箱养鱼的共性，由于箱内水体与设置大水体的对流，充分解决了黄鳝养殖水质难控制的难题，因此网箱黄鳝养殖具有其他黄鳝养殖方式不可替代的优越性。

1. 投资较小

一般一口底面积为 4 m^2 的网箱，制作成本在 20 元左右，一次性投入不大，而且可使用 3 年左右。

2. 投资规模灵活

网箱养殖可根据自身条件，规模可大可小。从一口到数百口甚至千口以上，投资几百元至上百万元均可。适于中小规模投资，如管理能跟上，养殖面积可扩大。

3. 水温易控制

网箱放置于池塘等水域中，水体较大，夏季炎热时水温不会迅速上升，更不会轻易达到 30℃ 以上的高温。

4. 水质有保障

水质易控制，由于大水体自身净化能力的支撑作用，加上人工的水质控制药物调整，网箱养殖黄鳝的水质可得到充分保障。

5. 操作管理简便

因网箱只需移植水草，劳动强度小，平时的养殖主要是投喂饲料和防病防逃，管理项目少，简单方便。同时，越冬管理及捕捞均较为方便。

6. 养殖效益好

网箱养殖由于水质清新，水温较为稳定，因而养殖成活率较高；同时，由于箱内水体与设置水域的水体可进行自由交换，载体水质得到充分保障，可实现最高强度投喂，因此养殖单产可达到最高。同时，在鱼塘中设置网箱，养鳝养鱼两不误，可有效利用水面，只要合理安排，对池塘养鱼没有明显影响。

（三）黄鳝养殖中存在的主要问题

1. 盲目投入影响产业健康发展

黄鳝养殖的利润较高，为了在短期内获得较高的回报，许多养殖户不顾规模养殖内在规律的约束，在没有掌握过硬的养殖技术和种质资源有保障的情况下，强行盲目扩大规模，最终导致血本无归，影响了黄鳝养殖业的健康发展。

2. 苗种质量得不到保障

种苗是生产的基础。黄鳝的怀卵量相对较少，人工繁殖技术尚未成熟，规模化人工繁殖受到制约。养殖者所购得的黄鳝苗种基本上是来自野外捕捞，苗种生产仍是制约黄鳝养殖业发展的重要因素。另外，鳝苗大量捕获的时期正值高温季节，暂养与运输不当，也会造成黄鳝在下池后大量死亡。因此，鳝种的质量在很大程度上由捕捞、暂养和运输方法所决定。由市场上收集而来的成鳝作为种鳝，则很难保证黄鳝苗种的质量。

3. 黄鳝上市规格偏小

黄鳝生长期主要是在夏秋两季，冬季基本停止生长，春季后期生长缓慢，这样就导致养殖黄鳝在秋末大部分集中上市，影响了市场价格，从而影响了黄鳝养殖的经济效益。同样，上市规格小也影响黄鳝的销售价格，国际国内市场均是如此。

4. 配合饲料研制滞后

大多数养殖者以投喂蚯蚓、小杂鱼等活饵料为主，很少投喂人工配合饲料。投喂小杂鱼等活饵料的黄鳝，多因营养不全面，黄鳝生长缓慢，饵料系数高，加上活饵料生产缺乏连续性，时饱时饥，会引起黄鳝自相残杀，也易诱发肠炎病、细菌性烂尾病等，导致养成的黄鳝规格参差不齐、大小不一，产量低下。因此仅靠活饵料已不能满足规模化生产的需要，投喂配合饲料已是大势所趋，然而，由于目前黄鳝专用配合饲料的生产厂家太少，黄鳝养殖户不易直接购买，且因路途遥远，即便购买也必须负担高额的运输费用，无形中增加了养殖成本。

5. 病害防治不及时

病害是集约化养殖中最难处理的问题，随着养鳝集约化的发展，鳝病越来越多，据不完全统计，目前各类鳝病已达 30 余种，这方面的研究又滞后于生产发展，黄鳝的疾病已成为制约生产发展的主要因素，很多养殖户因为对病害防治不及时而造成养殖失败。

三、黄鳝养殖成功案例及点评

案例 1　中国养鳝第一村成功案例分析

仙桃市张沟镇先锋村养殖黄鳝已有 20 年，养殖水面 2 500 亩，被誉为中国养鳝第一村。年产鳝鱼 1 200 多吨，是湖北省水产板块核心地区之一。全镇近七成农户从事黄鳝养殖，养殖面积达 5 万亩，网箱 100 万口，年产量 4.25 万 t，市场供不应求，先锋黄鳝交易市场也是全国最大的黄鳝交易平台，辐射华中、华东、华南等地，年交易额近 4 亿元。

黄鳝网箱养殖从先锋村兴起，由村而镇，由镇而城，为仙桃这座城市赢得了一项项亮眼的荣誉、一块块闪光的奖牌，成为带动农民增收、致富奔小康的特色产业，"张沟鳝鱼"游出了一条"黄金路"。

先锋村黄鳝养殖能取得如此成绩，笔者通过多年的跟踪调查，主要归纳为以下几点经验。

（一）池塘环境好，网箱设计合理

首先，养殖黄鳝池塘大小适中，便于管理。池塘均为新开挖鱼塘，没有沉积太多淤泥，并且每年都进行严格彻底的清塘、晒排等清毒工作，有效减少了疾病的发生与流行。另外，采用两个池塘专门作为蓄水池塘，保证了养殖用水的质量。有了良好的水源，黄鳝养殖成功才会有保障。

其次，网箱严格执行标准的行距和列距。只有这样，网箱内外的水体才能得到充分地交换与循环，网箱内水质才能得到保证，网箱生态环境稳定，大大减少了因网箱水质恶化而引发的黄鳝疾病。

最后，池塘严格控制了网箱数量。一般每亩池塘不超过 40 口网箱，有效避免了池塘因网箱过多导致整个池塘负荷太重而引发的灾难性疾病的发生，特别是在养殖过程中，网箱过多非常容易导致水体亚硝酸盐、氨氮严重超标而引发黄鳝疾病。另外，在网箱外套养少部分花鲢、草鱼、鲫等，一方面增加了池塘的经济效益，更重要的是增加了池塘自净能力，不仅能有效地调节和控制好池塘水质，还有效防治了黄鳝疾病的发生，特别是黄鳝的大头病和水蛭病能得到很好的防治。但是，如果网箱密度过小，则资源浪费性较大，也不便于管理，经济效益也较低。因此，一般建议每亩池塘架设网箱控制在 40 口左右为宜。

（二）黄鳝品种选择严格，饵料投喂有技巧

各个养殖合作社通过长达 10 多年的养殖经验，摸索出了一整套养殖技术管理流程。

首先，黄鳝养殖成功与否，与黄鳝品种的选择息息相关。选择体色好、生长速度快、抗病力强的大黄斑鳝作为养殖的对象，此品种黄鳝多分布于水资源较丰富的地方，如洞庭湖周边水系。

其次，野生黄鳝苗种开口率也是养殖关键点。开口率与黄鳝的发病率及黄鳝产量密切相关。鳝种开口率高，黄鳝养殖后期发病率较低，黄鳝产量相应较高。为此，合作社让工人花费近 20 d 的时间对黄鳝进行摄食驯化工作，争取做到每口网箱

内 90% 以上黄鳝均能开口摄食，达到均衡摄食、整体生长的目的。因为养殖市场选购的天然野生鳝种，入箱后必须进行摄食驯化，摄食驯化包含两个阶段，即开口驯化和转食驯化。合作社要求工人先进行严格的开口驯化工作，鳝种入箱后，第 4 天傍晚开始喂食，饲料定点放于箱内水草上，投喂量为黄鳝体重的 1%，当投喂量达到鳝种体重的 7%~8% 时，开口驯化完成。然后再要求工人进行转食驯化工作，开口驯化成功后，在动物性鲜饵料中加入 5%~10% 的配合饲料，待黄鳝适应并完全摄食后，再日递增配合饲料 15%~20%，动物性饲料每减少 1 kg，配合饲料添加 0.2 kg 代替，直到符合动物饲料和配合饲料事先确定的配比为止。因此，黄鳝养殖中开口驯化与转口驯食是两项必不可少的精细工作，必须严格执行，才能保证后期养殖的成功。

最后，日常投喂的动物性饵料与黄鳝全价配合饲料配比适中。合作社通过多年的摸索试验，选择了质量相对稳定、价格较适中的黄鳝配合饲料。将配合饲料与动物性饲料（白鲢肉）的比例调整到 1∶1。因黄鳝摄食配合饲料比例过重，在养殖过程中极易因生长速度过快导致疾病发生，而完全摄食白鲢肉或白鲢肉比例过高，黄鳝的生长速度缓慢，产量低，同时网箱水质极易恶化变质，引发黄鳝疾病。因此，养殖黄鳝过程中，黄鳝饵料中配合饲料与白鲢肉的比例应适中，既要保证黄鳝适当地生长速度，又要保证黄鳝有较高的成活率。具体日投喂量视气温、水温、水质、剩饵、摄食速度等灵活掌握。

（三）日常管理精细化，预防疾病科学化

1. 日常工作必须落到实处

合作社通过多年养殖的经验积累，认为一个熟练、负责的养殖工人最多只能管理好 300 口网箱。工人每天下午必须定点、定时投喂饵料，认真仔细观察和了解每口网箱黄鳝驯食开口、正常摄食等实际情况，掌握黄鳝生长状况；第 2 天上午必须检查每口网箱残食情况，同时不折不扣地将每口网箱饵料台上的残渣剩饵清洗干净，否则极易滋生大量病原微生物，导致网箱水质恶化。如果一个养殖工人管理网箱数目过多，许多重要环节就会被忽视，这样就会大大增加养殖风险。

2. 必须加强越冬管理

合作社认为养好大规格黄鳝，越冬管理是重点。一是无特殊情况不要翻箱和分箱操作；二是保证水位深度，加厚箱内水草；三是严防偷盗和兽害。黄鼠狼、老鼠特别喜欢蹿到网箱内捕食黄鳝，因此需要经常检查网箱有无破损，及时完善。

3. 及时分箱，有效提高黄鳝产量

分箱养殖一方面能够把病弱的鳝苗全部剔除，保证网箱内黄鳝健康。另一方面能够把大小规格进行分级，保证各有各的规格，分箱养殖。第三能够控制网箱里面的数量。分箱时间一般选在 4 月初进行，分箱规格可以分为三个等次，一般情况下，黄鳝在 50 g 以下的时候，每一箱投放量 10 kg，保证网箱内基本条数在 200 条

左右；50~100 g 的黄鳝，投放量在 12.5 kg 左右，保证网箱内基本条数在 180 条；100 g 以上的黄鳝，投放量在 15 kg 左右，保证网箱内基本条数是 150 条。按这样的标准分级之后，到年底每个网箱都有一个比较好的产量，同时规格都比较整齐。分箱的密度是经过严格测算得来的，如果投放量过少，就会导致整体产出不足，效益太低。而密度太大，就会使黄鳝的采食和活动受到影响。

4. 严格做好黄鳝疾病的防治工作

黄鳝在自然界很少生病，但在人工饲养条件下，由于养殖密度高，生态条件发生了改变，特别是养殖初期，黄鳝在恢复体力和适应环境中容易患病。因此，在管理中，一方面要注意改善池塘和网箱的水体环境，另一方面要注重投喂饲料的适口性。黄鳝养殖疾病的防控只能采取预防为主、治疗为辅的方针。为此，合作社制订了严格的疾病预防流程和标准。每隔 15 d 对网箱内外进行水体杀菌消毒，主要以聚维酮碘、戊二醛、一元二氧化氯等常规消毒液进行交替性、周期性地外用泼洒。同时，周期性内服中草药、免疫增效剂、维生素 C 等保肝护胆无公害保健药品，有效增强黄鳝的抗病力，从而有效防止疾病的发生。

只有做到日常管理精细化，鱼病防治科学化，才能有效保证黄鳝养殖的成功。

案例 2　黄鳝人工繁育苗种成功案例分析

仙桃最大的黄鳝养殖基地——国兵水产养殖基地。童国兵是国兵水产的"掌门人"，有着 13 年养鳝经历的他，几年前在西流河办起了占地面积 1 820 亩（其中孵化场面积 500 亩）的黄鳝孵化、养殖一条龙基地，现有成鳝网箱 28 000 口、孵化网箱 8 万口，是仙桃最大的黄鳝养殖基地，实现了从养鳝到孵化鳝苗并举的深度转型。

据介绍，黄鳝一般在每年的 6 月中旬左右放苗，一个 2m×2m 的网箱放苗量 15 斤左右，养成产量可达到 60~70 斤，按照目前的养殖投入和 2016 年的行情，一个网箱有 20 多斤的产量就已保本。2016 年，黄鳝平均塘头价达到 35 元/斤，是近年来较好的价格，每个成鳝网箱利润 100~200 元，甚至更高，国兵水产养殖基地 2016 年全年实现销售额 2 亿多元。然而，童国兵并不满足于这样的成绩，他给自己定了一个新的目标，"我们的目标是 2017 年能向外面销售黄鳝苗"，童国兵告诉记者，目前黄鳝养殖最大的风险是种苗，那是因为黄鳝苗种孵化技术还不成熟，养殖种苗来源渠道复杂，种苗质量参差不齐，有些贩子为了牟利，常常在 6 月投苗季前将从各地收集来的苗种囤积起来，俗称"水压苗"，"水压苗"放到塘里的成活率很低，有时只有 10%，严重影响养殖效益。"只有将黄鳝苗质量搞好，黄鳝养殖才能可持续发展。"

据了解，目前基地孵化场的苗种产能约 1 000 万尾，实际需要种苗 1 200 万尾，童国兵希望通过"倒逼"的方式，将种苗孵化做强做大。

从项目的选择、关键技术的咨询和应用以及实践操作中的每个环节，他都经历了不少失败，最终通过大量的试验总结和积累，逐步完善起来。笔者通过多年的跟踪调查，将国兵水产养殖基地取得黄鳝人工苗种繁育的成功归纳为以下几点。

（一）项目选择合理，发展空间极大

黄鳝是我国的主要淡水名优鱼类之一，肉味鲜美，营养价值高，鳝肉中富含DHA、EPA及卵磷脂3种物质，属高蛋白质、低脂肪、低胆固醇肉质，具有健脑、益智、抗衰、治病等药用功能。《本草纲目》记载，黄鳝性味甘温无毒，入肝、脾、肾三经，能补虚劳，强筋骨，祛风湿，特别是与中药合用，治疗黄疸肝炎有独特疗效，所以被誉为"人类健康的生命之鱼"。民间流传有"夏吃一条鳝，冬吃一枝参"之说。黄鳝是淡水珍品，有着广泛的国际、国内消费市场。国内以江浙沪一带为主，吃鳝已成为一种习俗，中国香港、中国台湾，日本，韩国等国家和地区十分俏销。但近年野生黄鳝资源日趋减少，不能满足市场需求，近五年市场价格连续上涨，如湖北省黄鳝价格从2008年的平均40元/kg上涨到2013年上半年平均80元/kg以上，上涨了近50%。由于价格高，养殖效益好，使得近年黄鳝养殖发展迅速，尤其是黄鳝资源比较丰富的长江中下游的湖北、湖南、江西、安徽、江苏等省的黄鳝养殖发展快。当前我国黄鳝产业出现良好的发展势头，群众养鳝的积极性较高，在一定的范围内形成了黄鳝养殖热潮。据资料显示，2020年全国黄鳝总产量约31.38万t，湖北省黄鳝产量达14.42万t，占全国黄鳝产量的45.94%，黄鳝产量居全国第一。

但是，目前黄鳝种苗主要依赖野生种苗，且近几年人工养殖对野生种苗的大量捕捞已造成野生鳝苗资源大幅度减少，在人工繁殖鳝苗规模不能迅速提高的状况下，在几年后将会出现无鳝苗可养的地步，黄鳝产业发展会受到严重制约。因此，进行黄鳝人工生态繁育这一项目，具有很强的前瞻性，发展空间极大。

（二）勤奋好学，勇于探索

黄鳝人工繁育项目具有较强的理论性和实践指导性，水产养殖基础薄弱的童国兵，在决定从事黄鳝人工繁育工作之前，购买了大量的相关书籍进行学习，参加了县水产局、科技局举办的一些科技下乡活动和水产养殖技术培训活动。只要有学习的机会，他都踊跃报名参加，不愿放弃每次学习、培训、参观考察的机会。每次都专心听讲，认真做好学习笔记。不仅如此，他还从朋友处了解到湖北长江大学动物科学学院有黄鳝基地，主要从事黄鳝养殖及繁育方面的研究工作，特别是在黄鳝人工繁育方面处于国内领先水平。因此，他多次前往长江大学黄鳝基地，向杨代勤教授请教，到基地现场考察和咨询。通过大量理论知识的学习和专家的技术指导，童国兵于2007年开始了黄鳝人工繁育工作的探索。他从小规模探索技术起步，掌握相关技术后，再逐步扩大规模，有效减少和规避了失败的风险，保证了黄鳝人工繁育项目取得成功，获得最大经济效益。

（三）持之以恒，勇于坚持

兴趣是最好的老师，童国兵对黄鳝人工繁育事业的热爱，甚至超过了他对家人的关爱，曾多次因黄鳝繁育与家人发生矛盾争执，但他都默默地坚持下来。黄鳝人工苗种从孵化出苗、合适的开口饵料、适宜的培育温度和密度等诸多环节都对苗种的存活起着关键性的作用,特别是黄鳝苗种越冬管理工作尤为重要。

因此,童国兵进行黄鳝人工苗种繁育的前三年基本上为亏损,毫无利益可言,收获的只是探索出来的一条条宝贵的实践经验。但正是因为他的坚持不懈,同时在长江大学黄鳝研究团队的全力指导下,黄鳝人工繁育的主要生产环节逐一被他攻克和完善。首先,黄鳝亲本产前、产中的营养强化培育、雌雄比例的选择以及大小规格的搭配,直接关系黄鳝亲本的成活率、产卵率;其次,黄鳝仿生态繁育生态环境的模拟状态,包括网箱泥土的深度、泥土的质量、网箱泥土的平整度、水位深浅度、网箱植被状况等,都直接与黄鳝产卵率、苗种孵化率息息相关;第三,黄鳝苗种的开口饵料水蚯蚓的发现和应用,以及黄鳝苗种的日常管理,包括培育温度、密度、水质及天敌等重要指标和措施,均与黄鳝苗种培育的存活率密切相关。最后,黄鳝苗种的体质、水质环境、网箱植被环境与黄鳝苗种越冬存活率也密切相关。每一个环节都需要通过大量的实践进行探索。因此,一整套人工繁育黄鳝苗种技术流程必须经过大量的试验和实践经验积累才能总结得到。只有拥有持之以恒、攻坚克难的勇气和精神,具备一定的专业技术指导和相应的专业化管理,过五关,斩六将,攻克一个又一个技术难关,解决一个又一个技术难题,才能真正走向成功。

案例 3　黄鳝市场销售成功案例分析

湖北省监利县海河水产养殖专业合作社成立于 2008 年 5 月,是在原监利县程集镇黄鳝养殖营销协会的基础上成立的,合作社与协会实行一套班子两块牌子进行水产养殖销售,是一个以黄鳝健康养殖和人工繁殖优质苗种为主导、集科研开发、养殖、销售和技术咨询为主体的水产专业合作社。至今为止,合作社社员由 2012 年底的 198 人增加到 246 人,养殖面积由 1.8 万亩扩大至 2 万亩,网箱养殖由 25 万口增加到 30 万口,年产黄鳝 5 000 t 增加到 9 000 t,产值由 4.2 亿元增加到 6.2 亿元。全镇从事黄鳝养殖的人员共获纯利达 2.4 亿元,把黄鳝产业做成了一个能使当地农民致富兴村的黄金产业,受到了省、市、县各级领导的充分肯定和社会各界的好评。

2008 年,该合作社取得《无公害产地认定证书》《无公害产品认证证书》和《水生动物注册养殖场登记证》。2009 年,先后被荆州市委、市政府授予"农民专业合作组织示范合作社",被湖北省科技厅授予"全省科技创新先进单位"。2010 年 12 月,被农业部授予"全国第五批水产健康养殖示范场"。2011 年 7 月被评选为"湖北省二十强渔民专业合作社"。2011 年 9 月被中国企业合作促进会和中国企业发展转型论坛组委员会授予"中国企业转型示范企业"。2012 年 10 月合作社的"荆江"黄鳝荣获第十届中国国际农产品交易会金奖,"荆江"黄鳝与洪湖市清水蟹、公安甲鱼已被市政府推荐为荆州市三张名、优、特水产品名片,并进行推介。2013 年合作社的"荆江"黄鳝养殖基地已列入 2013 年省级渔业生态高效养殖模式示范基地,荆江商标已被评为荆州市知名商标。该合作社产品远销到韩国和港台地区,荆江黄鳝连续三年获得国内国际农交会金奖,"荆江黄鳝主区"宣传版块上了央视七套农业栏目。

湖北省监利县海河水产养殖专业合作社黄鳝销售能取得如此成绩,笔者通过多年的跟踪调查,归纳为以下几点经验。

(一)充分调研市场,大小分级销售

黄鳝是淡水珍品,有着广泛的国际、国内消费市场,国内以江苏、浙江、上海一带为主,吃鳝已成为一种习俗。春节前后是黄鳝销售旺季,海河水产养殖专业合作社会长杨一斌和秘书长曾士祥等合作社骨干,每年均抽出很多时间进行市场调研和考察,探索黄鳝市场需求,为养殖户排忧解难;不断开拓销售新市场,增加养殖效益。通过大量的市场调研与分析,他们掌握了相关市场需求特点,如南京、上海市民喜欢吃小规格的黄鳝,杭州市民一般喜欢吃大规格黄鳝,所以合作社把养殖户养殖的成鳝集中收购后,再根据各地不同消费习惯,把黄鳝按大小规格分好等级,让销售员直接销往不同市场,这样既保证了黄鳝销售的畅通,又保证了销售效益的最大化,有效提高了养殖户养殖黄鳝的积极性,大大增加了养殖户的经济效益。

(二)不断探索市场规律,灵活掌握销售技巧

合作社不断开拓国内外黄鳝销售市场,为当地养殖户解决卖鳝难的问题。黄鳝是我国分布较为广泛的淡水名优鱼类,它的营养价值、保健功能、药用效果已被世界诸多国家认同,日本和我国都有"伏天黄鳝胜人参"的说法,美国、欧盟国家以及韩国、日本都是进口黄鳝的大户。据有关机构调查,国内黄鳝每年的需求量高达300万t,日本、韩国等的需求量达到20万t。国内每年黄鳝的产出量远远不能满足市场需求量。每年春节期间,上海、南京、杭州地区每日黄鳝供需缺口竟高达100t左右。日本、韩国等国的进口每年以15%的速度增长,国内经济发达地区如北京、上海、香港等地时常出现断货的尴尬局面。因此,湖北省监利县海河水产养殖专业合作社在大力发展黄鳝养殖产业规模的同时,不断开拓国内外销售市场,合作社不仅在上海和杭州建立了两个直销点,而且其"生态黄鳝"产品远销美国、日本和韩国。

合作社通过对黄鳝市场需求规律的分析和积累,总结出了适合市场规律的养殖模式,即一年段和两年段黄鳝养殖模式,充分依据市场需求,采取不同时间段分批销售和反季节销售等方式和技巧,这样不仅掌握了市场的主动权,摆脱了集中销售的风险,有效避免了被动销售而导致亏损的局面,而且大大降低了养殖风险,有效提高了销售和养殖效益。具体销售措施如下。

合作社一般要求进行一年段养殖的黄鳝分三个时间段进行分批销售,每年国庆前后趁着价格不错卖一批;到春节前,根据市场价格再销售第二批,因为每年11月、12月是安徽、江西两省养殖户集中卖鳝的时候,市场价格下降,如果没有特殊情况,湖北、湖南养殖户卖鳝的比较少,都会等江西、安徽黄鳝卖得价格差不多开始回升了再考虑卖鳝;第三批在春节之后、清明节之前进行销售,因为这段时间气温相对较

低，野生黄鳝还没有大量上市，所以人工养殖黄鳝的价格总体还是不错的。

合作社针对两年段养殖的黄鳝，销售就更加灵活多变。所谓两年段养殖，并不是说把黄鳝养整整两年，而是在翌年春季分箱、强化管理之后，根据市场行情有计划地进行育肥处理和销售。一般在端午节以后便能达到比较大的商品规格，分时段上市。通过两年段养殖，拉长了黄鳝养殖时间，黄鳝均能长到比较大的规格。养殖时间延长的同时，销售黄鳝的时间也拉长了，摆脱了集中销售的风险，养殖户的收益更高了。

（三）坚持健康养殖，打造著名商标

2012年以来，为了能使"荆江"黄鳝做到良性发展，把"荆江"黄鳝扬名天下，合作社坚持健康养殖技术推广，在保证水产品质量方面不仅印发了大量宣传资料给广大社员，还聘请相关专家多次对社员进行培训，就黄鳝健康养殖技术和质量安全管理监督进行专门指导和授课，使大家对黄鳝养殖技术和质量安全责任感有了更新和更高的认识。

2013年7月，合作社在监利县水产局的指导下，"农业部水产示范养殖场"和"无公害"两证又通过了农业部和省农业厅重新复查和认证。同时，将"荆江牌"商标申报为湖北省著名商标，在营销上将原来用篾篓散装无标识提升为礼品盒包装。另外，合作社在全市率先创建了水产品质量安全追溯平台，投入了7万余元购置了水产品质量检测设备，并聘请了一名具有大学本科学历的人才专门负责管理操作追溯平台和水产品质量安全检测，从而对"荆江"黄鳝的养殖与销售实行全程监控，并在包装上实行了二维码追溯信息，让广大消费者可追溯产品的生产产地、生产时间及生产人员和生产流程，使广大消费者能吃到放心的正宗"荆江"黄鳝，从而提高"荆江"黄鳝的销售价位，为广大养殖户带来更好的经济效益。

案例点评：随着科技的不断进步，大量的新成果、新经验、相关项目的实施大力增加，通过成果推广和应用，将黄鳝的科技成果、技术专利直接与生产相结合，直接转化为生产力，黄鳝养殖业科技含量大为提高，有力地促进了养鳝业的快速发展。

（长江大学：方刘　周泽湘；仙桃市农业农村局：刘田）

主要参考文献 ————————————————————————

程国华，杨振军，陆德进，2009.池塘小体积网箱养殖黄鳝技术［J］.江西水产科技（4）：36-37.

储张杰，郭灿灿，王松，2006.网箱养鳝应重视水质环境调控［J］.渔业致富指南
（17）：37-38.

戴俊，2011.黄鳝网箱养殖的技术经济效益评价［D］.武汉：华中农业大学.

管远亮，丁凤琴，李海洋，等，2004.网箱养鳝病害预防措施及诊治［J］.渔业现代化
（2）：36-37.

郭兴亮，康雷，2010.网箱黄鳝养殖［J］.渔业致富指南（4）：46-47.

黄明建，2014.黄鳝网箱养殖技术［J］.现代农业科技（1）：277-280.

农业农村部渔业渔政管理司，全国水产技术推广总站，中国水产学会，2020.中国渔业
统计年鉴2020［M］.北京：中国农业出版社.

杨代勤，陈芳，李道霞，等，1997.黄鳝食性的初步研究［J］.水生生物学报（1）：
24-30.

周文宗，张硌，高红莉，等，2007.黄鳝浅水无土半人工繁殖研究［J］.江西农业大学
学报（1）：105-109.

邹叶茂，涂华军，2013.4平方米小网箱养鳝高产技术［J］.渔业致富指南（13）：
40-42.

案例二十四

零反式脂肪酸食品专用油脂加工技术模式
推广应用

一、食品专用油脂生产发展现状

食品专用油脂是以动植物油为基料油经特定工艺加工而成，具有典型加工/使用性能，并赋予食品特定型、味、色的油脂制品，主要包括起酥油、人造奶油、植脂奶油、粉末油脂、煎炸油等，应用于烘焙、饮品、煎炸三大类食品、千余种产品。其中烘焙食品、煎炸食品等发展迅猛，据统计，2020年我国烘焙食品行业零食规模达2 530亿元。根据中国食品行业协会烘焙专业委员会统计数据显示，2019年，我国烘焙食品人均消费量7.8 kg，预测到2025年，烘焙行业年复合增长率可达45%。目前我国食品专用油脂加工产业已形成了华东、华南、华北三大产业聚集区。据不完全统计，58%的专用油脂企业分布在华东地区，主要集中在江苏、上海及山东等地区；24%的专用油脂企业分布在华南地区，主要是广东省；14%的专用油脂企业分布在华北地区，主要是在天津和北京；4%的专用油脂企业分布在西南、东北以及西北地区。中国作为世界上最大的食品消费市场，食品专用油脂作为食用油精深加工的最重要产业环节，以及食品制造中的主要原料，无疑将得到快速发展。

中国自20世纪80年代初引进丹麦生产设备开始生产人造奶油、起酥油，近40年来，其产、销规模不断扩大。据不完全统计，1984年中国各类食品专用油脂生产能力仅为年产2万t，1996年专用油脂生产能力已达年产15万t，至2002年产能已达到年产30万t，2016年总产量达到275万t左右，其中起酥油约为40万t、煎炸用油约为135万t、代可可脂20万t、烘焙油脂50万t、乳化剂生产用油15万t、婴儿食品用油8万t、夹心涂层等用油5万t、其他用油2万t，总产值超过150亿元。2020年，我国食品工业专用油脂年产量达350万t左右，总产值约320亿元，我国已成为世界上最大的食品专用油脂消费国。近几年来，食品专用油脂生产线一直在急剧扩建，中国食品专用油脂产能增长很快，总体增长速度超过食用油脂本身的增幅，是食用油脂加工领域中盈利最高的产品之一。但一直以来，我国食品专用油脂的产业面临相当严峻的发展形势，其发展与自主知识产权的食品专用油脂加工、设计和装备制造技术状况之间的问题突出。在产业技术和产业装备方面，国外企业几乎垄断了全球食品专用油脂加工与产品设计的关键核心技术和食品专用油脂规模化生产关键装备的整个市场，导致我国规模化食品专用油脂生产企业的装备全部依靠进口，低或零反式脂肪酸专用油脂的研究仍旧处于探索阶段。

近年来，由于人们生活水平和健康可持续发展意识的日益提高，反式脂肪酸的危害问题逐渐引起了广泛关注，所涉及产品主要为食品专用油脂产品。目前，部分氢化油中反式脂肪酸含量平均可以达到20%左右，远高于我国2013年颁布的《食品安全国家标准　预包装食品应用标签通则》（GB 7718—2017）中要求反式脂肪酸含量小于总脂肪酸3%的规定。据世界卫生组织2018年报告，反式脂肪酸的摄入已导致全球每年超过50万人死于冠心病，心脏病患病风险增加21%，死亡率增加28%。世界卫生组织和欧美各国也纷纷制定了严格的法规来限制氢化油和反式脂肪酸的使用。因此，以氢化为主的传统油脂改性加工技术已经不能满足消费和生产需要，我国食品专用油脂技术基础急需夯实，食品专用油脂生物制造技术及关键核心装备设计制造急需突破。零反式脂肪酸食品专用油脂的研究开发成为我国新时期食用油脂加工业面临的重大课题，这对食品的营养和安全具有重要的保障作用。

二、零反式脂肪酸食品专用油脂加工技术模式的特点和优势

（一）零反式脂肪酸专用油脂加工技术模式简介

零反式脂肪酸食品专用油脂加工技术，核心是针对目前我国食品专用油脂加工中存在的产品结构品质不完善、高反式脂肪酸含量、规模化成套核心装备完全依赖进口等共性问题，攻克零反式专用油脂的核心加工技术难题，开发出具有自主知识产权的关键装备，实现系列零反式专用油脂产品的创新制造。2009年以来，在国家"863"重点项目课题、国家"十二五"科技支撑重点项目支持下，由江南大学发起，食用植物油产业技术创新战略联盟内技术优势单位联合国内相关研究所、企业开展协同攻关，通过食品专用油分子设计、生物改性、物性分析、产品开发等技术路线，采取食品专用油脂检测评价技术体系构建、甘油三酯生物酶催化非均相体系反应行为和分子转移控制、耦合分提与酯交换改性、零反式脂肪酸食品专用油脂开发、激冷薄膜结晶与捏合关键技术与装备开发五大创新和集成技术，解决了食品专用油脂反式脂肪酸问题中的关键科学技术问题，首次建立了零反式脂肪酸食品专用油脂加工和控制的自主知识产权技术体系，并进行产业化实施。该技术分别获国家科技进步二等奖（2020年）、中国轻工业联合会科技进步一等奖（2019年）、中国粮油学会科学技术一等奖（2014年）、中国商业联合会科学技术一等奖（2015年）各1项，教育部科技进步二等奖（2014年，2019年）2项。

（二）零反式脂肪酸食品专用油脂加工技术模式效益实现协调稳健发展

该技术在食品专用油脂产品制造企业得到了广泛应用，经济效益及产品竞争力不断提升。近三年，六家代表性应用企业，包括中粮东海粮油工业（张家港）有限公司、秦皇岛金海特种食用油工业有限公司、佳禾食品工业股份有限公司、上海海融食品科技股份有限公司、青岛海智源生命科技有限公司、肇庆市嘉溢食品机械装备有限公司累计销售专用油脂产品 89 万 t，产生的直接经济效益达 91.1 亿元，创收外汇 1.8 亿美元。开发的无溶剂干法分提和酶促定向酯交换耦合技术，相比于传统专用油脂的氢化制造技术，反应条件温和，无须高压防爆装备，使生产成本降低 5%，以我国专用油脂产品年产 1 000 万 t 计，累计节约生产成本 15 亿元 / 年。激冷和捏合核心装备的自主制造，实现我国专用油脂生产成套装备的国产化，使我国 2 t/h 专用油脂生产线的建造成本由进口成套装备生产线的 800 万元降为 300 万元，以自主开发的装备成功应用于我国 72 家企业 83 条专用油脂生产线计，相当于节约支出 4.15 亿元，累计经济效益 1.27 亿元。并出口美国、加拿大、新西兰等 13 个国家，创汇 967 万美元。

零反式脂肪酸食品专用油脂加工技术获得了一批拥有自主知识产权并具有国际先进水平的高新技术，逐渐增强国有 / 民营企业的核心竞争力，逐渐扩大其市场占有率，保障了我国食品专用油脂的自给能力和发展水平，改变食品专用油脂产品依靠模仿国外产品生存的局面，使我国专用油脂不断发展壮大，从无到有、从弱到强，由 10 多年前的年产量几十万吨，发展成为现在的近千万吨。该技术开发零反式脂肪酸人造奶油、起酥油、涂抹酯、糖果脂、植脂奶油产品 5 种，新产品中不含反式脂肪酸（<0.3%），其上市在保证消费者摄取足够的必需脂肪酸的同时，更加关爱消费者的健康与营养，从而引领整个产业的技术升级，创制出蛋糕、面包、月饼、冷饮、速冻食品、煎炸食品等不同加工用途的系列专用油脂，丰富了我国加工食品种类，为推进我国加工食品多样化、高端化和定制化奠定了重要的基础原料保障，对促进行业科技发展具有明显的示范和推动作用。此外，该技术的推广应用将有利于提高企业经济效益，相应的增加地方政府财政收入，为当地经济发展做出贡献。

（三）零反式脂肪酸食品专用油脂加工技术模式的核心技术

1. 食品专用油脂品质控制和功能评价的现代检测评价体系建立

利用偏光显微镜、X- 射线衍射仪、扫描电镜、流变仪等一系列研究手段完成对食品专用油从基料油到产品的分子组成、分子二倍链长（DCL）和三倍链长（TCL）堆积、结晶行为、外在物性的完整分析检测，阐明了油脂结晶网络形成及演变的分子机制，明确微观结构与最终产品的宏观性质之间的联系，最终建立食品专用油脂品质控制和功能评价的现代检测评价体系，实施双重质量保障机制，可确保原料油及产品的品质和功能。

2. 甘油三酯生物酶催化非均相体系反应行为和分子转移控制技术

在制备富含 SOS 甘油酯的无溶剂体系酶促酸解制备中，发现通过减少含水量、酶用量和降低反应温度和反应压力，缩短反应时间，调整反应底物的摩尔比能有效降低反应过程中的酰基转移，实现了对非均相酶反应体系中的酶的高效催化和控制，保障了产品分子结构稳定性，减少了副产物的产生。此技术为高品质零反式脂肪酸食品专用油脂开发奠定了基础。

3. 基料油分提与酯交换耦合改性技术

在分提得到适宜熔点范围的甘油三酯组分基础上，再进行多种油脂组分间的酶促酯交换，通过反应产物的监测和精确控温，解决了酯交换过程中甘油三酯的酰基转移技术难题，实现甘油三酯甘油骨架上脂肪酸的定向分布。同时探明酶促酯交换过程的油脂熔点变化规律，使甘油三酯组分更丰富、组成更合理，更易形成β′型结晶，有效避免熔点差异引起的甘油三酯间的分级结晶和迁移聚集。创新开发的无溶剂干法分提与油脂酯交换耦合技术，对极度氢化油脂、棕榈油分提产物、猪油、牛油与植物油进行改性，合成能满足不同食品加工特性的专用油基料油，有效避免了传统氢化工艺所带来的反式脂肪酸含量高的突出问题。

4. 基料油相容性控制与配方设计技术

针对基料油常规简单复配存在相容性差所导致的析油、油水分离等问题，利用各种基料油脂的二元复配、三元复配规律，通过二元、三元相图构建探明油脂结晶相容性原理，发现分子大小和结构形态差异小的油脂具有理想的结晶相容性，可在结晶网络晶格中实现同型相互取代，有利于形成细腻均匀的β′型结晶；反之则易形成粗大的β型晶体，并产生分级结晶、同质多晶和相分离，引发晶体不相容。进一步创新建立了油脂结晶相容性的定量评价方法，即通过计算混合油脂的理论SFC值与实测值的差值来定量评价油脂结晶相容性。可创新食品专用油脂配方设计技术，为零反式脂肪酸高品质食品专用油脂开发提供油脂复配理论。以此为基础创制了专用型人造奶油、起酥油、植脂奶油三大类产品，产品特征性能指标与氢化油脂产品相当，反式脂肪酸<0.3%。

5. 激冷薄膜结晶与捏合关键技术及装备开发技术

在研究探明激冷瞬时结晶过程传质传热规律、稳态化参数的基础上，创新设计了低温满液式制冷系统、可拆内筒刮板式换热器和三排静棒捏合机等激冷捏合设备的核心装置，实现油脂均一性瞬时结晶调控。开发出具有自主知识产权的2~30 t/h系列激冷和捏合装备，相比欧美的激冷和捏合设备，制冷效果更好、换热速度更快、捏合更完全，打破了欧美技术的长期垄断，填补了国内空白。换热效率提高12%~17%，结晶时间缩短50%，装备性能指标达到国际领先水平。

三、零反式脂肪酸食品专用油脂加工技术模式的应用推广

（一）协同技术攻关，推动产品标准化

按照"专家指导、资源共享、吸收创新、技术集成"的指导思想，江南大学协

同食用植物油产业技术创新战略联盟内技术优势单位联合国内相关研究所、企业，形成一个资源整合、优势互补、分工合作的协同攻关团体，进行了大量的基础性研究，推进了专用油脂加工关键技术的逐项攻克，并将其成熟化，参与制订形成《起酥油》（GB/T 38069—2019）、《食品安全国家标准　动植物油脂水分及挥发物的测定》（GB 5009.236—2016）、《食品安全国家标准　植物油》（GB/T 2716—2018）、《食品安全国家标准　食用油中极性组分（PC）的测定》（GB 5009.203—2016）、《植脂奶油》（SB/T 10419—2017）、《植脂末》（QB/T 4791—2015）等国家 / 行业标准 6 项。在更好地履行社会责任的同时，加强了相关油脂企业、消费者和其他市场主体的联系，更好地发挥了国家机构的组织协调作用，在促进零反式脂肪酸食品专用油脂加工技术革新，引领我国专用油脂行业发展中发挥了不可替代的积极作用，并有效引导全行业向健康、可持续、高质量发展方向迈进。

（二）加强企业联动产业，开展成果推广示范

采取"零转让"的产学研成果转化模式，即高校和科研院所在保障研究发明者的利益前提下，强调成果转化不看重转让为本单位带来直接经济收益，而致力于开创一条用科技帮助企业致富、扶持产业发展的路子。在零反式脂肪酸食品专用油脂加工技术成熟的基础上，分别在中粮东海粮油工业（张家港）有限公司建成 1 条 200T/D 零反式食品专用油生产线建设，上海东利油脂食品有限公司建成 80T/D 零 / 低反式脂肪酸人造奶油生产线示范线，50T/D 食品专用油基料油加工线各 1 条。此技术开发的人造奶油、起酥油、涂抹酯、糖果脂、植脂奶油产品功能性质优良，反式脂肪酸含量均低于 0.3%，标示为零反式脂肪酸食品专用油产品，并成功培育了亚洲最大的粉末油脂制造企业佳禾食品工业股份有限公司、国内最大的植脂奶油制造企业上海海融食品科技股份有限公司，两家公司分别在粉末油脂、植脂奶油加工和产品开发方面优势突出，得到了国家相关行业部门的认可。粉末油脂生产技术同时推广应用至青岛海智源生命科技有限公司，应用于高附加值产品婴幼儿配方奶粉用 DHA 粉末油脂的生产，有效保障了该公司产品的品质，助力该公司成为婴幼儿配方奶粉用专用油脂的主要供应商之一。原始性创新成果在企业中的迅速推广应用，极大地提升了企业产品的核心竞争力，使得企业的经济效益大增。该技术模式将进一步通过联合开发和转让的形式推广和应用示范，逐步实现我国食品专用油脂的生物制造和产品的零 / 低反式化。

（三）突破危害因子检测技术瓶颈，实现煎炸食品安全监测

依据国家保障食用油供给安全的重要精神，针对目前严重制约我国食品专用油脂安全的主要问题，江南大学致力于发现并解决技术瓶颈，坚持强化食品安全建设。零反式脂肪酸食品专用油脂加工技术中完成对煎炸油劣变规律探索和阐明，揭示丙烯酰胺、反式脂肪酸等七大类、17 小类潜在危害物的形成机制及内在联系，确定了煎炸油危害因子监控靶向物质为极性组分，建议被纳入《食品安全国家标准　植物

油》，开发极性组分快速测定法，实现煎炸过程油品实时监控。开发的薯条、鸡块、鱼排等大宗煎炸食品专用型高油酸基煎炸油，改变了传统的通用煎炸模式，实现分类煎炸，填补市场空白，煎炸寿命较传统产品延长 17%~43%，炸薯条的丙烯酰胺含量下降 50% 以上。

（四）创新多样化健康产品，保障消费需求

为满足我国人民日益增长的消费需求和健康饮食意识，零反式脂肪酸食品专用油脂加工技术模式着眼于提升产品和产业竞争力，促进专用油脂健康化、多样化发展。实现了低反式脂肪酸产品的产业化制造，人造奶油与起酥油产品由国家认证的质量检验机构检测的反式脂肪酸含量低于 0.3%，可标注"零反式脂肪酸"产品，优于美国同类产品。粉末油脂与植脂奶油产品的饱和脂肪酸含量较传统产品分别下降 95% 和 30%，大幅降低我国居民的饱和脂肪酸摄入水平。利用该技术创制了蛋糕、面包、月饼、速冻食品、冷饮等一系列非氢化专用油脂产品，产品的应用功能性与传统氢化油产品相当，且反式脂肪酸、饱和脂肪酸含量明显降低，在香飘飘奶茶、娃哈哈饮料等加工食品广泛应用，得到了应用企业的一致认可。零反式食品工业专用油脂加工技术在佳禾食品、美国维益、丰益国际等 6 家国内外知名企业进行应用示范，开发出国内首款非氢化植脂奶油"飞青花"、零反式低饱和脂肪酸粉末油脂产品，均为我国自主研发生产。

案例点评： 我国食品专用油脂产业面临相当严峻的发展形势，其主要原因在于自主关键加工技术落后、产品结构不能满足快速发展的食品工业需求、高反式脂肪酸安全隐患、规模化成套核心装备完全依赖进口。该案例的亮点是江南大学深入调研产业发展现状和国际国内形势，找准制约产业发展的技术瓶颈，充分协调科研资源、管理资源、生产主体，积极加大技术创新，完善专用油脂加工的基础理论体系，攻克非氢化专用油脂的核心加工技术难题，开发具有自主知识产权的关键装备，开展高技术成果转化、产品创新制造、企业推广示范、国家行业标准制订，完成了我国大宗专用油脂产品的氢化油全取代，全面推动了我国相关加工食品的升级换代。该模式的成功推广，说明了企业要善于关注产业发展动态，主动出击吸收最新重大技术创新，食品监管部门要适时从全产业链角度发挥好管理指导、政策完善等职能，引领产业不断健康持续发展。

（江南大学食品学院：刘元法　孟宗　柴秀航）

主要参考文献

刘元法，2017. 食品专用油脂［M］. 北京：中国轻工出版社 .

刘元法，孟宗，2016. 零或低 TFA 食品专用油生物改性和制造技术 [J]. 科技创新导报，
　　13（2）：168-169.

孟宗，刘元法，2013. 零反式脂肪酸涂抹脂的制备研究 [J]. 中国油脂，38（10）：39-44.

王瑞元，2020. 2019 年我国粮油生产及进出口情况 [J]. 中国油脂，45（7）：1-4.

王瑞元. 中国专用油脂的现状与发展趋向 [C] // 中国粮油学会油脂分会第 26 届学术年
　　会暨产品展示会论文汇编. 北京：中国粮油学会油脂分会.

左青，左晖，2017. 我国食品专用油脂行业动态 [J]. 粮食与食品工业，24（4）：1-4.

农业无人机水稻飞播轻简化技术应用

一、基本情况介绍

水稻是重要的粮食作物之一，全世界有半数以上的人口以稻米为主食。水稻的种植区域主要集中在亚洲，约占世界水稻种植面积的 92%。水稻是我国种植面积最大、单产量最高、总产量最多的作物。目前我国水稻的种植面积为 0.33 亿 hm^2，约占全国粮食产量的 30%，世界水稻产量的 40%。水稻生产机械化是保证水稻高产的重要内容之一，也是保证我国粮食安全的重要措施之一。

水稻种植技术主要有直播和育苗移栽两种模式。21 世纪以来，随着农村劳动力的转移和劳动力成本的上涨，多熟制种植模式的兴起和生育期短、抗倒、产量高的水稻品种育成以及除草技术的改进，水稻种植方式发生转变，直播成为水稻生产的主要方式之一，面积已超过 135 万 hm^2。直播作为一种传统的栽培方式，具有省工节本、节省土地、节约水资源、降低栽植劳动强度、经济效益显著等特点。从提高劳动生产率、节约成本、节水、提高水稻生产全程机械化的角度考虑，水稻机械直播是较理想的种植模式。水稻机械化直播在欧美等国应用普遍，近年来在东南亚及韩国、日本等国的发展速度也很快，在我国积温比较富裕的水稻产区，经营规模大、经济比较发达的稻区发展水稻直播种植机械化是趋势。

近年来，我国水稻机械直播的发展速度远高于机插，水稻机械直播近年来逐渐成为我国水稻种植提质增效的重要途径。但受稻作区田块大小、质量及作业质量和成本等因素的限制，我国水稻机械直播的应用不快。无人机直播是在水稻机械化种植基础上研制的一项提质增效新技术，具有作业效率和智能化程度高、劳动强度低、使用成本低、适宜规模化生产等优势，可进一步提高水稻栽培机械化、轻简化和智能化水平，进而节约种植成本，提高生产效率和种植效益。目前农用无人机已在植保作业、林业监测、作物授粉、数据采集及渔业监管等方面成熟运用。近年来随着信息控制、导航定位和农用无人机制造技术突飞猛进的发展，农用无人机被深度开发用于农田播种、施肥和虾田投饵等生产作业环节。自 2018 年以来，珠海羽人、大疆创新、极飞科技、北方天途、四川飞防等公司陆续推出条播、撒播等不同类型的水稻精量无人直播机，并在水稻生产中开展示范推广，推动了水稻无人机直播技术更进一步发展。直播水稻无人机播种技术显著提高了播种作业效率，其播种作业每公顷耗时平均为 45 min，播种效率较地面行走式直播机具提高 3 倍以上、较人工撒直播高 10 倍以上。

二、水稻飞播轻简化技术发展的优势与存在问题

（一）水稻飞播轻简化技术发展优势

水稻飞播轻简化技术稳产性好，作业效率高，节约资源和环境友好，节本增效明显，是一种现代化的高效率、低成本的生产方式。主要优点表现为以下几个方面。

1. 省工、省力，劳动生产率高

与传统手插、机插秧相比，无人机直播水稻尊重稻作植物自身的生长规律，省去了提前育秧、拔秧、运秧和移栽等诸多环节，避免了移栽所致的缓苗期，减少了栽插人工，并减轻了劳动强度，把农民从"面朝黄土背朝天"的繁重插秧劳动中解脱出来，提高了劳动生产率。与人工手插秧相比，飞播水稻方式的劳动效率可提高 150 倍以上。

与机械精量穴直播相比，无人机飞播水稻的产量并不减产；且无人机飞播的生产适应性更广，可以采用远程操作方式开展空中作业，不受地形环境等因素的约束；播种作业效率 30~75 min/hm²，播种效率比机械直播提升 5 倍以上，比人工撒播提高 10 倍以上；飞播作业成本 150~225 元 /hm²，节本优势十分明显。

2. 不占用秧田，提高土地利用率

无人机飞播水稻无须人员进入田间作业，无须在田间留有界线，能在不影响田间平整度、不增加农田面积的情况下提高农田的播种面积。同时直接在大田中播种，无须育秧和专用秧田，在不存在前后茬矛盾的地区可提高土地利用率，在多熟制季节矛盾不突出的地区可减少前茬作物的因预留秧田而不能种植的产量损失。

3. 缩短水稻生育期

无人机飞播水稻没有移栽秧苗所经历的拔秧断根和移栽后返青活棵的过程，能提早发生分蘖，加快生长发育和灌浆结实成熟时间，缩短全生育期。一般直播稻的生育期比同品种同期播种的移栽稻生育期缩短 10 d 左右，有利于多熟制模式的生产季季增产和全年高产。

4. 增产增收

无人机飞播水稻不受作业场地限制，条播机可等行距条播，从而可保持水稻行

距，实现水稻生长成行的目的，通过提高水稻群体通风透光能力，有利于大田田间管理及收获。无人机飞播水稻种子在出仓的时候，经管道向下吹射，有一定的向下加速度，能使种子入土更深，从而提高出苗率，实现增产增收。

5. 作业操作安全

在某些地区，水田内存在大量影响人身健康的微生物或有毒虫体。无人机飞播、施肥、植保等田间管理过程无须作业人员进入田间即可完成作业，因此增加了作业人员的安全性。

6. 经济效益好

无人机飞播水稻由于其省工、不占用秧田、大田生长期缩短和机械化作业程度高等原因，使得生产成本大幅度降低，投入产出率增高。一般每公顷可节省用工60个左右，减少施用尿素约 60 kg，节省生产成本 750 元以上，单位投入产出率比移栽稻高 20%~25%，经济效益显著提高。

（二）水稻飞播轻简化技术要点

1. 机型选择

水稻飞播无人机作业方式主要分为抛洒、条播两类，播量为 22.5~105.0 kg/hm²，飞行作业速度为 3.0~6.0 m/s，作业离地高度为 0.4~3.0 m，所选机型需具备智能控制、自动避障、漏堵预警、轨迹记录、播种实时监控、稳定性和安全性高等特点。其中抛洒直播采用圆盘转动将稻种抛甩出仓，种子在田间呈现无序、均匀分布；条播采用 1 个或多个独立排种器将稻种排入定位管道吹出，种子在田间呈现有序成行、均匀分布。结合作业田块大小、续航作业时间和操控驾驶难易程度，通常使用装载量不低于 10.0 kg 的水稻直播无人机，在负荷许可范围内，装载量越大，作业效率越高。抛洒型水稻直播无人机作业幅宽不低于 4.0 m；条播型水稻直播无人机播种行距 20.0~30.0 cm，种子掉落行内最大幅宽不超过 8.0 cm。

2. 品种选择

根据前茬类型的不同，选择生育期适宜、高产、抗倒伏、抗病虫害、萌发生根快及抗逆性强的优质品种。对于小麦或油菜茬口尽量选择生育期比移栽水稻短 5~10 d 的品种；对于冬水田，要求选择具备较强耐淹能力，以提高出苗、成苗率，保证出苗质量，建立足够群体进而获得高产。

3. 大田耕整

田块在播种前采用机械旋耕平整，预先开好厢沟和边沟或播种后及时开沟。田面高低差值不超过 5.0 cm，麦、油茬口田块需灭茬提浆，田面沉实平整；播种时田面湿润无明显积水。

4. 播种准备

播种前选择晴天将种子摊晒 1~2 d，以提高种子发芽率，有芒种子需要脱芒；选用浸种剂浸种杀菌，采用浸种谷或催芽刚破胸种子播种，出芽过长会影响飞播效果和质量。播种前用 35% 丁硫克百威等水稻种衣剂包衣以防鸟害，包衣完成后于阴凉处晾干备用。

5. 精量播种

根据品种特征、茬口类型、光热资源等精确控制播种量。通常情况下，常规早稻的用种量在 75~105 kg/hm²，杂交早稻的用种量在 30~45 kg/hm²；直播中稻或一季晚稻中常规稻用种量在 60~75 kg/hm²，杂交稻的用种量在 26~45 kg/hm²；直播晚稻中常规稻主要为早稻品种进行"倒种春"种植，用种量在 90~115 kg/hm²，杂交稻的用种量在 30~60 kg/hm²。千粒重小于 25.0 g 的品种播种量适当减少播种量，千粒重 25.0~30.0 g 的品种适当增加播种量；粳稻品种适当增加播种量。抛洒型水稻直播无人机作业时应严格控制抛洒均匀度，避免中间区域播量过多、两侧播量过少；条播型水稻直播无人机播种时要控制好作业高度，行内种子靠中心线集中掉落。

6. 肥水管理

根据地力施足底肥，中等肥力田块按全生育期纯氮用量 150.0~180.0 kg/hm² 施肥，提倡有机肥和无机肥配合施用，氮磷钾比例 2：1：2。相较于移栽稻，无人机飞播水稻一般在出苗前到幼穗分化前的营养阶段对养分需求量较大，氮肥宜 60% 作为基肥、40% 作为追肥，磷肥全部基施，钾肥基肥和穗肥各施一半。追肥可采用无人机看苗变量施肥，生产上要避免水稻生育后期过量施氮，导致营养生长期延长、抽穗期推迟，引起贪青徒长和倒伏，影响产量。

播种后至 2 叶 1 心，保持厢面湿润无积水，保证种子萌发有足够水分，同时防止田面积水造成闷种烧芽。播种后如遇连续干燥天气可以灌"跑马水"，如遇连续降雨天气应注意田间清沟排水，预防涝害。3 叶期后田间保持 3 cm 内的浅水层，结合分蘖肥施用多效唑 1 200 g/hm²，促进分蘖发生、长根和秧苗矮化。当田间水稻总分蘖数达到预期苗数的 80% 时（杂交稻苗数达到 300 万 /hm²，常规稻苗数达到 330 万 /hm²）排水搁田抑制无效分蘖生长，促进水稻根系下扎，促根壮苗，有利于提高水稻生长后期的抗倒伏能力。孕穗期保持浅水，有利于增加籽粒充实度，孕育大穗。抽穗期灌深水，齐穗后至成熟期采取间歇灌溉，保持根系活力，吸收养分，促根壮秆，减少田间倒伏，增加水稻粒重，确保获得高产。

7. 病虫害防治

无人机飞播水稻田间基本苗多，封行早，田间通风透光性较差，增加了病虫害发生的概率，应注意采用无人机综合防控。水稻易发生的病害主要有纹枯病、稻瘟病、稻曲病，需要重点关注与防治，同时条纹叶枯病、水稻黑条矮缩病、南方水稻黑条矮缩病等病毒病对水稻生产潜在为害较大，不容忽视。易发生的主要虫害有稻飞虱、稻纵卷叶螟、二化螟、三化螟、稻蓟马、稻秆潜蝇等。应选用高效、低毒、低残留药剂进行绿色综合防治，实现安全生产。

8. 杂草防控

无人机飞播水稻田杂草具有种类多、发生早、时间长、数量大等特点，策略上以化学防治为主，采用"一封、二杀、三补"的杂草防控体系，重视前期封闭除草，降低杂草基数，后期根据杂草发生情况适时进行补杀。一般播种后 1~3 d 选用含丁草胺、丙草胺、吡嘧磺隆等成分的化学除草剂进行封闭除草，含安全剂的除草剂可在播种的同时同步喷施；3 叶 1 心期根据田间草害发生状况，选用含二氯喹啉酸、噁唑酰草胺、苄嘧磺隆等成分的除草剂开展茎叶除草。根据除草剂的类型，施用时一般应确保田面湿润无积水，施药后间隔 24.0~48.0 h 再灌 3.0~5.0 cm 水层，并维持 3~5 d，除草效果好。

9. 适时机收

田间 90% 以上的谷粒黄熟时是最佳收获期，此时水稻灌浆度高，籽粒饱满，及时收获能兼顾产量和品质。收获后及时晒干或烘干。

（三）水稻飞播轻简化技术存在的问题

水稻无人机轻简化技术拥有上述许多明显的优势，但发展不够成熟，还存在一些缺陷。主要表现为以下几个方面。

1. 购机成本较高

用于农业生产方面的无人机，一般采用固定翼和旋翼 2 种，其中播种用无人机属于是兼顾植保的特殊用途的多用无人机，需要有至少 10 kg 以上的载荷能力，具备高强度持续飞行、稳定性、播种量可控性等诸多特性，价格相对较高，电池寿命仅有三四百次，机械折损成本高，收回成本的周期较长。

2. 续航能力受限

水稻直播无人机主要以电力为主，大部分机型载重量仅为 10~30 kg；受机身重量及搭载辅助器件的影响，单架次起飞有效播种作业时间 15 min 左右；通讯距离根据搭载的通信模块不同，其通讯范围在 0.5~15 km 不等。大面积持续作业需要频繁更换电池，承重能力太低、通信范围过窄和不能持久续航作业成为制约水稻直播作业效率大幅提升的瓶颈。

3. 飞手短缺

无人机事业发展的瓶颈是"有机无人"，需要大量专业的农民飞手。飞手需经过专业培训才能上岗，而农村留守劳动力年龄普遍偏大，对高科技生产技术接受能力普遍较低，影响作业效果。

同时无人机普及范围还不是很广，且存在一定的威胁性，所以有规定的限飞区域、高度，对无人机的操控，还需要有一定经验的专业人员来进行，否则会有危险。

4. 播种轨迹定位精度和播种精准度有待提高

目前部分无人机条播成线但不直，且种子落地宽幅不稳定，成苗后生长仍显杂乱；不同水稻品种的粒形、粒重存在较大差异，吸水系数存在差异，造成播量不精准，特别是杂交稻播量差异偏差较大；现有水稻播种无人机管道适应性较差，种子掉落不流畅；暂时还不能满足多元化种植要求，只能在有水条件下播种。

5. 其他问题

直播稻草害防治技术有待提高，直播稻倒伏问题仍然突出。

三、水稻飞播轻简化技术应用各地成功案例

水稻无人机轻简化技术显著提高了我国水稻生产的效率，其中播种效率是人工撒种的 50~60 倍，大幅度降低了生产成本，减少水稻生产的农药施用量，直接或间接增产 8%~15%。2018—2019 年，该技术在湖北、湖南、安徽、江西、江苏、黑龙江、广东、广西、陕西、浙江等多个水稻种植区进行了 6.5 万 hm² 的无人机飞播，2020 年全国水稻无人机直播的面积超过 140 万 hm²。

2019 年荆门市农用无人飞机水稻作业示范区水稻测产为 9.3 t/hm²，比当地机插秧田块产量略高。但传统方式播种从选种到将秧苗插入田中，要经过好几道工序，采用农用无人机播种，能简化种植方式，降低种植成本，效率是人工撒种的 50 倍，且种子入土比人工撒播深，能保证成活率。

2020 年，惠州市早造水稻采取先进的无人机和机械作业，惠州常规优质稻亩产量达到 800 g 以上，杂交稻 1 000 g 以上，每亩地增产了 100 g 左右；重庆市云阳县南溪镇天河村的水稻无人机直播技术示范点，每亩田还能节约 200 元左右的插秧成本；泸州市龙马潭区双加镇凉坳村的高标准农田的飞播示范，无人机播种节约了 150 元/亩的经济成本，后期利用无人机施肥、收割机收割，全部采用机械化生产，最大限度地节约人工成本。

2020 年长江大学邀请湖北省农业技术推广总站、华中农业大学、湖北省农业科学院粮食作物研究所和荆州市农技推广中心等单位的有关专家，到潜江市示范区进行测产验收。江汉油田管理区示范面积 1 450 亩，示范田块为稻麦两熟种植方式，水稻品种为荃优 822，6 月 2 日采用农用无人机播种，采用了秸秆机械粉碎后旋耕还田技术、农用无人机智能撒播系统技术、农用无人机病虫草害植保飞防技术等措施进行管理。水稻全生育期每亩用 15 人工时，每亩肥料用量（折纯量）氮肥 13.0 kg、磷肥 6 kg、钾肥 6.5 kg。对照田块水稻品种为荃优 822，5 月 2 日人工撒播，采用当地农民习惯方式进行田间管理，全生育期每亩用工 16 人工时，每亩肥料用量（折纯量）氮肥 13.0 kg、磷肥 6.0 kg、钾肥 6.5 kg。经现场查看，专家组一致认为示范田块水稻田间植株分布均匀，长势均衡，穗层整齐，株叶形态好，熟相好，结实率高，病虫草害发生较轻。示范田块 1 个实测抽样点，样点测产面积 817.5 m²，实收稻谷鲜重 1 036.3 kg，测定水分含量 27.6%，杂质含量 1%，按稻谷标准水杂含量 13.5% 折算，项目区抽样产量 700.3 kg/亩。对照田块实测抽样点，现场测产面积总计 654.2 m²，实收稻谷鲜重 757.4 kg，测定水分含量 26.8%，杂质含量 1%，按稻谷标准水杂含量 13.5% 折算，项目区抽样产量 646.7 kg/亩。示范田块肥料利用效

率为 28.0 kg 稻 /kg 肥，对照田块肥料利用效率为 24.4 kg 稻 /kg 肥，示范田块肥料利用效率较对照田块提高 14.8%。示范田块的劳动生产效率为 46.7 kg/ 人工时，对照田块的劳动生产效率为 40.4 kg/ 人工时，示范田块劳动生产效率较对照田块提高 15.5%。示范田块的产量为 700.3 kg/ 亩，对照田块的产量为 646.7 kg/ 亩，示范田块产量较对照田块平均提高 8.3%。20 年中籼稻稻谷最低收购价格 2.54 元 /kg，按上述价格计算，项目示范田块亩产值 1 778.8 元 / 亩，对照田块亩产值 1 642.6 元 / 亩。生产成本主要包括物化投入费用、机械作业费用和人工成本，人工成本按 15 元 / 人工时，本次成本不计算地租费用。综合各因素计算，项目示范田块亩成本 870.0 元左右，对照田块 909.0 元左右，示范田块比对照田块节本 39.0 元 / 亩左右。综合计算，示范田块亩收益 888.7 元，对照田块亩收益 733.6 元，示范田块比对照田块亩收益增加 155.1 元。依据实测抽样样本计算，示范区比非示范区肥料利用效率提高 14.8%，增产率达到 8.3%，节本增效 155.1 元。

2020 年惠州市农业农村局组织广东省农业科学院、惠州市农业农村综合服务中心和惠州市农业科学研究所等单位的专家，对惠城区丝苗米现代农业产业园的水稻基地进行了测产验收。现场测产验收结果显示，在机械插秧、精量穴直播和无人机直播 3 种种植模式下，水稻田间长势均衡，有效穗数足，穗大粒多，结实率高，熟色好，无明显病虫害。其中机械插秧折干谷亩产 410.2 kg；精量穴直播折干谷亩产 419.0 kg；无人机直播折干谷亩产 433.4 kg，无人机直播折干谷亩产数量最高。

案例点评：近年来，随着我国农业生产模式的发展，全新的无人机飞播轻简化技术开始运用于农业生产，为我国水稻种植"无人化"提供强大动力，给农业生产带来强大的推动力，也可以更好地促进农业现代化发展，有助于更好地进行现代化技术改造。

（长江大学：卢碧林；武汉中油阳光时代种业科技有限公司：刘洋）

主要参考文献

陈爱玲，徐锐，2020-04-16. 云阳无人机直播水稻播种 3 分钟搞定一亩地［EB/OL］. http://cq.cqnews.net/cqqx/html/2020—04/16/content_50893094.html.

刁友，朱从桦，任丹华，等，2020. 水稻无人机直播技术要点及展望［J］. 中国稻米，26（5）：22-25.

高志政，彭孝东，林耿纯，等，2019. 无人机撒播技术在农业中的应用综述［J］. 江苏农业科学，47（6）：24-30.

黄海林，陈昊宇，2020-08-13.惠州早稻喜获丰收 无人机直播等新技术"加持"［EB/OL］.http://www.wrjzj.com/wrjyy/wrjnyyy/nzwbz/25539.html.

惠州农业，2020-07-09.用无人机来播种亩产到底有多厉害？一起来看看［EB/OL］.https://www.sohu.com/a/407065716_120206387.

刘德，2019.农业无人机巨头转战播撒领域［J］.农业机械（7）：45-47.

刘建威，2020-03-19.无人机播种　春耕指尖忙［N］.惠州日报（5）.

彭文洁，2019-05-14.无人机播种，荆门开启"秒播"时代［N］.荆门日报（4）.

微观农业，2019-05-14.功能强大的无人机撒播来了！1小时播种80亩，1天可播640亩［EB/OL］.https://www.sohu.com/a/313850489_100225432.

杨陆强，果霖，朱加繁，等，2017.我国农用无人机发展概况与展望［J］.农机化研究，39（8）：6-11.

岳进，杨欣伦，李春龙，等，2019.基于无人机平台的精量播种技术在水稻直播中的应用研究［J］.四川农业科技（4）：19-20.

周龙，李蒙良，伍志军，等，2018.丘陵地带无人机撒播水稻抗倒伏性研究［J］.河南农业大学学报，52（4）：599-603.

数字农业的推广和应用

一、数字农业发展现状

数字农业"Digital Agriculture"一词来源于"Digital Earth"（数字地球）。美国前副总统戈尔 1998 年 1 月在加利福尼亚科学中心开幕典礼上发表了题为《数字地球：新世纪人类星球之认识》的演说，首次提出"数字地球"概念，即"一种可以嵌入海量地理数据的、多分辨率和三维的地球表示系统"，并指出潜在的应用包括提高农业生产率：农民们已经开始采用卫星图像和全球定位系统对病虫害进行较早的监测，以便确定出田地里那些更需要农药、肥料和水的地块，这也被人们称为"精准农业"或"精细农业"。

1999 年，原国家计委正式批准北京市建设国家精准农业研究示范基地。同年，北京市率先成立农业信息技术专业研发机构——北京农业信息技术研究中心。2001 年，国家科技部依托该中心组建了国家农业信息化工程技术研究中心。

2001 年，江苏省农业科学院的高亮之较早的系统阐述了"数字农业"的内涵和技术体系，提出了数字农业是"农业过程的全面数字化（包括各种因素的数字化和各种过程的数字化）"的观点。2003 年 3 月，科技部在北京召开了"数字农业与农村信息化"研讨会，会议内容涵盖了"精准农业""虚拟农业""智能农业"和"网络农业"等核心技术内容。

"十一五"期间（2006—2010 年），科技部先后在"863"计划现代农业领域中设立了"数字农业技术专题"和"精准农业技术与装备"重大项目，在国家科技支撑计划中先后启动了"现代农村信息化关键技术研究与示范"重大项目和"西部民族地区电子农务平台关键技术研究与应用""村镇数字化管理关键技术研究与应用"等一批重点项目，国内相关单位重点围绕农业生物—环境信息获取与解析技术、农业过程数字模型与系统仿真技术、虚拟农业与数字化设计技术、农业数字化管理和控制、精准农业共性关键技术及产品开发、精准农业集成平台与示范、农业生产过程信息化、农产品流通信息化、农村综合信息服务体系、省域和镇域农村信息服务系统开发与技术集成示范等开展了相关研究工作。

2008 年 11 月 6 日，IBM 主席兼首席执行官彭明盛 Sam Palmisano 在纽约对外关系委员会上致辞，提出"智慧地球"的概念。2009 年 8 月，时任中国国务院总理温家宝在无锡视察时指出："要在激烈的国际竞争中，迅速建立中国的传感信息中心或'感知中国'中心"。以此为起点，中国数字农业进入了以农业物联网技术为关键词的全面开发应用阶段，相比之前数字农业的研究主体主要是高校和科研机构，这一阶段最大的变化在于企业尤其是从事计算机和信息通信技术的企业开始向数字农业领域进军。

从 2011 年起，科技部设立了"农村与农业信息化科技发展"重点专项，部署了农业物联网技术、数字农业技术、农业精准作业技术、现代农业信息化关键技术集成与示范、农村信息化共性关键技术集成与应用、国家农村信息化示范省建设等 7 项重点任务。"十三五"和"十四五"国家重点研发计划也分别设立了"智能农机装备"和"工厂化农业关键技术与智能农机装备"专项，为大力推进农业机械化、智能化，专项聚焦农业传感器和智能农机装备核心技术产品受制于人、工厂化和大田农业整体产出效能不高等问题，创制一批关键技术、核心部件、重大产品并开展典型应用示范，引领未来农业发展方向，保障国家粮食安全。

二、数字农业的发展优势与存在问题

（一）数字农业的发展优势

1. 农业农村信息化基础设施发展较快

当前我国农业农村信息化基础设施建设发展迅速，以移动互联网为特色的新技术应用基础条件具备。随着智能手机和 4G/5G 网络的普及，农村网民数量也不断增长，根据 2021 年 2 月 3 日中国互联网络信息中心（CNNIC）最新发布的第 47 次《中国互联网络发展状况统计报告》，截至 2020 年 12 月，我国农村网民规模达 3.09 亿，占网民整体的 31.3%，较 2020 年 3 月增长 5 471 万。2021 年 2 月 21 日，中共中央、国务院发布《关于全面推进乡村振兴加快农业农村现代化的意见》（以下简称《意见》），《意见》指出，加快完善县乡村三级农村物流体系，改造提升农村寄递物流基础设施，深入推进电子商务进农村和农产品出村进城，推动城乡生产与消费有效对接。"促进农村居民耐用消费品更新换代"，以及"互联网＋农业"、农产品电商、电商扶贫等重要战略举措，将进一步提高中国农民触网、用网的能力（图 1）。

2. 数字农业成为农业科技创业热点

自 2019 年底以来，突如其来的新冠肺炎疫情大流行改变了世界，在全球经济增速整体放缓的背景下，农业食品领域的企业投资热度却不减。根据 AgFunder 2021 年农业食品投资报告，2020 农业食品投资比 2019 年增长了 34.5%，其中在产业链上游（农田管理软件、农业机器人及装备等）的投资首次超过对下游（新零

城乡地区互联网普及率

图 1　中国城乡地区互联网普及率变化趋势

（来源：CNNIC 中国互联网络发展状况统计调查 .2020.12）

售、餐饮市场）。目前中国农业生产领域已经成长起一批优秀的新技术企业。例如极飞科技、佳格科技、云洋数据、大气候、麦飞科技等。互联网企业也都涉足数字农业，如阿里 ET 农业大脑、京东智慧农业平台、百度云现代农业种植技术平台等。农业企业也纷纷触网，如中化集团 MAP（Modern Agriculture Platform）现代农业技术服务平台、大北农的"猪联网"、隆平高科引入国家农业信息化工程技术研究中心的金种子育种云平台等。从当前我国农业科技创业型企业来看，主要以无人机植保企业为主，其次是数据平台服务，即利用物联网和人工智能技术实现作物的精准管理。

3. 数字农业技术研发位居世界前列

当前，我国数字农业技术研发已位于世界前列。在 Web of Science 上检索数字农业（精准农业）的论文，中国紧随美国，位居世界第二；智慧芽（PatSnap）专利数据库对于数字农业（精准农业）相关专利申请的检索，中国略少于日本，位居世界第三（图 2、图 3，数据均截至 2021 年 8 月 16 日）。涌现出了堪称世界最大的数字农业专门研发机构——北京市农林科学院国家农业信息化工程技术研究中心（NERCITA），以及中国农业科学院、中国农业大学等承建的国家大田农业、设施农业、数字渔业创新中心等。我国在耕整种植机械、田间植保机械、收获机械、农产品产地加工处理设备等重大及关键环节装备方面取得了显著进展，如变量施肥播种机、精准喷药设备、农田数据移动采集系统、植保无人机、温室自动控制系统等已经在实际生产中得到应用且效果良好。

4. 我国有适合数字农业发展的广阔应用场景

我国地域辽阔、多山多草原、生物资源种类繁多，有着极为丰富多样的农业形态，不同地域不同特色的地域对数字农业有着多样化的需求，使得我国数字农业发展有着不可估量的场景优势。在《中国综合农业区划》中，全国被划分为 10 个一级区和 38 个二级区，将中国东部的秦岭—淮河以北划分为东北区、内蒙古及长城沿线区、黄淮海区以及黄土高原区；将秦岭—淮河以南划分为长江中下游区、西南区及华南区；加之海洋区以及西部的甘新区、青藏区，一级区域概括了中国农业 10 类最基本的地域差异。差异的多样性，为各类数字农业方案提供了大显身手的舞台。

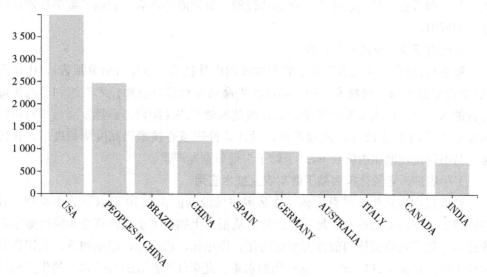

图 2　Web of Science 对于数字农业（精准农业）
相关论文的检索分析结果

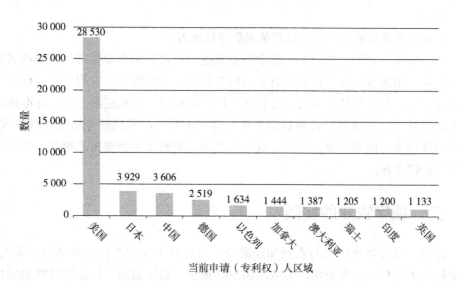

当前申请（专利权）人区域

图 3　智慧芽（PatSnap）专利数据库对于数字农业（精准农业）
相关专利申请的检索分析结果

（二）数字农业存在问题

1. 农业大数据利用率不高

目前我国农业物联网已经走在世界前列，部署了大量传感器，但数据除了展示外，大部分并未发挥作用，种子、化肥、作物保护公司拥有的数据也未得到有效利用。我国从国家到县域各级政府都缺乏对全面、系统、开放的农业基础大数据的收集、共享和管理，导致农业大数据基础较差，数据服务落后，制约了数字技术在农业中的应用。

2. 仍有不少"卡脖子"技术

根据科技部《"十三五"数字农业领域国内外技术竞争综合研究报告》，中国除"农业传感器与物联网技术"和"动植物生命与环境信息感知技术"达到了与国际并行的水平外，绝大多数的智能农业关键技术处于跟踪阶段，总体发展水平与国际领先水平平均相差 12 年。高端芯片、设计软件等核心技术仍高度依赖进口，在国际贸易不确定性增加的背景下，"卡脖子"现象愈发严重。

3. 小农户、老龄化等限制了数字农业技术应用

当前我国农业生产经营主体是 2 亿多耕地经营面积在 10 亩以下的小农户，且年龄偏大，学习能力普遍不足，上述特点从根本上制约了小农户接受和应用数字农业技术。数字农业实施的前提需要集约化、设施化、机械化，根据测算，大田作物最少生产面积在 33.33 hm²，经济作物如水果、蔬菜面积在 6.67 hm² 以上的生产范围才适合进行数字化操作，才能将生产成本降低到每亩几十元，这也就要求农业生产要适度规模化。数字农业技术应用的相关设备投入成本与维护成本较高，小农户也难以承担。

4. 数字农业相关的政策法规变革滞后于技术发展

数字技术不断创新迭代推动数字农业发展，也已带来农业生产及商业模式的变革，例如农用植保无人机是农用航空领域新热点，在实践推广应用中已表现出明显特点和优势。但作为新生事物，还存在一些突出问题：飞机底数不清、标准体系建设滞后、作业规程缺乏、管理机制不健全等。因此，亟须通过专项统计摸清底数，为后续管理和应用提供数据支撑。这些实践困境给政策创新提出了挑战，也反向推动相关法律出台。

三、数字农业的实践

目前，我国数字技术与农业加速融合。具有自主知识产权的传感器、无人机、农业机器人等技术研发应用，集成应用卫星遥感、航空遥感、地面物联网的农情信息获取技术日臻成熟，基于北斗自动导航的农机作业监测技术取得重要突破，广泛应用于小麦跨区机收。智能感知、智能分析、智能控制等数字技术加快向农业农村渗透，各类监测预警体系逐步完善，农产品质量安全追溯、农兽药基础数据、重点农产品市场信息、新型农业经营主体信息直报等平台建成使用，单品种大数据建设全面启动，种业大数据、农技服务大数据建设初见成效。其中，农作物病虫疫情监测信息系统就是数字农业的具体实践，并取得了较好的成效。

（一）农作物病虫疫情监测中心介绍

按照全国动植物保护能力提升工程建设规划（2017—2025 年），植物有害生物疫情监测检疫能力、植物有害生物防控能力、农药风险（安全性、有效性）监测能力是植物保护能力提升工程建设重点。其中，植物有害生物疫情监测检疫能力的主要建设内容包括建设全国农作物病虫疫情监测中心、15 个空中迁飞性害虫雷达监测站，建设农作物病虫疫情监测分中心（省级）田间监测点（丘陵地区按 5 万亩 1 个；平原地区按 10 万亩 1 个）。

（二）建设内容

下面以北京农业信息技术研究中心承担的全国农作物病虫疫情监测分中心（贵州省）田间监测点建设项目（省级和县级软件平台）为例，对此类系统进行介绍。按照病虫监测自动化、智能化、移动互联网化为内在要求，构建以田间物联网监测站点为基础，县级病虫疫情信息化处理系统为骨干，省级病虫疫情调度指挥平台为核心的贵州省农作物病虫疫情监测分中心，对接中国农作物有害生物监控信息系统，实现互联互通的现代化病虫疫情监测预警体系（图 4）。

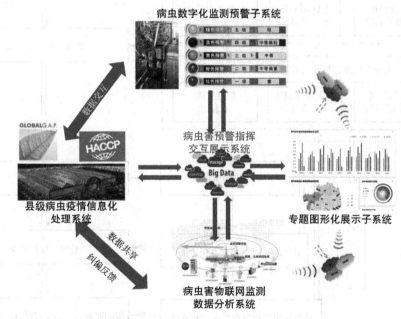

图 4　全国农作物病虫疫情监测分中心（贵州省）田间监测点系统架构

系统功能流程如下所示（图 5）。

第一步　田间监测点配置的农作物病虫害实时监测物联网设备、农作物病虫害图像识别系统、农作物病害实时监测预警仪、害虫性诱自动诱捕器、农田害鼠监测设备等实时采集病虫发生流行动态数据及田间温湿度、降水量等病虫害发生关键环境因子。

第二步 县级病虫疫情信息化处理系统对监测数据进行分类、汇总和分析，自动生成模式报表，按时向贵州省病虫疫情调度指挥平台和中国农作物有害生物监控信息系统上传。

第三步 贵州省病虫疫情调度指挥平台实时分析全省各县病虫害数据，通过大数据分析模型对重大病虫害发生趋势进行模拟预测，达到预警指标即向专家咨询与会商系统发出预警信息。

第四步 专家组登录专家咨询与会商系统，根据预警信息对发生趋势进行会商研判，达到防治指标即向预警信息发布系统发出指令。

第五步 预警信息发布系统通过手机短信、微信等向农民、种植大户、农业园区发出防治指导意见，指挥开展科学防控。

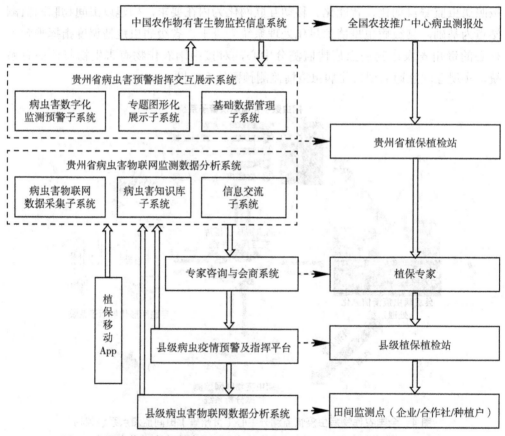

图5 全国农作物病虫疫情监测分中心（贵州省）田间监测点系统功能流程

系统提供病虫自动化监测设备、环境传感器、病虫害预警与诊断模型、视频监控设备等的数据交互接口。结合视频压缩技术、智能网关和无线传感网络技术，实现病虫动态监控、防治技术远程指导培训、施药决策等，提供标准的数据接口与软件功能接口，与以后厅内的其他主系统与大数据平台可以实现数据与功能的互通（图6）。

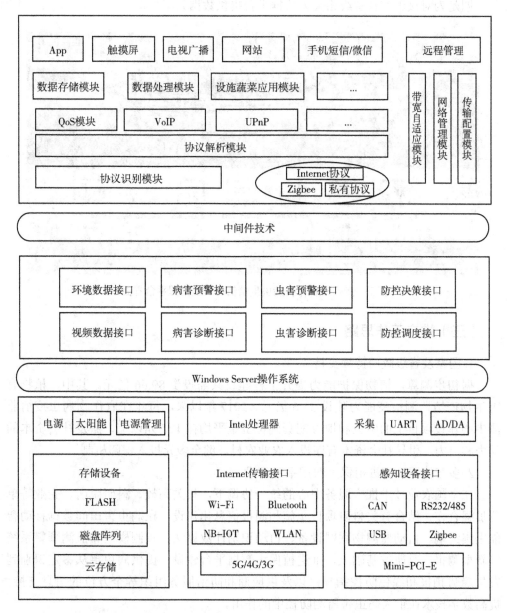

图6 全国农作物病虫疫情监测分中心（贵州省）田间监测点系统数据规划

系统目标如下（图7）。

一是建成贵州省病虫疫情调度指挥平台，提升省植保植检站测报信息化和智能化水平，迈入农业4.0时代。

二是新建县级病虫疫情信息化处理系统，首先服务于5个试点县，监测预警与防控指导的辐射面积达50万亩以上。

三是长期预报准确率稳定在 80% 以上，短期预报准确率稳定在 90% 以上。四是为对接国家及省级相关大数据平台提供数据共享接口。

图 7　贵州省农作物病虫疫情信息调度指挥平台界面

（三）推广工作思路

1. 国家及省级政府持续支持

据初步测算，植物保护能力提升工程建设共需投资 89.66 亿元。其中，植物有害生物疫情监测检疫能力建设 31.6 亿元。2017 年以来，每年在农作物病虫疫情监测中心建设项目上的中央和地方配套到位资金平均在 1 亿元以上，激发社会资本的动力和活力，引导社会资本有序投入农业农村，健全多元投入保障机制。

2. 多方协同，推进植保大数据平台建设

在全国农业技术推广服务中心的统一协调下，相关高校、科研院所、企业等单位加强合作，结合有关科研项目实施和测报信息化建设，在病虫害田间数据移动智能采集终端、自动监测物联网设备、自动识别计数算法、预测模型和监测预警系统等新型测报工具研发基础上，推进植保大数据平台建设，提供病虫害从鉴定识别到发生趋势预报和绿色防控指导，以及供应商和防治服务组织等全方位的信息支持，提高数字技术在重大病虫害监测防控中的作用。

3. 加强技术培训和示范展示

2018 年适逢全国农作物病虫测报技术培训班举办 40 周年，3 月全国农业技术推广服务中心在南京农业大学隆重举办了全国农作物病虫测报技术培训 40 周年总结和纪念活动，《农民日报》《科技日报》等多家媒体做了报道宣传。在内蒙古自治区巴彦淖尔市杭锦后旗建成了国家现代病虫测报示范园，举办培训班和现场观摩活动，积极支持推进全域绿色生产模式集成示范，积极引导植保工程规范建设。

4.全力服务乡村振兴中心工作

在工作安排上，向贫困地区倾斜，并加强经济作物病虫害监测、预报和防治技术研究和储备，聚焦产业扶贫，为乡村振兴和产业扶贫贡献智慧和力量。贵州省纳雍县是国家级贫困县，小麦是其百兴镇重要经济作物，也是重要粮食作物，是百兴特产——"百兴面条"的重要原料，群众喜好种植。常年种植面积1万多亩，亩产值在1 600元左右。2019年，最高亩产值超过2 000元，进一步激发了农民群众种植小麦的积极性。当前，百兴镇小麦种植面积达2.2万余亩，成为当地巩固脱贫成效和实施乡村振兴战略的重要产业。受病虫害影响，特别是小麦锈病危害加重，导致小麦产量和品质下降。为了科学监测防控病虫，提高小麦产量和品质，在省里统一部署下，2020年毕节市植保植检站、纳雍县植保植检站在百兴镇实施了"贵州省农作物病虫疫情监测分中心田间监测点建设"项目，安装了病虫监测仪器设备，多次组织专家现场指导，投入对路农药开展示范防治，有力的推动小麦产业安全，为巩固脱贫成效、实施乡村振兴战略奠定了基础。

（四）效果

据测算，实施植物保护工程，我国每年可多挽回粮食损失200亿斤、果蔬损失1 000亿斤；通过加强对病虫害的监测预警，推进统防统治和绿色防控，可实现病虫害早发现、早预报、早防治，有效控制病虫害发生为害，提高防治效果；清除染疫种子和苗木的传染源，从源头上控制疫情传播为害。上述措施均可有效减少化学农药用量，从源头上减轻农药面源污染，保护生态环境。此外，还可以提高生态系统的稳定性，增强生态效益。

案例点评：病虫测报是指定防治决策和方案、科学施药、提高防治效果的依据。病虫测报本身是数字农业的应用学科之一，其根本方向是自动化、智能化、信息化。该案例的亮点，是项目组织和实施部门能深入调研产业发展趋势和国际国内形势，组织技术力量强，具备植保和计算机专业交叉背景的团队，人员搭配合理，专业素质较高，工作经验丰富，符合全国病虫害数字化监测预警信息平台、省病虫疫情调度指挥平台和县级病虫疫情信息化处理系统建设要求。支持国家、省、县多级植保植检站计划、组织、领导、监控、分析、预警等业务，提供实时、准确、完整的大数据智能平台，可为领导提供决策管理依据。项目符合环保要求，预期经济效益、社会效益及生态效益显著。该模式的成功推广，说明了农业技术推广部门要善于把握国家重大工程实施的机遇，通过各方力量整合，高新技术研究与市场化开发并重，从服务信息整合角度发挥好组织协调、管理指导、政策参谋、技术培训、创新集成等推广职能，引领产业不断健康持续发展。

（北京市农林科学院：李明　杨信廷）

主要参考文献

国家发展改革委，农业部，质检总局，等，2017-05-25. 全国动植物保护能力提升工程建设规划（2017—2025 年）［EB/OL］. http://www.gov.cn/xinwen/2017-05/25/content_5196725.htm.

李道亮，2020. 访谈实录：5G 时代下的数字农业［J］. 蔬菜（9）：7-8.

李明，王铁，黎贞发，等，2020. 都市农业气象信息服务研究进展［J］. 天津农业科学，26（2）：5-11.

农业农村部，2020-01-20. 农业农村部　中央网络安全和信息化委员会办公室关于印发《数字农业农村发展规划（2019—2025 年）》的通知［EB/OL］. http://www.moa.gov.cn/gk/ghjh_1/202001/t20200120_6336316.htm.

全国农业技术推广服务中心，2019. 农作物重大病虫害监测预警工作年报 2018［M］. 北京：中国农业出版社.

许竹青，2020. 我国数字农业发展的现状、问题与政策建议［J］. 全球科技经济瞭望，35（6）：19-25.

张凌，2021-01-19. ［迈好第一步　实现开门红］"问诊把脉"小麦病虫害！科技特派员，纳雍麦田里"开班"培训［EB/OL］. http://www.ddcpc.cn/detail/d_bijie/11515115552820.html.

赵春江，杨信廷，李斌，等，2018. 中国农业信息技术发展回顾及展望［J］. 农学学报，8（1）：172-178.

中国互联网络信息中心（CNNIC），2021-02-03. 第 47 次《中国互联网络发展状况统计报告》［EB/OL］. https://news.znds.com/article/52203.html.

Al GORE. 2013-04-09. The Digital Earth：Understanding Our Planet in 21st Century［EB/OL］. https://wenku.baidu.com/view/3c2888e2856a561252d36f1f.html.

SAM PALMISANO，2010-01-12. Smarter Planet［EB/OL］. https://www.ibm.com/ibm/history/ibm100/us/en/icons/smarterplanet/.

案例二十七

农产品追溯技术推广和应用

一、农产品追溯技术现状

关于食品可追溯性（Traceability）的定义，联合国食品法典委员会（Codex Alimentarius Commission，CAC）给出的定义是指能够追溯食品在生产、加工和流通过程中任何指定阶段的能力；欧盟委员会（EC178/2002）关于食品可追溯性的定义是指在食品、饲料、用于食品生产的动物或用于食品或饲料中可能会使用的物质，在全部生产、加工和销售过程中发现并追寻其痕迹的可能性。追溯系统是农产品质量安全管理与控制的重要手段，发达国家从法律法规、管理机构、实施措施等方面建立起了较为完善的追溯体系，而我国的追溯体系建设起步较晚，需要从法律法规、标准、关键技术、实施机制等方面进一步完善。

我国现行的与农产品及食品安全直接相关的法律有《中华人民共和国农产品质量安全法》和《中华人民共和国食品安全法》。在这两部法律中均对追溯及其相关内容有表述，《中华人民共和国农产品质量安全法》第二十四条和第四十七条提出"农产品生产企业和农民专业合作经济组织应当建立农产品生产记录"。2015年修订的新《中华人民共和国食品安全法》第四十九条也明确规定"食用农产品的生产企业和农民专业合作经济组织应当建立农业投入品使用记录制度"。2018年随着国务院机构改革，两部法律也随之做了修订，明确了农产品及食品安全相关部门有农业农村部、市场监督管理总局、生态环境部等。食品安全监督管理的综合协调工作由新组建的国家市场监督管理总局负责，具体工作由食品安全协调司、食品生产安全监督管理司、食品经营安全监督管理司、特殊食品安全监督管理司及食品安全抽检监测司等内设机构负责。而药品安全的监督管理工作则由国家药品监督管理局承担，其也由国家市场监督管理总局管理。将食品与药品的监督管理分割开来，从而明确区分了食品与药品的不同性质，使食品与药品的监督管理步入科学的管理轨道，有助于实现食品安全的长治久安。

2003年，国家质检总局启动"中国条码推进工程"，推动采用EAN-UCC系统。2003年8月，科技部启动国家863计划"数字农业技术研究与示范"重大专项，围绕数字农业重大技术、重大系统、重大产品进行研究开发，为农产品质量安全可追溯体系建设实践提供重要的科技支撑。自 2004 年开始，国家质检总局、农业部、食品药品监管总局、商务部等开展不同农产品领域的质量安全可追溯体系建设试点，部分基础条件良好的地方政府、科研单位和实力雄厚的企业也依托试点或依靠自身实力开展农产品质量安全可追溯体系建设，取得了较为丰富的实践成果。

农产品质量安全追溯是信息化与产业发展深度融合的创新举措，已成为智慧监管的重要建设内容和引领方向。2013 年，习近平总书记提出，要尽快建立全国统一的农产品和食品安全信息追溯平台。近几年的中央一号文件连续对追溯体系建设做出重要部署，农产品质量安全追溯体系建设迈出新步伐。农业农村部已将农产品质量安全追溯与农业项目安排、品牌认定等挂钩，率先将绿色食品、有机农产品、地理标志农产品纳入追溯管理。加快推进农产品质量安全追溯体系建设，是贯彻落实党中央国务院决策部署的实际行动，是创新提升农产品质量安全监管能力的有效途径，是推进质量兴农、绿色兴农、品牌强农的重大举措，对增强农产品质量安全保障能力、提升农业产业整体素质和提振消费信心具有重大意义。

二、农产品追溯技术发展优势和存在问题

（一）农产品追溯技术发展优势

1. 农产品追溯信息化基础设施发展较快

随着我国农业农村信息化基础设施建设迅速发展，尤其是农业物联网、移动互联网为特色的新技术，普及率日益提高。随着智能手机和 4G/5G 网络的普及，农村网民数量也不断增长，根据 2021 年 2 月 3 日中国互联网络信息中心（CNNIC）最新发布的第 47 次《中国互联网络发展状况统计报告》，截至 2020 年 12 月，近 10 亿网民构成了全球最大的数字社会。新冠肺炎疫情加速推动了从个体、企业到政府全方位的社会数字化转型浪潮。以网络支付为例，用户规模高达 8.54 亿，较 2020 年 3 月增长 8 636 万，占网民整体的 86.4%；手机网络支付用户规模达 8.53 亿，较 2020 年 3 月增长 8 744 万，占手机网民的 86.5%。2020 年，网络支付彰显出巨大发展潜力，通过聚合供应链服务，辅助商户精准推送信息，方便消费者追踪溯源供应链信息，助力我国农产品等供应链数字化转型，有力推动了数字经济发展（图 1）。

2. 国家追溯平台初具雏形

根据《中共中央、国务院关于实施乡村振兴战略的意见》《国务院办公厅关于加快推进重要产品追溯体系建设的意见》（国办发〔2015〕95 号）和《农业部关于大力实施乡村振兴战略加快推进农业转型升级的意见》（农发〔2018〕1 号）精神，为进一步推进农产品质量安全追溯体系建设，在试运行的基础上，农业农村部决定在全国范围推广应用国家农产品质量安全追溯管理信息平台（以下简称"国家追溯

单位：万人

图 1　中国网络支付普及率变化趋势

（来源：CNNIC 中国互联网络发展状况统计调查 .2020.12）

平台"）。在全国范围推广应用国家追溯平台，健全数据规范，实现数据互通，确保平台稳定，扎实推进农产品质量安全追溯体系建设，推动实现全国追溯"一张网"。农业系统认定的绿色食品、有机农产品和地理标志农产品 100% 纳入追溯管理，实现"带证上网、带码上线、带标上市"。国家级、省级农业产业化重点龙头企业，有条件的"菜篮子"产品及绿色食品、有机农产品和地理标志农产品等规模生产主体及其产品率先实现可追溯。国家追溯平台包括追溯、监管、监测和执法等业务系统，各级监管机构、检测机构和执法机构以及农产品生产经营者应直接使用国家追溯平台开展各项业务，将建成全国农产品质量安全大数据中心（图 2）。

图 2　国家追溯平台官方网址登录界面

此外，新冠肺炎疫情发生以来，在以习近平同志为核心的党中央坚强领导下，我国疫情防控取得重大战略成果，但当前疫情防控形势仍然复杂严峻，随着国际人员和货物往来增多，通过进口冷链环节输入疫情的风险持续加大。国家市场监管总局认真落实国务院联防联控机制的部署要求，服务大局、攻坚克难，建成并上线运行全国进口冷链食品追溯管理平台，以"异构识别"等技术创新，突破追溯管理中面临的"信息孤岛"难题，实现跨区域数据互通互认。接入全国平台试运行的 9 个省（市），包括北京、天津、上海、重庆等，冷链食品首站进口量占全国90% 以上，基本实现从海关入关到生产加工、批发零售、餐饮服务的全链条信息化追溯，在线上排查、精准管控、现场处置等方面发挥了重要作用，"物防"成效显现。

3. 农产品追溯技术研发位居世界前列

当前，我国农产品追溯技术研发已位于世界前列。在 Web of Science 上检索农产品追溯的论文，中国位居世界第一；在智慧芽（PatSnap）专利数据库对于农产品追溯相关专利申请的检索，中国仅少于美国，位居世界第二（图3、图4，数据均截至 2021 年 8 月 16 日）。涌现出了农产品质量安全追溯技术及应用国家工程实验室（北京农业信息技术研究中心牵头承担建设），以及浙江省农业科学院等承建的农业农村部农产品信息溯源重点实验室等。我国在区块链技术、追溯编码与产品标识技术、供应链各环节信息快速采集技术、质量安全智能决策与预警技术和溯源数据交换与查询技术等方面取得了显著进展，如基于区块链的追溯系统等已经在实际生产中得到应用且效果良好。

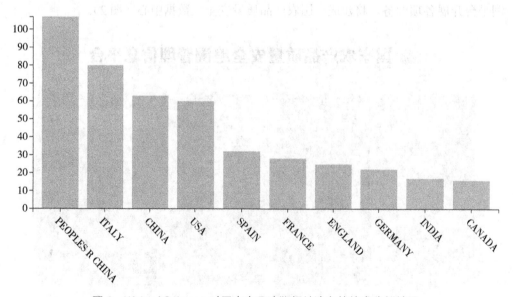

图 3　Web of Science 对于农产品追溯相关论文的检索分析结果

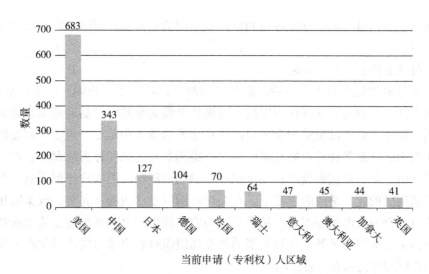

图4　智慧芽（PatSnap）专利数据库对于农产品追溯
（agricultural product traceability OR agri-food traceability）
相关专利申请的检索分析结果

（二）农产品追溯技术存在问题

1. 缺少强制性的法律依据

《中华人民共和国农产品质量安全法》规定了农产品"安全标准、产地、生产、包装标识、监督检查、法律责任"等基本要求，是农产品质量安全相关工作的基本法律依据，但没有明确可追溯的相关内容。《中华人民共和国食品安全法》第四十二条提出"国家建立食品安全全程追溯制度。食品生产经营者应当依照本法的规定，建立食品安全追溯体系，保证食品可追溯。国家鼓励食品生产经营者采用信息化手段采集、留存生产经营信息，建立食品安全追溯体系"，但并未强制实施。这与其他国家通过立法对可追溯进行强制实施形成了较为鲜明的对比。如欧盟于2000年7月颁布《新牛肉标识法规》（第1760/2000号法令），要求欧盟成员国上市销售的牛肉产品必须具备可追溯性，从法律的角度提出牛肉产品可追溯性要求。在美国，2002年6月通过《公共健康安全与生物恐怖应对法》，对食品安全实行强制性管理，种植和生产企业必须建立食品安全可追溯制度，并于2003年发布《食品安全跟踪条例》，要求所有涉及食品运输、配送和进口的企业要建立并且保全食品流通过程中的全部信息记录，所有与食品生产有关的企业必须建立产品质量可追溯体系。

2. 部门条块分割依然较为严重

目前，开展农产品质量可追溯体系建设工作的部级单位就有农业农村部、国家市场监督管理总局、商务部等多家单位。实践中，多部门、多系统、多渠道分头操作，追溯链条不对接，追溯信息不共享。不同地区、不同部门分头开展追溯工作，追溯区域难以突破，追溯领域各自为政，易出现信息孤岛，同时也容易出现工作不延续等问题。

3. 市场主体参与意愿不高

中国是典型的小农生产体系，农产品初级生产环节以农户为主，生产规模小，技术水平低，产业化、标准化程度低，对采集全面完整的农产品追溯信息带来了巨大挑战，增加了农产品质量安全可追溯体系建设的成本和难度。周洁红和姜励卿等对浙江省 302 户蔬菜种植户的蔬菜质量安全追溯参与意愿和行为的调查表明，总体上蔬菜种植户参与追溯制度的意愿不强，已参加追溯制度的农户比例不高。当前农产品追溯制度的建立是政府主导型，有关可追溯制度法规的不完善、政策宣传不到位及政府监督力量薄弱等因素，是农户参与农产品生产追溯制度建立的积极性和意愿不高的主要原因。另外，各种类型的产业化组织对农户参与农产品生产追溯制度建立的意愿和行为都有重要影响。

4. 追溯信息完整性、真实性不足

在澳大利亚，国家畜产品身份识别系统（NLIS）已经被各州和农场主广泛采纳，如果个人或者公司由于粗心大意或故意提供虚假信息，将被处以 1.2 万 ~4.4 万澳元罚款。但在中国，可追溯数据的录入、跟踪，主要是凭借市场主体的自觉自律，质量难以保证，亟须物联网、区块链等信息技术提供保障。

三、农产品追溯技术的实践

伴随着科学技术的发展和信息化建设的进步，农产品质量安全追溯体系不只在电脑 PC 端，甚至在手机上安装 App 就能实现即时查询。企业可以通过系统对种植过程中的整地、施肥、喷药、打叉、长势、抽样、检测、打码、运输、销售等系列农事活动进行跟踪，消费者则可以通过扫码扫描等方式对超市中的农产品进行追溯，即能对产品的产地、地理标志、安全标准等信息了然于心。

案例　山东博士达苹果追溯

（一）背景介绍

在政府间国际科技创新合作重点专项"基于多平台遥感和物联网感知的苹果生产全程精准优管关键技术"之课题三"苹果供应链全程监测控制与区块链追溯技术"的支持下，北京农业信息技术研究中心与烟台市博士达有机果品专业合作社合作，选择有机果园中的认养苹果树，由于每棵树单独采收计重，客户自采，或田间分级装箱后直接发到客户手中，具备单株追溯基础和需求。研发的追溯系统从果盘到果树全程追溯分析与展示，实现高端苹果从生产、采收、分选、物流到销售的全程追溯（图 5）。

图5 项目选定产品

主要针对博士达方山"BSD"有机苹果研究示范基地200余亩，有乔化、矮化、矮化中间砧三种栽培模式，已开展果树认养，具备单株追溯基础（图6）。

图6 项目示范果园情况

（二）系统设计

研究条码与RFID相结合的果树单株标识、田间采收用电子秤等技术，实现追溯信息自动记录，减少人为干预；融入感知决策信息，构建基于区块链和生产过程GAP控制的全程追溯系统（图7）。

项目以基于区块链技术的苹果种植管理追溯信息模型为出发点，首先进行追溯信息链结构体内容设计，构建苹果种植管理追溯区块链结构体；对新加入供应链中的对象进行身份认证，包括密钥的分配与存储、基于国密公钥算法的身份认证算法研究；接着构建供应链中节点间协同认证机制，实现去中心化的信息防伪方法。以Hyperledger Fabric为底层架构，设计基于区块链的苹果种植管理追溯系统模型及追溯策略，搭建系统模型并进行部署和功能验证。系统技术路线图（图8）

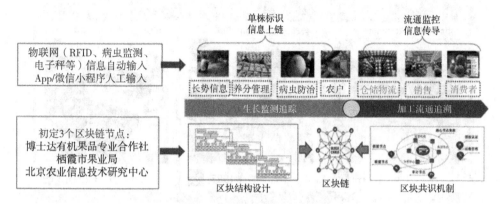

如下。

图 7　苹果区块链研究流程

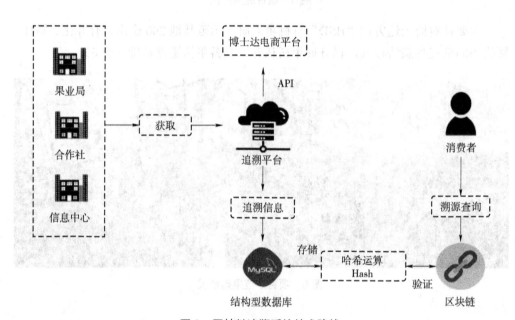

图 8　区块链追溯系统技术路线

消费者可以通过扫描包装袋上的二维码来立即检查所购买的苹果的整个供应链。从农场到超市，整个供应链对消费者透明化，食品质量安全信息一目了然。消费者查询溯源信息时，若查询的信息与区块链数据一致，页面产品展示所购买的在区块链上的区块号；若查询的信息与区块链数据不一致，则页面不会出现"区块链溯源正品"权威标记，甚至可能提醒消费者溯源信息无法确保真实性，发出"疑似篡改"的警告（图9）。

图9 苹果区块链追溯系统示意

（三）实施效果

系统已在博士达 200 亩有机示范果园开展应用，2020 年 8 月，面向全国果农和果品从业人员，做了"苹果质量安全追溯技术"的报告，对系统推广应用起到了良好示范效果。此项技术还推广到山西忻州杂粮区块链溯源平台，实现了产业标准的制定，杂粮生产、加工、储运、销售环节的全程可追溯，农业农村局、产业协会、消费者协会、海关、质检中心、金融机构、保险公司、消费者代表等多部门信息整合，由于海关、质检中心等关键节点的信息互通，真正实现了山西忻州杂粮区块链溯源产品一站式出口服务，使山西杂粮产业得到了飞跃式提升。平台正式使用后，三个月内交易量达到了 33 362 条。

案例点评：本案例亮点在于苹果全供应链溯源技术的应用，对苹果各阶段进行管理和分析，结合传感设备和视频监控设备，对苹果的产、加、储、运、销各环节透明化管理，实现全程可追溯，使消费者可以全面、直观地了解苹果从种植到销售的全过程，让消费者吃得更安全、更放心，保证果品优质优价，提高博士达等优质果品企业的市场占有率和经济效益。通过聚焦苹果绿色生产和全程追溯，将提高苹果的质量水平，提高苹果相关食品安全水平，促进农业供给侧结构改革，引导消费者消费结构升级。

（北京市农林科学院：李明　杨信廷）

主要参考文献

国家市场监督管理总局，2020-12-02.市场监管总局召开电视电话会议全面推进进口冷链食品追溯平台建设进一步强化新冠病毒输入风险"物防"措施［EB/OL］. http://www.samr.gov.cn/xw/zj/202012/t20201202_324038.html.

农业农村部，2018-10-20.农业农村部关于全面推广应用国家农产品质量安全追溯管理信息平台的通知［EB/OL］. http://www.moa.gov.cn/nybgb/2018/201810/201812/t20181218_6165124.htm.

孙传恒，于华竟，徐大明，等，2021.农产品供应链区块链追溯技术研究进展与展望［J］.农业机械学报，52（1）：1-13.

魏兴芸，2018.我国农产品质量安全追溯应用展望与对策［J］.农业开发与装备（4）：38-40.

杨信廷，钱建平，孙传恒，2016.农产品质量安全管理与溯源——理论、技术与实践［M］.北京：科学出版社.

周洁红，姜励卿，2007.农产品质量安全追溯体系中的农户行为分析——以蔬菜种植户为例［J］.浙江大学学报（人文社会科学版），37（2）：118-127.